◀ 奶豆腐

◀ 奶皮子

◀ 奶酥

◀ 蒸饺

◀ 包子

◀ 蒙古馅饼

带皮羊肉 ▶

炒羊肚 ▶

羊肉面包 ▶

◀ 呼市焙子

◀ 月饼

◀ 煮羊肉干

◄ 蒙古奶茶

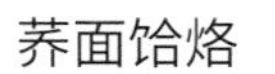

荞面饸烙 ►

◀ 水煮羊肉

◀ 面鱼

◀ 烤油包羊肝

全羊汤 ▶

铜锅涮 ▶

炒米 ▶

◀ 炸果子

◀ 馓子

▼ 草原文化

内蒙古饮食文化

主　　编　郭爱平　吴晓伟
副 主 编　白志富
参　　编　郎玉鸽
评审专家　赵荣辉

CCTP 中国商务出版社
CHINA COMMERCE AND TRADE PRESS

图书在版编目（CIP）数据

内蒙古饮食文化 / 郭爱平，吴晓伟主编. —北京：中国商务出版社，2022. 8
ISBN 978-7-5103-4265-3

Ⅰ. ①内… Ⅱ. ①郭…②吴… Ⅲ. ①饮食—文化—研究—内蒙古 Ⅳ. ①TS971. 202. 26

中国版本图书馆 CIP 数据核字（2022）第 093734 号

内蒙古饮食文化

NEIMENGGU YINSHI WENHUA

主编　郭爱平　吴晓伟

出　　版：中国商务出版社
地　　址：北京市东城区安外东后巷 28 号　　**邮　　编**：100710
责任部门：商务事业部（010-64269744　bjys@cctpress.com）
责任编辑：周水琴
直销客服：010-64266119
总 发 行：中国商务出版社发行部（010-64208388　64515150）
网购零售：中国商务出版社淘宝店（010-64286917）
网　　址：http://www.cctpress.com
网　　店：https://shop595663922.taobao.com
排　　版：北京天逸合文化有限公司
印　　刷：廊坊市蓝海德彩印有限公司
开　　本：710 毫米×1000 毫米　1/16　　**彩　　页**：8 面
印　　张：12. 5　　**字　　数**：252 千字
版　　次：2022 年 8 月第 1 版　　**印　　次**：2022 年 8 月第 1 次印刷
书　　号：ISBN 978-7-5103-4265-3
定　　价：58. 00 元

前 言

饮食是人类生存和发展的基础。由于地理位置、自然条件、气候环境、历史文化的不同，因而我国各地区形成了不同的饮食文化。各地区的饮食文化构成了光彩夺目的中华文化。饮食文化是中华文化的重要组成部分。内蒙古自治区位于我国北部边疆，属于高原型地貌区。内蒙古自治区主要居住着蒙古族、汉族、满族、回族、达斡尔族、鄂温克族、鄂伦春族、朝鲜族等民族的人民。在历史发展的过程中，各民族相互交流、交往、交融，形成了丰富多彩的内蒙古饮食文化。内蒙古饮食文化受内蒙古地区的自然条件，气候环境，各民族交往、交流、交融的影响，具有较强的地域性。内蒙古饮食文化有着悠久的历史，是草原文明与中原文明结合的典范，融合了多民族、多地区的饮食特征。各民族在交往、交流、交融中铸牢了中华民族共同体意识。

内蒙古饮食文化受自然、气候、历史、文化等因素的影响，形成了自己独特的风格，烹调方法比较注重正本清源和营养均衡，不太注重刀工技艺，具有重视食材的新鲜、重视饮品、重视提炼饮食精华、讲究适量用食、分餐式就食的鲜明特点。此外，内蒙古地区各民族丰富多彩的饮食礼仪也是内蒙古饮食文化的重要组成部分。

融入课程思政是本书的策划创意之一。课程思政建设不仅是高校思想政治工作的重点，也是专业课程改革重点关注的理论问题。课程思政是一种教育教学理念，是将高校思想政治教育融入课程教学和改革的各环节、各方面，实现立德树人、润物无声。研究如何将课程思政融入专业课程中，让专业课程与思政教育同向同行，具有重要的理论和实践价值。《内蒙古饮食文化》这本书的目的不仅是让学生掌握专业知识，还要培育学生的创新思维、科学精神和求是情怀，体现了课程育人的基本要求，其理论内涵与当代科技的创新与发展紧密相联。以《内蒙古饮食文化》作为思政教育的有效载体，能够体现思政元素的科学性和实效性。

内蒙古饮食文化是中华优秀传统文化，蕴含着爱国情怀、社会责任、文化自信、人文精神、开拓创新、工匠精神、“德智体美劳”育人功能等丰富的思想政治教育资源。深入挖掘该课程中的思政元素，有机融入课程教学，实现润物无声的育人效果。在历史的长河中，各民族之间不断增强文化交往、交流、交融，创造了灿烂的中华文化。文化认同是最深层次的认同。中华文化对于铸牢中华民族共同体意识具有重要作用，它是中国自古以来促进各民族团结的文化根基，为中华民族共同体的持续发展提供文化力量，为铸牢中华民族共同体意识提供文化认同，提升了中华民族共同体的文化软实力。

本书以内蒙古饮食文化研究为起点，以铸牢中华民族共同体意识为视角，充分应用民族学理论，就有关内蒙古饮食文化的研究做专门的分析，着力建构内蒙古饮食文化的理论框架。与此同时，本书还应用马克思主义关于民族学的理论，站在历史唯物主义和辩证唯物主义的立场上，对内蒙古饮食文化的相关问题进行了综合研究，并提出了相应的对策和建议。

本书共六章内容，从内蒙古饮食文化的发展历程、形成的原因与特点，内蒙古传统食俗、名肴名点，内蒙古饮食技艺创新等方面对内蒙古饮食及其文化做了较为详细的论述，并对地区饮食文化产业集成，饮食文化的挖掘、保护和传承做了积极有益的探讨。本书内容丰富有趣，各章独立成篇，体现了饮食文化的科学性、趣味性和知识性，旨在为学生及大众了解内蒙古饮食文化提供有益的参考。

编　者

2022 年 6 月

目　录

第一章　饮食文化概述

饮食是文化的载体，承载着一个国家或民族源远流长、博大精深的文化。

第一节　什么是饮食文化

一、文化

文化是一种复杂而又广泛的社会现象。法国社会心理学家 A. 莫尔新的统计资料表明，20 世纪 70 年代以前，世界文献中关于文化的定义已经有 250 多个。在我国，当前学术界普遍接受的定义主要是以《中国大百科全书》中对“文化”的释义为基础的。《中国大百科全书》(第二版) 中对“文化”的释义为：“广义的文化总括人类物质生产和精神生产的能力、物质的和精神的全部产品。狭义的文化指精神生产能力和精神产品，包括一切社会意识形式，有时又专指教育、科学、文学、艺术、卫生、体育等方面的知识和设施，以与世界观、政治思想、道德等意识形态相区别。”文化的产生既是自然界“人类化”的过程，也是人类所生活、所依赖的天地万物“人类化”的过程。人类在征服、改造自然的过程中也在被环境改造着。

二、饮食文化

“饮食”一词，在春秋战国时期就已出现。例如，《礼记 · 礼运》曰：“饮食男女，人之大欲存焉。”需要说明的是，“饮食”一词在春秋战国时期不仅已被广泛使用，还可以简称为“食”。如孔子说：“君子食无求饱。”约至秦汉时期，“饮食”两字可统称，“饮”可以统“食”，“食”亦可以统“饮”，有时“饮”“食”二字都可以作为“饮食”一词的简称。广义的饮食，包含三个部分：一是对饮食原料的生产加工，即制作成食品的过程；二是制作成的食品；三是对饮食产品的消费，即吃与喝。狭义的饮食，仅指饮食产品的整个消费过程。

饮食文化至今还没有一个成熟的概念。赵荣光在《中国饮食文化概论》一书中是这样对其进行定义的："饮食文化的研究对象是人类的食事活动，其中包括了食物原料开发利用、食品制作和饮食消费过程中的技术、科学、艺术，以及以饮食为基础的习俗、传统、思想和哲学。"《饮食文化概论》指出："从文化的概念出发，狭义的饮食文化，可以指人类在饮食生活中创造的非物质文化，如饮食风俗文化、饮食制度文化、饮食行为文化、饮食心态文化等。广义的饮食文化是指人类在饮食生活中创造的一切物质文化和非物质文化的总和……"虽然很多学者对饮食文化的定义有各自的角度，但共同的特点就是饮食文化的内容极其丰富，包括与饮食有关的物质层面、精神层面的所有内容。饮食文化的内容宽泛，可以按地域、民族、宗教、食源、加工工艺、炊饮器皿、消费层次、文化品位等进行分类，从内部结构上其可分为饮食物态文化、饮食制度文化、饮食行为文化和饮食心态等方面。

三、内蒙古饮食文化

内蒙古地区居住着汉族、蒙古族、回族、满族、朝鲜族、达斡尔族、鄂温克族、鄂伦春族等各民族的人民。各民族在交往交流中形成了丰富的内蒙古饮食文化。如蒙古族人民经年累月，形成了独具特色的传统饮食文化。

蒙古族饮食文化是内蒙古饮食文化的重要组成部分，有着灿烂悠久的历史，是草原文明与中原文明结合的典范，融合了多民族、多国家和地区的饮食特征。据说，蒙古族已有三千多年的历史，有文字记载的历史也有一千多年。蒙古族的族源是5世纪时的"蒙兀室韦"，其祖先最早居住在额尔古纳河一带。1206年，铁木真统一了蒙古各部，建立了大蒙古国（1271年，忽必烈改国号为元），"蒙古"也由以前的一个部落名称变为整个民族的名称。[①]

蒙古族饮食文化包含蒙古族的饮食习惯、饮食的加工技艺（烹饪方法）以及以饮食为基础的思想和哲学等。蒙古族的传统饮食是通过管理、充分利用大自然和提高生产力的方式逐渐发展、丰富起来的。蒙古族人民早期曾从事狩猎和采集，主要以狩猎为主。《马可·波罗行纪》记载："彼等以肉乳猎物为食，凡肉皆食，马、犬、鼠、田鼠之肉，皆所不弃，盖其平原窟中有鼠甚众也。彼等饮马乳。"开始饲养家畜后，蒙古族人民主要食用家畜的肉和奶。《多桑蒙古史》记载："其家畜为骆驼、牛、羊、山羊，尤多马。供给其所需，全部财产皆在于是。嗜食马肉，其储藏肉类，切之为细条，或在空气中曝之，或用烟熏之使干。其人任何兽肉皆食，虽病毙之肉亦然。嗜饮马乳所酿之湩，曰忽迷思。"蒙古族人民早期的饮食以奶、肉为主，以粮食为辅。一般来说，宰杀牛羊大都在初冬季节或来客人的时候，夏秋季节牧民主要以奶制品为食。11世纪以后，蒙古族人民的饮食主要以奶食、肉食、粮食三大类为主。他们传统的饮食

① 资料来源：央视网。

习惯为“先白后红，以白为尊”，视乳为高贵吉祥之物，宴席无论大小，都以白食开始。

第二节 饮食文化的特征

饮食文化具有生存性、传承性、地域性、民族性、审美性的特征，它不断丰富着多功能、多文化的内涵，凝聚了人类的智慧。

生存性是指人类生存与发展的最基本条件。西方观点认为：“世界上没有生命便没有一切，而所有的生命都需要食物。”而我国则有“民以食为天”“食色，性也”的说法。可见，饮食对人类的重要性。

传承性是指由于区域文化的长久迟滞和内循环机制下的世代相因，某些区域内的饮食文化习惯牢固地保持着原貌：饮食原材料的种类，食品生产、加工、制作、烹调的方法，食品的品种，饮食习俗，生产饮食者与购买者的心理特征等。这种传承性几乎是凝滞的、一成不变的，或者变化是极其微小的、缓慢的，呈现出一种静态的表象。

地域性是指从某种意义上来讲，地域环境是人类存活的基础。人类为了生存与发展，充分利用与改变生存环境，这有利于很好地获取生活必需的资料。因为地域与气候等条件的不同，各个地区的人们获取生活资料的方式也不同，所以产生了不同的生活习惯和风俗，形成了各自独特的饮食文化，也就是我们所说的“一方水土养一方人”。

民族性指各民族由于长期生活在已适应的具有不同自然环境、气候条件，生产生活方式、生产经营方式等也不同的地区，所获取的食物对象和宗教信仰也存在不同，因而形成了差异较大的饮食文化。

火的获取，使人类结束了蒙昧时代，进入烤炙食物、相对文明的时代，为饮食的创造性开发提供了坚实的物质基础。陶器的发明与利用，为人类食用食物、美化食物提供了条件。人类经过长期的生产生活实践，逐渐学会了盐的获取方法，创造了食品最基本的味道。随着各种调味原料被不断地发现、挖掘，人类烹调技术日益成熟，烹饪方法、烹饪器具、烹饪原料等逐渐丰富多样，人类对食物的质地、口感、味道、营养、色泽和形态等的要求也在不断提高。在食物原料开发利用、食品制作、饮食消费等过程中，人类已把美食、美器、美味、意境融入饮食中，这就是饮食文化的审美性。

蒙古族饮食文化受自然、历史、政治、文化等各种因素的影响，形成了自己独特的风格：烹调方法比较注重正本清源和营养均衡，不太注重刀工技艺；饮食上具有重视食材的新鲜，重视饮品，重视提炼食材的精华，讲究适量用食、分餐式就餐等鲜明的特点；饮食以乳、肉为主，喜欢食用牛羊肉和各种奶制品，以野菜和面食为辅食。

此外，蒙古族丰富多彩的饮食礼仪也是蒙古族饮食文化的重要组成部分，最主要且最普遍的饮食礼俗有萨察礼、德吉礼、迷拉礼和祝福礼等。蒙古族的饮食习俗中也有很多禁忌，如禁止扣放盛奶的器具、禁吃变脏的食物等。

练习题

1. “饮食”一词，在＿＿＿＿＿＿已出现。例如，《礼记·礼运》曰：“饮食男女，人之大欲存焉。”

A. 春秋战国时期　　B. 蒙元时期　　C. 明清时期

2. 蒙古族人民经年累月，形成了＿＿＿＿＿＿饮食文化。

3. 饮食文化具有＿＿＿＿＿＿、＿＿＿＿＿＿、＿＿＿＿＿＿、＿＿＿＿＿＿、＿＿＿＿＿＿的特征，它不断丰富着多功能、多文化的内涵，凝聚了人类的智慧。

4. 什么是饮食文化？

5. 简述饮食文化的具体特征。

第二章　内蒙古饮食文化的发展历程

内蒙古自治区地处我国北疆，地域广袤，风景秀丽，这里有茂密的森林、丰美的草场、浩瀚的沙漠、肥沃的良田、众多的野生动植物和丰富的矿产资源。在这片辽阔、美丽、富饶的土地上，各族人民用他们勤劳的双手描绘出绚丽多姿的民族史诗，创造出独具特色的草原文明和草原文化。在历史的长河中，农耕文明的勤劳质朴、崇礼亲仁，草原文明的热烈奔放、勇猛刚健，海洋文明的海纳百川、敢拼会赢，源源不断注入中华民族的特质和禀赋，共同熔铸了以爱国主义为核心的民族精神。中华文明和中华文化是我国各个民族在历史发展的长河中经过无数交往、交流、交融而形成的。草原文化是构成博大精深、源远流长的中华文化的三大源流之一。根据内蒙古自治区各民族演化和中国历史的进程，本书把内蒙古的饮食文化发展历程大致划分为以下三个时期。

第一节　元代之前的饮食文化

一、历史概述

内蒙古饮食文化作为草原文化的重要组成部分，展示了内蒙古独特的餐饮文化风采，让我们踏着内蒙古悠久的历史足迹，向世人解读锦绣斑斓的内蒙古饮食史卷。

远古时期的北方草原早已是人类活动的重要区域。从公元前6000年至公元前2000年，内蒙古地区先后孕育了原始农耕文化（以兴隆洼文化、赵宝沟文化、夏家店下层文化、阿善文化、朱开沟下层文化等为代表）和游牧文化（以夏家店上层文化、朱开沟中上层文化等为代表）两个文化系列。在北方草原地区，人们的饮食生活也在不断地完善和丰富着，烹饪技术逐渐成熟，烹制菜肴的方法虽然相对简单，但为以后的饮食文明积累了很多的经验。

从秦代开始，草原地区与中原和其他周边地区交往密切。早期的游牧部落有荤粥、鬼方、土方、东胡、林胡、楼烦等，之后崛起并较有影响的游牧民族有匈奴、乌桓、鲜卑、柔然、突厥、回鹘、契丹、女真等，他们建立起了自己的政权，并与中原地区保持着密切的联系。公元386年，鲜卑拓跋部建立北魏，结束了五胡十六国的分裂局面，统一了黄河流域，促进了各民族的交融和社会发展。公元916年，契丹人建立了辽王朝，这一王朝历时两百多年，其极盛时期的疆域北至色楞格河流域；南达河北中部和山西北部，西到阿尔泰山以西，东临大海，衔接外兴安岭和鄂霍次克海。1125年①，女真族推翻了辽朝以后，又大举南下攻宋，占领北宋都城汴梁（今河南开封），完成了对淮河以北地区的统一。

邦畿千里，维民所止。我国960多万平方公里的辽阔疆域，是五千年来以华夏族为主体的政权与周边各族的政权在长期交往、交流、交融中逐步形成的，是中华大家庭中各民族人民共同开发形成的。自古以来，中原和边疆人民就是你来我往、频繁互动，各民族共同开拓了辽阔的疆域。

二、饮食概述

在这一时期，内蒙古地区各民族人民与周边人民交往密切，内蒙古地区的民族饮食得到了空前的发展。我们可从各类书籍和考古中得到佐证。

（一）肴馔概述

《齐民要术》为北魏贾思勰所著，此书是中国烹饪理论演进史上的一座丰碑。该书共10卷、92篇、12万字，涉猎面广，是对6世纪以前黄河中下游地区农业经验和食品加工技术的全面总结，书中记录了北方游牧民族的很多菜肴。这说明此时北方民族已经有了一些特色菜肴，并且这些菜肴受到了中原人民的喜爱。

北方草原的游牧民族以“食肉饮酪”著称。魏晋南北朝时期，游牧人民渐次南下，草原食俗风靡中原。早在晋代，羊肉、乳酪就已是中原人民的平常食物，西晋潘岳的《闲居赋》中就有“灌园鬻蔬，供朝夕之膳；牧羊酤酪，俟伏腊之费”的文字记述。乳酪甚至成为中原人民向南方人炫耀的珍品。到了北朝，羊肉、乳酪竟然被称为“中国之味”。据《洛阳伽蓝记》卷三所载，原来在南齐做官的王肃跑到了北魏：“肃初入国，不食羊肉及酪浆等物，常饭鲫鱼羹，渴饮茗汁……经数年已后，肃与高祖殿会，食羊肉酪粥甚多。高祖怪之，谓肃曰：‘卿中国之味也。羊肉何如鱼羹？茗饮何如酪浆？’肃对曰：‘羊者是陆产之最，鱼者乃水族之长。所好不同，并各称珍。以味言之，甚是优劣。羊比齐鲁大邦，鱼比邾莒小国。唯茗不中与酪作奴。’”羊肉奶酪的魅力由此可见一斑。

东汉刘熙在《释名·释饮食》中记载：“貊炙，全体炙之，各自以刀割，出于胡貊之为也。”这种烹饪方式十分古朴，无须炊具，因出自貊族而得名，在草原民族中十分

① 1000年之前加“公元”二字，1000年之后不加“公元”二字。

流行。《齐民要术》没有记载“貊炙法”，但所载“炙豚法”当系取法于“貊炙”。“炙豚法”即取整只乳猪，开膛洗净后，塞以茅茹，穿以柞木，“缓火遥炙，急转勿住”，涂以清酒，并不断涂拭新鲜猪膏或麻油。其成品“色同琥珀，又类真金。入口则消，状若凌雪，含浆膏润，特异凡常也”。有学者考证指出，“貊炙”与后世的全羊席有着直接的渊源关系，近世的烧猪、烧鹅、烤鸭等也应是由此衍生而来的。《齐民要术》记述的“捧炙”也保留了古朴粗犷的风格，它选择牛脊肉或小牛的脚肉为原料，边烤边食，不等全部熟透便割取食用，以保持肉质的鲜嫩，因为“若四面俱熟然后割，则涩恶不中食也”（《齐民要术·炙法第八十》）。这也应是少数民族的烹食法，有些民族至今还沿用此种烹饪方式。书中的“蒸全牲”，就是把羊大肠洗净后，灌入羊血和其他作料后制成的熟食，这与今天蒙古族人民制作的羊血肠相似，此菜虽然没有冠以“胡”名，但很可能与北方少数民族有关。

内蒙古托克托县附近有一座带有壁画的东汉砖墓，是当时云中郡豪强地主闵氏的墓。壁画中，肉架上挂有雉、鱼、鸡、牛等肉类，肉架下放有酒罐和大酒瓮，还有“闵氏灶”，表明了墓主人生前的生活饮食习惯。在内蒙古赤峰市敖汉旗境内的辽代墓壁画中的享宴壁画中，令人惊喜的是上面有我国最早的西瓜图和宴席菜肴。据考证，契丹人在草原称雄的两百多年中，不但从西域引进了西瓜，还引进了葡萄、蚕豆（契丹人称为“回鹘豆”）、黄瓜（契丹人称为“长瓜”）、大蒜等。在契丹皇帝的宴会上，葡萄美酒、黄蚕豆角、盐渍黄瓜、蒜泥鹿肉和西瓜等美酒佳肴，受到来自中原使臣的称赞。另外，在羊山墓中，考古人员揭取了一幅描绘千年前契丹人煮羊肉情景的壁画：沸腾的锅内煮着大块的羊腿，三个契丹人围着锅忙碌着；其中一位壮汉口衔短刀，双臂卷袖显得十分卖力，为避开热气扑打或嫌头发遮面影响做菜，此人将头发盘在了头顶。壁画中还有三个契丹人围着火锅，席地而坐，有的正用筷子在锅中涮肉；火锅前有一张方桌，桌子上有两个盛配料的盘子、两个酒杯，还有大酒瓶和盛着满满羊肉的铁桶等。这些都说明，此时的内蒙古饮食中就已经有这些菜肴。

（二）饮品概述

酸马奶（又称马奶酒）是蒙古族的传统饮品。《蒙古秘史》中就有成吉思汗及其先祖畅饮酸马奶养身怡神的细节。宋代彭大雅在《黑鞑事略》一书中详细记载了蒙古人民制作酸马奶的方法。书中写道：“马之初乳，日则听其驹之食，夜则聚之以沛，贮以革器，倾洞数宿，味微酸，始可饮，谓之马奶子。”这与今天牧民制作酸马奶的方法几乎无异。

草原人民饮茶始于何时，目前还无从考证。据《茶经》记载，“煮茶”的方法在唐代就很流行，即将饼茶捣碎用水煮，同时要在水中加盐。唐代，草原地区的人民与唐王朝保持着友好往来，这种煮茶方式与今天内蒙古地区煮奶茶的方法有相似之处，它们之间是否有关系，还有待考证。倒是在科右前旗的蒙古族人民素有喝“喇嘛茶”的习俗。据唐代《封氏闻见记》记载，开元年间，佛教盛行，学佛参禅要求夜间不眠，由于茶叶具有兴奋神经之作用，因而佛门弟子都相继煮浓茶驱睡，“破眠见茶效”。科右前旗是一个蒙古族聚居区，王爷庙和10个旗的王爷府共建的“葛根庙”就坐落在这个旗。当年香火鼎盛时期，这里“有名喇嘛一千五，无名喇嘛赛牛毛”，喝茶极为盛行。酸马奶、奶茶是蒙古族人民的主要饮品，具有悠久的历史，是蒙古族优秀的传统饮食文化。

（三）食俗概述

元代以前，草原游牧民族的经济来源主要是游牧和狩猎，在部分地区也出现了农耕经济，这说明他们在传播其饮食习俗的同时，也在相当程度上接受了中原农耕民族的饮食习惯，谷物、果菜类植物性食物在他们的饮食结构中的比重逐渐增多。北魏神瑞二年（公元415年），秋谷不登，民众恐慌，有人提出迁都。崔浩等反对，并指出，只要挨过冬天：“至春草生，乳酪将出，兼有菜果，足接来秋。若得中熟，事则济矣。”这说明北魏人民虽然保留着食肉饮酪的习惯，但谷物和果菜已成为其日常的主要食物，大大丰富了他们的饮食结构。

考古学者在内蒙古自治区发现了几千年前藏于古墓中的糜子和行军水壶，这说明在那时炒米就已经传入北方。强大的匈奴不断南犯中原地区，他们学会了“谷稼”和“治楼藏谷”（《汉书·匈奴传》）。这样一来，以乳酪肉食为主的北方少数民族又引进了粮食作物，将粮食与乳酪结合，形成新的饮食结构，并被固定下来。

（四）食器概述

饮食器具也是饮食文化的重要组成部分，反映着一个地区的饮食文明和人们的生活状况。

各民族的融合，进一步推进了草原文明的进程。1955年，考古学家在呼和浩特市美岱召村的山沟中发现了一批北魏初期鲜卑贵族的砖室墓葬。1955—1961年，该墓葬出土了大量的金银、陶器和铁器等文物。这批墓葬墓道的砖室结构与汉族贵族墓道的砖室结构基本相同，这说明当时鲜卑人已经过着定居生活，农业经济已经在其整体经济结构中占有优势。

考古工作者对内蒙古辽代墓葬进行清理时发掘出土了大量文物，其中较多的是金银器皿和瓷器。这些瓷器部分为辽窑烧制，还有景德镇影青瓷和定窑瓷器等，其中有契丹族特有的鸡冠壶、长颈瓶和辽三彩等瓷器。鸡冠壶是模仿契丹人在马背上便于携带的皮囊烧制而成的瓷器。早期的鸡冠壶是仿照马背上携带用以盛水、乳、酒等液体的容器马盂制作的，所以是扁身胆空，为单驼峰式，器身上有仿皮制品的针脚和接缝；后来的鸡冠壶逐渐变成马鞍式，呈双驼峰式，器身上的装饰也增多了，但仍旧保留有用泥条附加成的似皮囊式装饰；再后来，鸡冠壶就变成底部加圈足和带提梁式的，这种鸡冠壶适用于室内生活，可以放在桌子上或地上。到辽圣宗以后，鸡冠壶便逐渐消失了。鸡冠壶的变化，反映了契丹人学习汉人习俗，从逐水草而居逐渐变为较稳定的室居生活。长颈瓶和辽三彩瓷器也随着社会生活的发展有所变化，它们吸收了中原唐、五代时期瓷器的风格。

内蒙古饮食文化是中华文化的组成部分。在历史的长河中，各民族之间不断增强文化交往、交流、交融，共同创造了灿烂的中华文化。中华文化是中华民族全体成员所普遍认同、归属的同一性、共享性、共识性文化，其具体内容主要包括共同价值精神、共同理想信念、共同历史记忆、共同政治法律制度等。文化认同是最深层次的认同。中华文化对于铸牢中华民族共同体意识具有重要作用，它是中国自古以来促进各民族团结的文化根基，为中华民族共同体的持续发展提供文化力量，为铸牢中华民族共同体意识提供文化认同，提升了中华民族共同体的文化软实力。

第二节 元代至清代的饮食文化

这一时期是指从1206年成吉思汗建立大蒙古国起，到1911年辛亥革命推翻清王朝止，共705年。总的来说，这一时期政局相对比较稳定，物资充裕，是草原饮食文化发展的又一个高峰，硕果累累。

一、历史概述

12世纪至13世纪初，蒙古高原上兴起了一个新的游牧民族——蒙古族。在蒙古族兴起之前，战争和政权更替使得大大小小的民族和部落一次次、一批批地出没于蒙古高原。自匈奴以来，先后统治过这里的有鲜卑、突厥、乌桓、回鹘、女真等游牧民族；只有来自额尔古纳的蒙古族，结束了北方少数民族聚散无常的局面，并永久居住在这物华天宝之地，世代生息繁衍。1206年，成吉思汗统一蒙古各部，建立了强盛的大蒙古国；1211年，蒙古军队南下攻金，仅用了四五年的时间，就占领了金朝所辖地区；1227年，灭西夏，占领了河套以西地区；1260年，忽必烈继汗位，1271年正式定国号为“元”。元朝的建立为北部边疆地区的社会、经济、文化等方面的发展创造了有利的环境，那里的畜牧业、农业、狩猎业、商业、手工业等得到了稳步发展，饮食文化也得到了进一步的发展和繁荣。

清朝是我国最后一个封建王朝，此时统一的多民族国家进一步发展和巩固。在一个较长时间和平安定的社会环境下，我国北部边疆地区进入了一个新的发展时期。清朝加强了对边疆少数民族的统治，制定和推行了一系列边疆政策，开拓和治理边疆的成效显著。经过蒙古族、汉族等各族人民长期的开发和建设，内蒙古地区已由原来的单一游牧经济向以畜牧业为主，兼有农业、手工业和商业的多种经济发展。即使发展缓慢的地区也呈现出多种经济的萌芽。在开发和建设北部边疆的过程中，蒙古族、汉族等各族人民紧密合作，加强了友好联系，为祖国边疆建设做出了应有的贡献。

二、饮食概述

（一）肴馔概述

这一时期，内蒙古菜肴的发展比较快，出现了更多的特色民族菜品，并被保留下来，成为历史名菜。我们从一些古籍和传说中可窥一斑。

据尹湛纳希的《青史演义》和其他相关书籍记载，早在元代，内蒙古地区的人民就创制了不同的风味全羊席。烤全羊在元代就已经出现，时称“柳蒸羊”。据《饮膳正要》记载：“柳蒸羊：羊（一口，带毛）。右件，于地上作炉，三尺深，周回以石，烧令通赤，用铁笆盛羊，上用柳子盖覆，土封，以熟为度。”除烤全羊席以外，还有清水煮全羊。清水煮全羊是全羊席的一种特殊形式，沿袭至今，现今成吉思汗陵宾馆的诈马宴就是此宴的延续。烤全羊、清水煮全羊等都是内蒙古优秀的传统饮食文化。

（二）饮品概述

马奶酒又称蒙古奶酒、酸马奶，是蒙古族具有代表性的酒品之一。蒙古族人民饮用马奶酒的记载，最早见于《蒙古秘史》。据该书记载，成吉思汗第十一代先祖布旦察尔曾在通戈格河畔游牧的一个部落中饮用过类似于马奶酒的“额速克”。《马可·波罗行纪》中也有“鞑靼人饮马乳，其色类白葡萄酒，而其味佳，其名曰忽迷思”的记述。“忽迷思”即马奶酒。马奶酒有丰富的营养成分，对健康多有助益。在元代，马奶酒已成为宫廷国宴的饮料；时至今日，蒙古族人民仍喜饮马奶酒。

龙驹奶酒是蒙古族人民接待上宾的必备佳酿，关于它也有一段与成吉思汗有关的传说。相传，成吉思汗六十大寿时，设大宴三天。酒宴正兴时，成吉思汗最宠爱的妃子对成吉思汗说：“大汗，如果你高山似的金身忽然倒塌了，你的神威大旗由谁来高举？你的四个儿子之中由谁来执政？请大汗趁大家都在，留下旨意吧！”大臣赤老温也上前说道：“术赤刚武，察合台骁勇，窝阔台仁慈，拖雷机智，各有所长，究竟谁是奉神的旨意来接大汗大旗的，就让上天为我们明示吧！今天是大汗的寿辰，就让四兄弟一起出发，去为大汗找一份最珍贵的贺礼吧！头羊总能找到最美的水草，献上最珍贵礼物的那个，肯定是得到天神的眷顾的。”成吉思汗听后，沉思片刻，说：“最神勇的马不会藏在马群，最矫健的雄鹰总是飞得最高，就这么定了。明日此时，谁将最珍贵的礼物带到这里，谁就接过我的大旗。”于是四兄弟各自出发了，四匹骏马载着蒙古族的四大勇士消失在夜幕中。第二天，金乌西坠、玉兔东升之时，成吉思汗帐前的草原上已整整齐齐地列着五个万人方阵，他坐在由三十八匹马拉着的指挥车上，大臣、妃嫔、御马环侍左右，一面青色大旗，在风中猎猎作响。月亮渐渐升到了半空，忽然，随风飘来一股若有若无的香气，人们精神为之一振，这香气比奶香更绵长，比美酒还醉人。此时，草原上传来越来越近的马蹄声，四兄弟同时归来。术赤献上碧玉珊瑚，成吉思汗将它放在了车的左边；拖雷献上百年老参，成吉思汗将它放在了车的右边；察合台献上了紫貂皮，成吉思汗将它放在了车的后边；窝阔台献上的只是一只皮囊，成吉思汗将皮囊上的木塞拔掉，一股浓郁的香气扑鼻而来，原来皮囊中是奶酒。成吉思汗将酒倒入酒杯，情不自禁地喝了一杯又一杯。喝了第一杯，成吉思汗口齿生香；喝了第二杯，成吉思汗通体舒泰；喝了第三杯，成吉思汗连声称赞："好酒，好酒!"随即，他将此酒赏赐左右，草原上一片欢呼。究竟谁能继承汗位呢？只见成吉思汗手一挥，指着碧玉珊瑚说："此物虽稀有，但不当饥，不止渴，于我部无益。"他又拿起紫貂皮和百年老参说："此物虽贵，但我部族中以此为衣者能有几人？百年老参虽然难得，也只能滋养一人而已。这奶酒却不同，它就出自我们草原，酒香而不腻，味醇而绵长，族人饮用可助酒兴、强身体，四夷饮用可亲和睦、去隐忧。这才是待人之道啊！我以为，四物之中以奶酒最平常也最珍贵。"于是成吉思汗便立窝阔台为继承人，御封窝阔台敬献的奶酒为"龙驹奶酒"，用于庆典或款待外国使节。

奶茶是内蒙古地区蒙古族人民的特色饮品，也是牧民日常生活中不可缺少的饮料。做奶茶一般选用青砖茶，因为青砖茶含有丰富的维生素和矿物质等营养成分。牧民饮奶茶有着悠久的历史。清人祁韵士的《西陲要略》中就记述了厄鲁特蒙古人民的饮茶习俗。后来，茶越来越为蒙古族所喜爱，他们不论贵贱，皆每日三茶。砖茶味美经泡，色红而叶肥，被蒙古族视为上品。

（三）食俗概述

内蒙古地区的蒙古族人民将春节称为"查干萨日"。他们把一年之首的正月也称为"白月"。以"白"命名是因为古代的蒙古族人民认为白色为万物之母，象征着纯朴、洁白、无私。据《马可・波罗行纪》记载，正月初一，蒙古大汗及一切臣民都"服白衣""皆白袍"，人们"互相馈赠白色之物"。这些白色礼物也包含白色的奶食品。是日，元朝宫廷要举办诈马宴以宴请群臣，席间人们饮马奶酒和其他发酵乳制品。大汗每饮一次酒，便鼓乐大作，饮毕即停。此间大臣们饮酒"皆用金绢蒙其口鼻，俾其气息不触大汗饮食之物"。后来蒙古人饮酒时多用长袖遮其半面而饮，大概就是从元朝留下来的习俗。

内蒙古博物馆内珍藏着的一幅古画——《月明楼》向我们描绘了清代康熙二十八年（1689年）至康熙三十五年（1696年）期间康熙皇帝玄烨私访的故事。画中的场景、人物表情描绘得栩栩如生，是反映民俗文化的珍贵画卷。画中描绘的"大戏馆子"，即带戏楼的饭馆，说明了当时街市上餐饮业的经营方式。现在的娱乐餐饮经营形式在当时已初见端倪。

（四）食器概述

早在元代之前，内蒙古地区的蒙古族人民已经广泛使用银器和铜器。银器造型精巧，无论纹饰，还是色彩，都达到了相当成熟的水平，并呈现了蒙古族浓郁的民族特色和鲜明的艺术风格。内蒙古地区的蒙古族人民常见的银制饮食器具有银碗、蒙古刀、蒙古银壶等，其造型大方淳厚、精巧细致、布局合理，强调形体的平衡和对称美，富有想象力和创造力；装饰图案古雅，饰图主要有几何纹样、八宝图案、回纹等，以及各种动物和各种花卉等吉祥的图案。这些都生动地表现了蒙古族豪放的性格和真诚的情感，体现出爽朗明快和追求完美的风格，也说明了当时人们对美好饮食生活的向往。铜器经济、适用、美观而不易损坏，很适合游牧和搬迁，所以蒙古族人民在生活中大量使用铜器，常见的铜制饮食器具有铜火锅、铜壶、奶桶等，制作富有艺术性。例如，铜壶制作得十分精巧，并配以各种卷草、莲花瓣和各种几何纹饰，与铜壶固有的光亮色泽极为协调。在内蒙古自治区出土的元代文物中就有各种各样的铜器。

史书记载，清康熙年间，康熙帝赐土尔扈特部首领阿玉奇的一具由五十两银子制作的镀金圆筒奶茶壶，可谓稀世珍宝，独一无二，在奶茶壶中独占鳌头。这至少说明，当时内蒙古地区的蒙古人已饮用奶茶，饮奶茶成为他们重要的民族风俗。

酒局，不是我们今天所说的宴会或吃饭，而是内蒙古地区蒙古族的一种盛酒以及放置酒具之器。“酒局”一词见于《蒙古秘史》，书中记载了成吉思汗将所用金酒局赐予臣属等事。酒局制作精巧、富丽堂皇，它虽有精粗之别、大小之异，但用途一致。酒局是漠北幄殿中独有的陈设。据《南村辍耕录》《元史》和《马可·波罗行纪》等书记载，酒局也被称为“酒海”。

中华传统文化是中华民族在五千多年的社会实践中形成的思想理念、人文精神和传统美德的集合，体现出中华民族特有的思维方式和精神面貌。中华传统文化在历史的长河中为推动各民族进步发展和社会发展发挥过重要作用，进入新时代依然具有显著的时代价值。我们要科学辨析传统文化中的精华与糟粕，实现优秀传统文化的创造性转化和创新性发展，为全面建设社会主义现代化国家提供精神滋养和智力支撑。内蒙古饮食文化是中华传统文化之一。在新时代，有必要实现内蒙古饮食文化的创造性转化和创新性发展。

第三节　现当代饮食文化

一、历史概述

民国时期，中国处于半殖民地半封建社会，百业凋零。在中国共产党的领导下，内蒙古各族人民积极地投入反封建反侵略斗争中，并最终赢得了胜利。1947 年 5 月 1

日，内蒙古自治政府成立，标志着内蒙古人民从此步入一个全新的时代。

1949年10月1日，中华人民共和国成立之后，人民当家作主，解放了生产力，极大地调动了广大人民的积极性和创造性，国民经济复苏，工业产值倍增。党和国家对餐饮业的重视，以及对外开放和西部大开发等政策的实施，都无疑为内蒙古餐饮发展创造了良好的条件和机遇。作为第三产业的支柱，饮食服务业也得到了空前的发展：首先，饮食服务业的发展表现在烹饪教育的进一步完善。烹饪教育是烹饪人才的摇篮，内蒙古从1965年起相继出现了中等教育、大专教育、短期技能培训等多种烹饪教育形式，对内蒙古烹饪事业的发展和稳定起到了积极作用。其次，饮食服务业的发展表现在内蒙古旅游业的快速发展。内蒙古新建了一批星级酒店，外邦菜肴酒店的融入也进一步拓宽了内蒙古饮食的发展之路。最后，饮食服务业的发展表现在烹饪协会的成立，推动着对民族饮食文化的深入研究、烹饪技术的交流，为内蒙古饮食的发展注入活力。这些不仅为内蒙古餐饮业的发展创新创造了良好的外部条件，也进一步推进了内蒙古饮食文化的整体发展。

二、饮食概述

中华传统文化是中华民族不断发展的文化之根与精神之源，传承创新优秀传统文化对于弘扬社会主义核心价值观、发展社会主义文化、增强文化自信，具有重要意义。实现中华民族伟大复兴的中国梦，我们需要深化对传统文化的认知，保护和传承传统文化。保护和传承内蒙古传统饮食文化时需要以客观、科学的态度对待饮食传统文化，既要看到它在规范社会秩序方面的重要作用，又要辨别它所蕴含的糟粕劣根；以此激发内蒙古饮食传统文化的创造活力，助推社会主义全面现代化建设，促进铸牢中华民族共同体意识。

（一）肴馔概述

民族传统菜肴的整理开发，使一批具有地方特色和浓郁民族风情的传统风味菜肴开始以全新的面貌接受世人的品鉴。

1. 烤羊腿

据传，烤羊腿是内蒙古人民最喜欢的一道菜。如今，居住在城市的厨师吸取了民间烤羊腿方法的精华，科学烹调，使这道菜逐步成为当今宾馆、饭店的名肴，受到中外食客的瞩目和青睐。

2. 炸羊尾

此菜以羊尾膘脂、鸡蛋清、果脯、白糖为原料炸制而成，外形美观，香甜酥脆，带水果味，多用在接待贵宾的高级宴席上。

3. 烤羊肉串

烤羊肉串是内蒙古的一种传统小吃，把羊肉切成薄片，肥瘦搭配地穿在细铁钎上，放在长方形的烤炉上烤，然后撒上辣椒面、精盐和孜然粉，数分钟即熟。其色焦黄油亮，味道微辣，不腻不膻，鲜嫩可口。

4. 手把肉

手把肉是蒙古人的一道简便而实惠的传统菜肴。手把肉的做法是把挑选好的羊肉（头、蹄、下水除外）切成若干块，白水下锅，原汁清煮，不加调味品。蒙古族人民认为，羊吃着草原上的五香草，调味齐全，只要掌握了清煮技术，就能做出美味爽口的肉来。

5. 涮羊肉

这道菜选用大尾绵羊的外脊、后腿、羊尾等部位的肉切成薄片，放在火锅沸汤中轻涮，再取备好的麻酱、腐乳、韭菜花、葱花、姜丝等作料，边涮边吃，肉片鲜嫩可口，不膻不腻。

（二）饮品概述

中华人民共和国成立以后，党和政府非常重视内蒙古的经济发展，自治区开发出诸多的奶制品，如伊利、蒙牛大型奶制品企业生产的鲜奶、原味酸奶、各种果味酸奶、奶茶以及各种口味的冰激凌等。自治区政府还扶持一些地方白酒企业，出现了一批名酒，如包头市的金骆驼系列白酒，巴彦淖尔市的河套系列白酒，赤峰的宁城老窖、赤峰陈曲，呼和浩特的昭君酒等；保健白酒有冬虫夏草酒、阿拉善盟苁蓉酒、枸杞酒等；民族传统酒有龙驹奶酒等。随着社会生活的发展，内蒙古自治区也建立了一批现代化啤酒生产线，如包头的雪鹿啤酒、巴彦淖尔市的金川保健啤酒等。同时，利用内蒙古优越的地理资源，当地企业还开发出一批保健茶，如由内蒙古包头市茗源祥茶叶公司与内蒙古固阳县联合开发的新型保健茶饮料——蒙根花保健山茶。

这些饮品品种丰富，口味繁多，不但满足了内蒙古人餐饮市场的需求，而且部分已经走出了内蒙古，打入了国际市场，成为名优产品。它们成了内蒙古各族人民饮食的重要内容之一，丰富了餐饮市场，不但为人民增强身体素质做出了贡献，也繁荣了一方经济。

值得一提的是，河套酒业牵头建立了酒文化博物馆，填补了内蒙古无酒文化博物馆的空白。该博物馆通过实物、照片等形式的展示，让人们对内蒙古的饮酒习俗有了更为直观的了解。

（三）食俗概述

随着社会主义现代化建设进程的推进，内蒙古人民的生活水平也在不断地提高，内蒙古人民形成了日食三餐的习惯。蒙古族牧民结束了过去居无定所的游牧生活，改为定居；日常饮食保持了过去肉食乳酪的饮食习惯，每餐还增加了水果和蔬菜的摄入，其主食中也增加了大米、白面等食品，保证了营养的均衡。

总的来说，无论是在城市，还是在农村、牧区；无论是汉族，还是少数民族，人们在饮食方面的要求都是健康、安全、营养、方便、美味、适口。他们在饮食习俗方面既有共性，又有个性。

（四）食器概述

如今内蒙古的饮食器具异彩纷呈，与时俱进，处处都呈现着时代的特征。例如，烹饪炊具实现现代化，出现了红外线加热烤箱、微波炉、电磁炉、燃气灶、燃油灶、电蒸灶、电饭煲、铁质炒勺、稀土炒勺、陶质砂锅、不锈钢火锅、不粘锅等炊具，它们具有节约能源、干净卫生、方便操作、制作菜点省时等特点，为人们烹饪美食提供了方便；菜点盛器种类繁多，出现了高档瓷制餐具、镀金银餐具、玻璃餐具、一次性可降解餐具等，适合各个档次的饮食需求；取食工具多种多样，出现了骨瓷筷子、不锈钢勺子、银质筷子、竹制筷子、象牙筷子、高档蒙古刀等，展示了人们对美好饮食生活的追求。这些都是新时代的产品，科技含量比较高，符合当今社会人们追求美好饮食生活的心理。

练习题

1. ____________为北魏贾思勰所著，此书是中国烹饪理论演进史上的一座丰碑。

A.《齐民要术》　　B.《释名·释饮食》　　C.《蒙古秘史》

2. 蒙古族人民饮用马奶酒的记载，最早见于____________。

A.《齐民要术》　　B.《释名·释饮食》　　C.《蒙古秘史》

3. 马奶酒又称____________，是蒙古族具有代表性的酒品之一。

4. 无论是在城市，还是在农村、牧区；无论是汉族，还是蒙古族、回族等少数民族，人们在饮食方面总的要求都是________、__________、__________、__________、__________、__________。他们在饮食习俗方面既有共性，又有个性。

5. 在历史长河中，农耕文明的勤劳质朴、崇礼亲仁，__________的热烈奔放、勇猛刚健，海洋文明的海纳百川、敢拼会赢，源源不断注入中华民族的特质和禀赋，共同熔铸了以爱国主义为核心的伟大民族精神。

6. ____________是中华民族不断发展的文化之根与精神之源，传承创新优秀传统文化对于弘扬社会主义核心价值观、发展社会主义文化、增强文化自信，具有重要意义。

第三章　内蒙古饮食文化形成的原因与特点

第一节　内蒙古饮食文化形成的原因

地域文化是中华文化的重要组成部分，它有着悠久的历史。内蒙古各族人民经过千百年的演绎和传承，创造了独特而辉煌的内蒙古地域文化。其中，内蒙古饮食文化璀璨夺目，它具有浓郁的民族气息，自成体系。那么，内蒙古饮食文化形成的原因是什么呢？其大致可归结为以下几个方面：

一、自然物产丰富

内蒙古地区独特的地理环境、适宜的气候、丰富的物产，为其饮食文化的形成提供了良好的环境和物质基础。内蒙古自治区地形以高原为主。内蒙古高原既是我国四大高原中的第二大高原，也是内蒙古自治区的主体地貌。内蒙古高原上分布着辽阔的大草场，它们是我国著名的天然牧场。高原的边缘，围绕着重重山峦，主要有大兴安岭、阴山、贺兰山等。大兴安岭莽莽苍苍，纵贯自治区东部，分隔着内蒙古高原与松辽平原；阴山山脉横贯自治区中部、河套平原之北、内蒙古高原南缘，对南北气流有阻挡作用，山地南北两侧的热量和湿度有明显的差别；贺兰山位于银川平原以西，是断块中山地。这些山峦构成了内蒙古地区大地貌的“脊梁”，对全区的气候、水文、土壤、植被等自然资源分布影响甚大。大兴安岭—阴山—贺兰山既是一条自然分界线，也是一条畜牧业和种植业的分界线。内蒙古高原的外沿，分布着鄂尔多斯高原、河套平原和松嫩平原。鄂尔多斯高原的西、北、东三面被黄河环绕，南部与黄土高原接壤。河套平原介于阴山山脉与鄂尔多斯高原之间。松嫩平原位于大兴安岭与冀北、辽西山地间，是全区地势最低的地区。这三个地区，除鄂尔多斯高原土质较差且比较干旱外，其他两个地区皆为肥土沃野，是自治区的主要农业产粮区。除此以外，内蒙古还有星罗棋布的河流湖泊：外流河有黄河、永定河、额尔古纳河、嫩江、滦河和西辽河，内流河有乌拉盖河、塔布河等；主要湖泊有呼伦湖、达里诺尔、乌梁素海、岱海、黄旗海、查干诺尔、居延海、哈素海以及奈曼西湖等。这些湖泊有的是内蒙古自治区主要的盐碱产地，有的是良好的淡水养殖场所，还有的是草原和沙漠的主要供水源。

正是内蒙古地区这种独特的地理环境，孕育了丰富的饮食物产，为内蒙古地区多姿多彩的饮食文化奠定了物质基础。辽阔的内蒙古大草原上生长着奇珍异草，且这里水质清澈、空气清新，是天然草场和放牧的好地方，为发展畜牧业提供了良好的条件。这里有肥尾羊、蒙古羊和优质的牛羊乳。乌珠穆沁肥尾羊和蒙古羊，个大肉多，肉质鲜美、细嫩，肉脂均匀，吃起来肥而不腻，无腥膻异味，适合爆、炒、烤、炸、熘等多种烹饪方法，是内蒙古手扒肉、烤全羊名贵菜肴的上等原料，也是北京东来顺饭庄的主要涮肉原料。牛羊乳汁不但营养丰富，还可以加工成乳制品。这里的草原绿鸟鸡，因为食天然草场上的各种小虫子，所以肉质细嫩、个体肥硕、味道鲜美，是烹饪的良好材料。流经内蒙古的黄河盛产黄河鲤鱼、黄河虾、鲫鱼，这些水产远销国内外。草原上星罗棋布的湖泊、河流、水库、塘坝好似镶嵌在碧草上的“水晶宫”，是发展水产养殖业的理想场所，这里盛产鲤鱼、鲫鱼、草鱼、鲷鱼、鲂鱼、鳊鱼、鲢鱼和鳙鱼等。此外，草原上和山林中还盛产野菜和菌类，如蕨菜、黑木耳、猴头、刺五加等。草原蘑菇，又称白蘑，其肉质白嫩，口味鲜美醇厚，是菜肴汤羹中不可缺少的野味，故有“素中之荤”的美称。内蒙古的沙漠地区也有许多特产，如肉苁蓉、沙棘、蒙古韭等。河套平原盛产河套蜜瓜、河套西瓜、河套春小麦、河套葵花籽等。武川莜麦面、毕克齐大葱也是内蒙古有名的特产。内蒙古地区的饮食物产原料举不胜举：有的是很好的食材，有的则是很好的药材，有的还可以酿酒或制成其他美味的饮品，这些丰富着人们的饮食生活。

二、各民族交流互鉴与服务政治的需要

我国是一个统一的多民族国家，各民族团结互助、协调发展，创造了辉煌的中国文化。饮食文化作为中国文化的重要组成部分，呈现出多样性和协调性。内蒙古是中华大地上璀璨夺目的地区，与中原地区一直保持着密切的联系，其饮食文化与中原地区互相交融。例如，汉代实行移民实边政策，即向内蒙古河套地区移民，开荒耕种，发展农业，因此一些中原食品传入内蒙古，成为内蒙古少数民族的日常食品；北魏时期，孝文帝进行汉化改革，并迁都中原，同时把边疆一些民族的食品带入中原；唐代抚慰边疆少数民族的政策，也促进了民族团结和饮食的互相交融；元朝的统一，使中原地区的经济文化传到内蒙古地区，促使内蒙古地区的经济呈现出多种发展形式，也繁荣了当地的餐饮文化。此外，“居延古道”“回鹘道”和“绥蒙商道”等商贸通道，既繁荣了古代经济，又对古道沿边的饮食生活产生了一定影响。自古以来，我国各民族在历经迁徙、贸易、婚嫁中交往范围不断扩大，交融程度不断加深，逐步形成了中华民族多元一体的格局。各民族在政治、经济、文化等方面不断地交往、交流、交融，

使内蒙古地区形成了多姿多彩的饮食文化。

饮食文化的形成也与政治因素密切相关。饮食常以国宴、招待会等形式，服务于政治需求。褒奖宴会，是国家领导人为了褒奖有功之臣而设的宴席。例如，古代君王褒奖文武百官，常赐以酒和丰盛的食物。成吉思汗、忽必烈在打完胜仗后会举行全羊宴席，君臣将士食牛羊肉、饮马奶酒，尽情欢愉。节庆大典宴会，是为庆祝国家重要的节日或非常重大的事情而举行的宴会。例如，忽必烈每年都要举行诈马宴，以庆祝四海为家、天下统一；内蒙古自治区成立五十周年大典举行盛大招待宴会。国际交往宴会，是为国际友好往来而举行的宴会。例如，国家元首在国际互访时举行的宴会。这些宴会中的菜肴和饮品已被上升到了国宴层次，被赋予了政治使命。

三、艺术文化素养的提升

美学艺术的熏陶对人们的饮食也产生着重要影响。中原文化的雄壮之美孕育出宫廷美学风格，形成了典雅恢宏的宫廷饮食；江南文化的优雅之美孕育出文士美学风格，形成小巧精工的淮扬饮食；塞北文化的粗犷之美孕育出牧民的豪爽风格，形成豪放洒脱的内蒙古饮食。我国的饮食文化，形式丰富多样，但具有一个共同点，就是讲究“色、香、味”俱全。中国人在饮食方面讲究“色、香、味”俱全:“色”就是要好看，“香”与“味”是强调好闻、好吃，合起来就是既要好看又要好吃，眼福口福都要享受。“色、香、味”俱全就是强调饮食之美。

饮食文化的交流者和从业者的文化素养对饮食文化也产生着深远的影响。饮食文化的交流会进一步促进不同风格的饮食文化相互交融，共同发展。例如，内蒙古餐饮文化走出内蒙古，与广东饮食、淮扬饮食、巴蜀饮食等文化交流，使内蒙古餐饮在烹饪技艺、蒙式宴席、蒙菜造型等方面都有所提高，对内蒙古餐饮市场的繁荣起到了积极的导向作用。另外，从业者的文化素养也制约着一个地区的餐饮发展，他们是餐饮行业的领头羊、主力军。如果一个地区餐饮从业者的整体素质提高了，必然会促进本地区餐饮行业的发展，使其饮食文化底蕴更加浓厚。

第二节　内蒙古饮食文化的特点

内蒙古地区地域宽广、物产丰富，其餐饮业蓬勃发展，形成了别具特色的风味体系，名菜层出不穷，受到了区内外食客的一致好评，对提升内蒙古自治区的影响力起到了很好的宣传作用。为了探求内蒙古美食的真谛、掌握其精髓，我们就必须对它的发展规律和基本特点有比较清楚的认识和感知，这样才能进行实践操作，更好地服务于内蒙古的餐饮业，使内蒙古美食更上一层楼。

一、食材多样，因材施艺

内蒙古面积广阔，气候复杂多变，地貌多样。这里有广袤无际的草原、肥沃富饶的平原、浩瀚无垠的沙漠、幅员辽阔的原始森林、星罗棋布的河流湖泊等，适合多种生物的生长与繁殖，生产出了众多的烹饪土特产原料。该地区的烹饪土特产原料不仅具有独特的品质、种类、风味、风格，而且有一地产出量特别多，而别处产量少、取用困难、鲜为人知等特性。特产原料皆得天时、地利、人和之功，它们是形成风味名菜的物质基础。内蒙古多样性的自然环境产出丰富的饮食原料，从而产生诸多名菜，丰富了内蒙古饮食文化。内蒙古饮食文化是中华饮食文化的重要组成部分。

（一）骆驼

骆驼是内蒙古的特产，有“沙漠之舟”的美称。驼峰，是骆驼背上一副奇特的“肉鞍”，含有丰富的脂肪，丰腴肥美。在我国传统的菜谱中，驼峰与熊掌齐名，用它们制作的菜品是难得的珍贵佳肴。驼峰适合用炸、炒、扒等烹调方法烹制，名品佳肴有滑炒驼峰丝、五环驼峰丝、香炸驼峰、五彩驼峰、糖醋驼峰、扒驼峰等。此外，还有用驼掌烹制的名菜扒驼掌、金饺驼掌等。

（二）乌珠穆沁肥尾羊

内蒙古的乌珠穆沁肥尾羊是一种优质的肉用羊。乌珠穆沁肥尾羊在天然牧场上放养，吃天然水草，身体健壮，无疫病、无寄生虫、无农药残毒，是纯天然绿色食品。肥尾羊肉质细嫩、营养丰富，能保持清新、鲜香的自然风味，是非常理想的烹饪原料之一。用它烹制的名菜有炸羊尾、手扒肉、烤羊腿、涮羊肉等。

（三）鹿

内蒙古的草原和森林是鹿栖息生养的良好场地，鹿尾、鹿茸、鹿筋等均为中外闻名的高级烹饪原料，同时兼具良好的药用价值。内蒙古地区用鹿烹制的名菜有鸡腿扒鹿尾、火腿扒鹿膝、苁蓉炖鹿筋等。

用内蒙古其他特产原料烹制的名菜还很多。例如，用奶制品烹制的拔丝奶豆腐、蜜汁酸奶，用口蘑烹制的乳汁软炸口蘑、驼峰扒口蘑，用蕨菜烹制的冷拌蕨菜、凉拌蕨粉，用猴头烹制的白扒猴头、苁蓉猴头滋补汤，用牛肉烹制的红烧牛头、酒锅牛三宝。

二、技艺独特，盛器别样

烹饪原料的好坏，直接影响菜肴的品质。优质的原料是名菜品质的保证，因此选料非常重要。中国对烹饪选料的严谨，乃古之遗风，早在周代时，人们对祭祀宗祖的烹饪原料的选择就有十分严格的要求。《礼记·曲礼》云：“凡祭祀宗庙之礼，牛曰一元大武，豕曰刚鬣，豚曰腯肥，羊曰柔毛，鸡曰翰音，犬曰羹献，雉曰疏趾，兔曰明视，脯曰尹祭，槁鱼曰商祭，鲜鱼曰脡祭，水曰清涤，酒曰清酌，黍曰芗合，粱曰芗萁，稷曰明粢，稻曰嘉蔬，韭曰丰本，盐曰咸鹾。”这些选择烹饪原料的原理是符合科学的。清代大文学家、美食家袁枚在《随园食单》中对选料的论述更加深刻，他指出：“猪宜皮薄，不可腥臊；鸡宜骟嫩，不可老稚；鲫鱼以扁身白肚为佳，乌背者必崛强于盘中；鳗鱼以湖溪游泳为贵，江生者槎丫其骨节；谷喂之鸭，其膘肥而白色；壅土之笋，其节少而甘鲜。”最终，他得出“一席佳肴，司厨之功居其六，买办之功居其四”的结论。

内蒙古菜肴作为中国菜的组成部分，在其烹饪过程中也突出了选料严谨这一特点。例如，蒙式烤全羊，这是一道内蒙古传统名菜，它必须用生长在内蒙古天然牧场中的两岁左右的肥美健壮的肥尾羯羊来烹饪。这是因为天然牧场上的羊长期食用无污染的青草、沙葱和草原上的菌类、草药，肥美健壮，是真正的纯天然绿色食品；两岁左右的羯羊无腥膻异味，肉质鲜嫩，味道鲜美。烤制羊肉时还要选择果木等作为燃料，这些木材不但木质硬、释放的热量高，而且会使烤好的羊肉带有独特的木香味。炸羊尾这道菜必须选用内蒙古特产肥尾绵羊的肥硕大尾巴进行烹制，因其脂肪含量高，肥而不膻。莲花驼峰，烹制时须选用阿拉善盟出产的阿拉善骆驼的驼峰，因其色红、肉质细嫩、腥膻味小。金丝鲤鱼这道内蒙古创新菜肴，烹制时要选用农历五至六月份或九至十月份所产的雄性黄河鲤鱼，此时的鱼肥美诱人。涮羊肉，选用内蒙古东、西乌珠穆沁旗所产净肉在 20 千克以上的羯羊，选其上脑、大三岔、小三岔、磨裆、黄瓜条五处肥瘦适中的部位。

因料施艺是指根据材料的特点，采用不同的烹饪方法和调味手段来制作佳肴。内蒙古地区的烹饪工作者经过长期的实践总结出许多烹饪经验，创造出各式各样的名品佳肴。全羊汤就是把羊的头、心、肺、肚、肠等洗干净后，精烹成汤的。炸羊血肠则是将羊血灌入羊肠内烹饪而成。蜜汁天鹅蛋是内蒙古名厨吴明师傅为接待董必武同志而创作的菜肴，它选用内蒙古特产马铃薯，先将其蒸熟再压泥做成天鹅蛋形，最后用蜜汁的方法成菜。此菜因受到了董必武等同志的好评而被保留下来，成为内蒙古名菜。还有烤猪方、清汤牛尾、红扒牛头、羊头捣蒜等，都是因材施艺的成功例证。

蒜香羊头

自古以来，中国人在勤劳的劳

动中发挥聪明才智，制作美食时选料严谨，因料施艺，充分体现了其智慧。

经过烹饪工作者的长期实践和不断创新，内蒙古菜肴形成了具有浓郁地方特色的烹调方法。例如，手扒肉的烹调方法是清水煮，这就很具有内蒙古特色。内蒙古特产肥尾羊生长在天然牧场，吃的是纯天然芳草，无污染、绿色健康，其肉用清水煮食，质地鲜嫩，味道香醇。内蒙古鄂伦春族人古老的煮肉方法“吊烧”，也是一种独有的烹调方法。具体方法是：先将动物的胃清洗干净，再将肉和清水放入胃中，把胃吊起来放火上烤，待胃烧焦且胃内水沸腾，肉则已有八分熟，此时的肉吃起来鲜嫩可口、风味独特。再如，烤全羊的爆烤方法、风干羊肉的风干之法，都具有浓郁的地方特色。此外，现代内蒙古名菜中还运用了炸、扒、炖、氽、涮、蒸、爆、冻、卤、拌、腌、蜜汁、拔丝、挂霜等烹调方法。为了进一步丰富内蒙古菜肴品种，内蒙古菜肴的制作者还借鉴了川、鲁、粤、淮扬等菜系中的优良烹调方法，如混汤涮肉、酒锅系列菜、奶油煸、砂锅系列菜等。

讲究盛器不仅是内蒙古菜肴的一大特点，也是内蒙古菜肴绚丽多彩的重要原因。古人云：“美食不如美器。”精美的菜品再加上精美绝伦、极富民族特色的盛器，进一步展现了强烈的民族风格。例如，鄂尔多斯的烤全羊，烤好的菜品要摆放在专门制作的红色的条形漆木盘中。这种条形盘有银制的、铜制的、镀金的等，上面刻有“万”字形或蝙蝠等寓意深刻的传统吉祥图案，代表美好的祝福。比较讲究的条形木盘是用枣木制作的，做好的大盘不刷油漆，用油浸过后，再经擦拭就会变得红且光亮，既给人朴实无华之感，又营造了热烈高贵的氛围。炸羊排则要把制好的羊排盛放在勒勒车造型的餐盘中，给吃客营造置身草原美景的感觉，使他们仿佛在聆听着草原牧歌的同时品味着纯正的内蒙古餐饮，获得极致的享受。脆炸牛脊髓，要把炸好的牛脊髓放在纯白色的骨瓷餐盘中，旁边以生菜和圣女果点缀。蛋黄色的牛脊髓、翠绿色的生菜、鲜红色的圣女果、白色的餐盘，它们同置一处，色彩搭配鲜明，对比强烈，使人食欲大增。再如，酒锅牛三宝中的酒精锅，麦饭石火锅中的火锅、麦饭石等，这些都是与菜肴完美结合的餐具，充分说明了内蒙古菜肴讲究盛器的特点。

内蒙古菜肴的盛器体现了美的理念、美的形式、美的内涵和美的追求。人类对美的追求是与生俱来的，同时与人类的社会生产力水平密切相关。生产力的发展是推动人类对美的追求的原动力。改革开放以来的发展、物质文明的提升给我们带来了生活方式的改变，并激发了人们对美的追求，对人的全面发展提出了更高的要求。党的十八大以来，党和国家高度重视学校美育工作，把学校美育工作摆在更加突出的位置，贯彻落实了一系列重大决策部署。美育成为学生全面发展的重要组成部分。

三、精于调味，妙用火候

中国菜肴的一大特点是口味多样，这需要通过科学的调味来实现。《吕氏春秋 · 本味篇》中早已总结出调味和火候是烹饪的两大关键技术。我国烹调技术中的调味主要表现在两个方面：一是通过烹饪材料的相互搭配，使其主料与辅料的滋味相互渗透，以达到味的交融，产生新的味道；二是通过众多的调味料在烹饪过程中的渗透和扩散作用，达到去除异味、突出本味、增进美味的作用。调味是菜肴口味成败的关键。内蒙古名菜也精于调味。

众所周知，菜肴之美，当以味论，而本味为味之首。内蒙古名菜手扒肉、羊背子就是突出本味的很好例证。草原上的牧民喜欢吃生活在天然牧场中的羊的肉。天然牧场中的羊的肉质嫩味鲜，牧民们最常用的烹饪方法是清水煮羊肉，即煮制时不添加任何调料，以保留羊肉的原味。在城市中，以经营为目的而烹制羊肉时，人们一般也只会加葱、姜、料酒等去除异味的调味料，而不会添加花椒、大料等调味料，以突出羊肉的鲜美。内蒙古菜肴的调味除了讲究突出本味，还讲究增进美味和掩盖异味，即针对一些无味、鲜味不足的材料或人们不能接受的含有异味的材料进行调味。例如，内蒙古鄂尔多斯市的风味名食“冷拌粉皮”，因为粉皮的口味比较淡，所以只能凭借调味料来增进味道。冷拌粉皮用辣椒油、花椒油、茴香、芝麻油、葱花、蒜、姜和山野特产扎蒙花等调味料来调制，风味独特、别具一格。再如，全羊汤则是一个以掩盖法调味的例子，羊内脏异味较重，一般要用碱、盐、醋、面粉等清洗，以去除异味，在烹饪时还要用花椒、辣椒、胡椒等辛香料来掩盖异味。烹制内蒙古菜肴除了用到定味性调味（加热中的调味），还要用到辅助性调味（加热前和加热后调味）手段，充分展现了内蒙古菜肴精于调味的特点。

火候是菜肴成熟以及达到不同质感的决定因素，火候控制得好坏决定着菜肴的成败。注重火候也是内蒙古菜肴的一大特点。例如，烤全羊，在烤羊的过程中，火候不能过大，也不能过小，否则易把羊肉烤焦，或者出现内部不熟、表皮不脆的现象。手扒肉这道菜，一般要求把羊肉煮到七八成熟，这样，肉的营养保留得比较好。炸驼峰对火候的要求更加严格，一般用中火加热驼峰，火过大易把驼峰炸干，火小则驼峰易脱糊。红烧牛头则要求用中小火加热。

内蒙古自治区地域辽阔，民族众多，其菜品构成复杂。这是因为各少数民族在长期的生活中形成了自己独特的饮食习惯，所以内蒙古地区的菜品各式各样、特色鲜明，如蒙古族人民以红食、白食为主。红食就是指肉食，肉食含有丰富的蛋白质和维生素，是牧民非常喜欢的食物，也是他们款待贵客常用的食物。蒙古族人民在长期生活实践中，积累了丰富的肉食烹饪技能，创造了多种菜肴，比如，整羊背子、手扒肉、羊肉串、涮羊肉、炸羊尾、烤羊腿、烤羊叉、风干羊肉、扒驼峰等。白食是指奶食及奶制品，诸如奶皮子、奶茶、奶豆腐、奶酪、酸奶等。再如，鄂伦春族常年在大兴安岭的森林中游猎，饮食以兽肉和森林中的采集物为主。他们别具特色的烹饪方法有阿素、吊烧、焠瀹肉等。阿素是指把动物的头、肺等一起煮熟再切成小块，加动物油脂，再加点葱花搅拌起来；吊烧是鄂伦春人相当讲究的烹饪方法；

焠瀹肉则是鄂伦春人一种比较古老的煮肉方法，即用火烧热石子，然后将石子抛入刳成空心的木头容器中将肉焠熟。又如，回族的清真菜，以牛羊肉为主，多以爆、熘等烹调方法制作，其名品菜肴有汤爆肚仁、烤羊肉、滑熘里脊、芫爆散丹、扣麒麟顶、砂锅羊头等。

所谓经济实惠，是指内蒙古菜肴一般是将大块的肉装盘，给人以实惠之感。食用时用蒙古餐刀，吃法粗犷，表现了蒙古族人民热情好客、豪爽的性格。

所谓兼收并蓄，是指内蒙古菜肴在长期的发展过程中，为了“自丰其羽”，常常借鉴和吸收中外其他菜系的一些优点，使内蒙古菜肴既有内蒙古菜的“传统基因”，又有外邦菜的“优良基因”，表现出“混血儿”的特质。例如，蒙式烤全羊借鉴了北京烤鸭的烹饪方法和食用方法；烤羊腿借鉴了西式的烤制方式；涮羊肉吸收了川菜的混汤涮肉的方法；“中国三大名鸡”之一的卓资山熏鸡，是河北宣化的李珍和北京的张太兰两位师傅来到内蒙古卓资山后，结合河北定县熏鸡的制作方法和卓资山卤鸡的制作方法，经过长期摸索，采用独特的制作工艺制作而成的。

饮食文化的交往、交流、交融，加强了民族团结，促进并铸牢了中华民族共同体意识。

练 习 题

1. 内蒙古地区独特的__________、适宜的__________、丰富的__________，为其饮食文化的形成提供了良好的环境和物质基础。

2. 骆驼是内蒙古的特产，有“__________”的美称。

3. 自古以来我国各民族在历经迁徙、贸易、婚嫁中交往范围不断扩大，交融程度不断加深，逐步形成了__________。各民族在政治、经济、文化等方面进行了不断地交往交流交融，从而促进了__________。

4. 内蒙古地区菜肴的盛器体现了美的理念、__________、美的内涵和美的追求。

5. 简述内蒙古地区美食形成的原因。

6. 内蒙古地区美食有哪些特点？

第四章　内蒙古传统食俗

第一节　民族传统筵宴食俗

一、宫廷宴

诈马宴是古代蒙古族最隆重的盛宴，是融宴饮、歌舞、游戏、竞技、服饰展示等于一体的娱乐聚餐形式，是蒙古族特有的庆典宴飨。“诈马”是蒙古语，意为煺了毛的牛、羊等整畜。举办诈马宴时，人们将牛、羊等家畜宰杀后，用热水煺毛，去掉内脏，烤制或煮制后上席。

诈马宴，在元代又称为“质孙宴”“衣宴”。因赴宴的王公大臣和侍宴的卫士、乐工都必须统一着装，穿皇帝赏赐的同一颜色的质孙服（颜色相同的礼服，“质孙”是蒙古语“颜色”的音译）而得名。它是元代宫廷或王府在重大政事活动时举办的国宴或盛宴，是最高规格的宴飨。诈马宴的宗旨是纵情娱乐，增强最高统治集团的亲和力、凝聚力。诈马宴多在金碧辉煌的昔剌斡耳朵（黄色的宫帐）中举办。宴会期间，君臣的质孙服要一日一换。

诈马宴可谓壮观，颇具特色。清晨，赴宴者各持彩仗，列队驰入昔剌斡耳朵所在之处。皇帝通常乘马而行，在一片管弦乐声中，君臣入帐，各就其位。皇帝坐在帐中高台上的“七宝云龙御榻”之上，余者按尊卑贵贱入席，“以中为尊，右次之，左为下”。元代的周伯琦在《诈马行》诗序中有所介绍：“国家之制，乘舆北幸上京，岁以六月吉日。命宿卫大臣及近侍服所赐只孙，珠翠金宝，衣冠腰带，盛饰名马，清晨自城外各持彩仗，列队驰入禁中。于是上盛服，御殿临观。乃大张宴为乐，惟宗王、戚里、宿卫大臣前列行酒，余各以所职叙坐合饮。诸坊奏大乐，陈百戏，如是者凡三日而罢。其佩服日一易，太官用羊二千、嗷马三匹，它费称是，名之曰‘只孙宴’。只孙，华言一色衣也。俗呼曰诈马筵。”宴会的第一个项目是宣读祖训，意义在于维系并巩固宗系。饮宴开始，皇帝将进酒，侍者执酒近前半跪进献，再退三步全跪，然后全场同跪，司仪高喊：“哈！”鼓乐齐鸣。皇帝饮毕，乐止，众人复位，随后君臣畅饮。

诈马宴上的主要食品是羊肉，如手扒肉、术斯、昭木（烤全羊）等，此外还有奶制品和其他名贵菜肴。诈马宴的饮料主要有三种：马潼（马奶酒）、哈剌基（白酒）和葡萄酒。

蒙古族人民能歌善舞，诈马宴也总是伴着歌舞进行，在此期间还要举办“陈百戏”、贵由赤（长跑比赛）、摔跤（角）等活动，持续数日才结束。

诈马宴上有两条禁忌：一是饮食服务人员必须用美丽的面纱或绸布遮住鼻子和嘴，以防他们呼出的气息触及食物；二是严禁践踏宫帐中的门槛，因为他们视踏门槛为不祥。

后人对诈马宴也进行过研究和全席仿制。明代蒙古族牧民曾在四月初马奶酒刚酿成时，举行诈马宴。清代，帝王巡幸木兰围场（在今河北省承德市境内），举行秋季围猎时，蒙古王公在赛马之后也是例行此宴。成吉思汗陵旅游区曾在那达慕大会期间推出别开生面的旅游服务项目——诈马宴，受到了中外宾客的一致好评。宴席主菜是烤全牛，即将约50千克的肥牛犊宰杀、洗净，置于地坑的双层炉膛中爆烤4小时，然后大宴开始。在威武的号角声中，扮演“可汗”与“可敦”的宾客在行宫内依次落座。“武士”禀报完毕，七名“宫女”在蒙古族传统的吉祥乐曲中入帐，用木碗向“帝后”及“群臣”（也为宾客扮演）敬献奶茶。随后四名少年表演刚劲有力的舞蹈，“君臣们”边欣赏边享用炒米、酥油、奶酪等调成的奶茶。不久，乐曲戛然而止，“武士”手举钢刀唱着雄壮的赞词，向“帝后”敬酒，接着抬上白布覆盖的烤全牛。“武士”抽出腰间的蒙古刀，从牛头、四腿上切割少许肉放入碗中，先祭天、祭地和祭祖先，再分割牛肉，献给“君主”“臣僚”等贵宾，而后宾客们就着桌上的蒜、醋、盐等调料自由食用。“宫女”在鼓乐声中再次敬酒，送上点心、水果，并随着悠扬的曲子，跳起了优美动人的吉祥舞。这时客人们也受到宴会气氛的感染，融入欢乐的人群中，手舞足蹈，并共同祝愿草原牛羊兴旺、人民安康幸福。

诈马宴最重视美感，自皇帝至乐工、卫士、参加宴会的全部人员均穿同一颜色的服装，元代称为“质孙”服，而且每天换不同的颜色，以此展示宴会的盛大、美妙。诈马宴体现了当时的宴会欣赏美、注重美的审美观。

二、清水煮全羊席

清水煮全羊席是全羊席的一种特殊形式，沿袭至今，现今成吉思汗陵宾馆的诈马宴就是清水煮全羊席。

清水煮全羊的命名属于写实命名，即根据烹调介质、烹调方法和主料形状进行命名。我们可以从名称中看出此菜的大概制法——将整头羊经过初步处理后整煮或分块煮制。这道菜肴肉质肥美，造型美观，寓意吉祥。

清水煮全羊的制法是：选一头两岁左右的羯羊，宰杀洗净后分切，置入冷水锅中煮至断生，捞出，再按羊的原样将其摆在木盘或银盘中，羊头处放一小块奶酪，以示对客人的尊重。上席时随带酱油、醋、大蒜、韭菜花等作料以及其他酒菜、冷盘、奶制品点心等。此菜一般由两人抬着上席，木盘内放蒙古刀和叉子，盘内的羊头朝向客人。举行一些仪式后由厨师分割羊肉，随后客人各取所需，尽情享用。其间还要不断地向客人敬献美酒和奶茶，奉上炒米、蒙古包子、羊肉汤和蒙古面条等，并有民族舞蹈、马头琴、好来宝等表演助兴。清水煮全羊席这种盛宴可在蒙古包内进行，也可设席于包外的大草原上，并点燃篝火，通常是通宵达旦、尽兴而归。

煮全羊同烤全羊一样，在蒙古族中享有很高的赞誉，不仅是一道高贵的传统宴席名菜，还包含着众多礼俗和文化，是蒙古族宴席上高贵的肴馔之一，也是热情好客的蒙古族人民庆祝重大节日和婚礼等喜庆之日时款待尊贵客人的传统菜肴。

《蒙古秘史》中就记载了成吉思汗用全羊祭天以及在喜宴上待客的事例。煮全羊被蒙古族人民称为“术斯”，在广袤的大草原上，有着众多的全羊术斯的吃法，但以鄂尔多斯的蒙古全羊术斯最为有名。

鄂尔多斯的全羊术斯一般由以羊脊背为主的七大件组成，每部分都有着各自的象征意义：宽阔的脊背象征广袤的宇宙，肥大的四条腿象征四大部落，高昂的头颅的上羊部分象征森布尔山（须弥山）山头，挺拔的颈骨象征山上的檀香树。由此看来，术斯是由完整的脊背、肥大的四条腿、头颅的上半部分和挺拔的颈骨组成的，并不是把羊的全部肉都拿来食用。制作术斯必须选择体格健壮、膘肥尾大的两三岁的绵羊。只有这样，制成的术斯才个头大、肉质肥嫩，吃起来美味适口。羊的宰杀要用蒙古族的传统方式进行，即从羊的胸口划一个小口，将手伸进羊的腹腔，摸到脊椎部位剧烈搏动的动脉，用手指勾住扯断。羊经过一阵剧烈挣扎，全身血液都流在了腹腔中。蒙古族人民认为，用这种方法宰杀的羊，皮肉干净（血液一般不会弄污羊的皮毛），血液全部凝于腔内便于收集食用；同时，不用屠刀宰杀加速了羊的死亡，减少了羊的痛苦，是一种比较人道的宰杀方法。将羊宰杀后取出内脏，将羊洗净，另起锅，整羊分割后下锅煮熟。清代以前，鄂尔多斯地域辽阔，牧民结成多个游牧团体，被划分为七旗，旗与旗之间的交往有着种种限制，故各旗分割全羊术斯的方式不尽相同。一般的做法是：取下羊胸叉后，将四条腿从腿根部切下；剩下的背部（只去掉其中的部分肋条骨）必须和肥大的尾巴连在一起，这样就成为一块平整的羊脊背，整羊背由此而得；收拾好颈椎骨和去了毛的羊头的上半部分。

全羊煮制是极为讲究的。鄂尔多斯的蒙古族人民一般是将分割好的羊肉一块块地放入冷水锅中加热，这样可以保持肉质不老、肉色鲜亮。等到锅中的水沸腾时，他们要对羊肉进行定型处理：羊腿要弯曲向上，脊背要平整，肥尾要向上翘，关键时刻要用猛火烧水，用水瓢舀水浇肉，以加速羊肉定型。牧民在制作术斯时非常虔诚，丝毫不马虎，好像在完成一项神圣的使命。事实也是如此，煮全羊被蒙古族人民当作最为圣洁和珍贵之物，在重大的政治活动、文化交流、接待贵宾、喜庆和祭祀等场合才使用。

全羊煮好后，按照蒙古族的习俗，是不能随便端上餐桌的，而是要按照一定的规矩摆放在专用的条状红色条盘（或木托盘）中。开始用膳时，按照习俗，羊头和左小腿要回敬主人，主人自己先吃一口再请大家共同享用。胸叉肉一般是由女士们先食用，再分给大家品尝。在有的地方，胸叉肉要在切割羊背子前削割并献给贵宾品尝，有的地方是把羊尾巴肉切割、吃完后，才开始削割胸叉肉吃，而且削割胸叉肉要由主人家的媳妇动手完成。吃完全羊，再吃一碗羊汤熬的糜子米稀饭，更显全羊宴席的丰盛。

现今，清水煮全羊席已被内蒙古餐饮厨师改进并进入大型的蒙式餐厅，同时融入蒙古族风俗礼仪，人们可以在餐厅里充分感受到蒙古族菜肴的魅力。有些大型蒙式餐厅还为宾客提供了蒙古族风俗表演，例如，蒙古族婚俗表演、蒙古族歌舞表演，更进一步丰富了民族饮食文化内容。随着蒙古族饮食文化进一步地与外界交流，蒙古族的特色清水煮全羊席已经走出内蒙古，入驻全国各大城市，成为人们了解内蒙古大草原风土人情的一个平台。

内蒙古的清水煮全羊席与清真菜系中的全羊席不是一回事。内蒙古的清水煮全羊席是以食用清水煮全羊为主的宴席，而清真全羊席则是指食用以羊身上的不同部位来烹制的菜肴的宴席。

内蒙古草原上还有现代版的仿清代宫廷全羊大席的宴席，即用羊的各部分烹调出数十种菜肴的全羊宴席。《蒙古族风俗志》云："全羊七十六菜，每菜都不露'羊'字。如以羊眼睛做的菜名为'玉珠顶'，以羊脑做的菜名为'燈白云'，以羊髓做的菜名为'燈凤髓'，以羊百叶做的菜名为'素菊花'，以蹄筋、骨髓合烧的菜名为'蜜汁髓筋'；以不同部位的羊肉做成的菜有各种不同的名称，如'樱桃红腐''清炖百合''酥烧枇杷''锅烧腐竹''五香兰肘'等，还有'吉祥如意''满堂五福'等吉祥菜名。"

全羊席是蒙古族传统的饮食文化，也是中华传统饮食文化的组成部分。全羊席只有在重大的政治活动、文化交流、接待贵宾、喜庆和祭祀等场合才举办。因此，全羊席不是普通的宴会，是一种隆重的宴会，以此宴会表示对某种活动极其重视。全羊席特别重视礼节，它体现了内蒙古人民尊重贵宾的美好习俗。随着时代的发展，内蒙古人民发扬创新精神，大型餐厅引进清水煮全羊席，并将婚俗表演、歌舞表演等融入其中。

三、驼峰席

驼峰是骆驼背上高耸的营养储存器，它是内蒙古特产食材之一。骆驼有单峰和双峰之分，双峰驼的前峰优于后峰，肉质发红、半透明的雄峰优于肉质发白而质老的雌峰。驼峰除尽膻臊异味后，质地柔嫩、丰腴滑润，似脂肪而不腻滞，似胶质而更致密。宋人周密在《癸辛杂识》中即有"驼峰之隽，列于八珍"的说法，也有人称驼峰为

“塞外名肴”。

驼峰席是以驼峰为主菜的宴席，其席单是：冷拼沙漠之舟，四独碟，四热炒，五驼大菜（红扒驼峰、峰丝翅针、鸡蓉峰丁、奶燈峰片、清炖驼乳糜），两道点，两鲜果，两饭菜，两香茗。此席的主体菜肴是五驼大菜，故又名“五峰大席”，是接待贵宾的高级宴席。

第二节　民族传统食俗

烹饪不仅是一种文化、一门学问，还是一门艺术。中国烹饪以其精湛的技艺、悠久的历史、源远流长的文化而享誉世界。内蒙古人民性格粗放、豪爽、热情好客，长期生活在广袤的大草原上，过着游牧生活。他们历经时代的变迁，其餐饮文化也在不断地传承、延续和创新，逐渐形成了蒙古族特有的饮食风格和饮食文化。

一、饮食礼仪

（一）独特魅力

1. 就餐环境之美

就餐环境是指人们饮食时的场所。就餐环境对人们的饮食心理影响很大，把精美的食物放在精心设计的就餐环境内，将本来不属于美食范畴的事物带给食客，会让食客得到更多的审美享受。优美的就餐环境主要包括精致典雅的宴饮用品、舒适温馨的服务和意境优雅的餐厅布置等。美景和美食几乎可以触动一个人的全部审美器官，让人的情绪和感受达到更高层次，从而使他获得完美的饮食体验。

蒙古包是蒙古族人民智慧的结晶，是最具民族特色的建筑。苍穹下，一座座洁白的蒙古包犹如撒在广阔无垠大草原上的闪闪发光的珍珠，璀璨夺目。当远方的客人来到内蒙古做客，热情好客的蒙古族人民会盛情地把他们邀请到蒙古包内，享用内蒙古餐饮，品味蒙古族文化。

蒙古包的原材料非木即毛（毡），不用金属、砖瓦、水泥。细木杆编制的哈那网片，可伸可缩。几十根乌尼杆与圆顶天窗、哈那巧妙地结合在一起，就完成了蒙古包的骨架造型。骨架间用皮绳和鬃绳连接，再用几块大小不等的毡片进行封闭，即成蒙古包。蒙古包的结构独特，设计科学合理，可承受压力大。因为其外形如同一个圆柱体，顶部呈倒放的圆锥体，所以能经得住草原上的强沙暴和风雪（雨）的袭击，即使连续下上几天几夜的暴风雪（雨），也会安然无恙的。蒙古包之所以能承受如此大的压力，是因为蒙古族人民通过长期与自然斗争，已懂得了力学知识，架木制造得十分科学，把压力合理地分担给蒙古包的各个部位。蒙古包冬暖夏凉。炎炎夏日，人们打开套瑙，在包的背面开个风窗或撩起包房毡脚，包内顿时清风习习，凉爽无比；数九严寒，人们紧闭包门，生火煮茶烧饭，包内立刻会热浪扑面，暖意融融。现在的蒙古包里盘座暖炕，从外面烧火，既卫生，又暖和，犹如都市中的地暖。

蒙古包还具有搭建迅速、拆装容易和搬迁轻便等特点。蒙古族人民用简洁的方法和简单的材料，创造了一种极富实用性与美观性的建筑，它适合游牧的生活特点，是技术与艺术、功能与审美的高度统一。

游客在蒙古包内就餐时，还能欣赏到蒙古族婚俗表演、元代宫廷舞蹈表演、蒙古说书表演和蒙古歌曲等节目，陶醉在蒙古族文化氛围中。

游客在这别具特色的就餐环境中，领略蒙古族的饮食风情，会被这奇特而完美的建筑所折服和震撼，会被蒙古包的艺术风格所陶醉，会被其风土人情所吸引。

2. 菜肴之美

蒙古族人民长期在粗犷的大草原上过着游牧生活，他们非常喜欢吃羊肉和奶制品。蒙古族人民认为，羊是温热畜类，对人体有滋补作用，长期食用是有益健康的。因此，他们通过长期的实践，创造了诸多以羊肉和奶制品为主的、具有鲜明民族特色的精美食物，如烤全羊、烤羊腿、夹沙奶皮、香酥奶豆腐、蜜汁酸奶等，菜品具有粗犷豪放、选料讲究、营养丰富、肥而不腻、鲜而不膻等特点。

（1）**选料之讲究**

制作美食，选料是非常重要的，蒙菜很注重菜肴原料的选择，如烤全羊分供品、礼品和宴席三种，在选料时有所不同。制作供品烤全羊多选用当年羯羊，制作礼品烤全羊多选用中等羯羊，制作宴席烤全羊则选用肥大的羯羊。再如，制作手扒肉要选用在平原草场上放牧，以野韭菜、沙葱等为食的肥嫩小口羯羊，这样才能保证肉味最为鲜美纯正；涮羊肉要精选优质绵羊的腿部的大三叉和上脑嫩肉；夹沙奶皮要选用草原上精制炒米和纯奶皮等。这些既保证了菜肴的质量，又体现了草原美食的民族特点。

（2）**制作之亲善**

在制作羊肴时对宰杀方法的讲究，体现了蒙古族人民的亲善心理。首先，宰羊不叫“杀羊”和“宰羊”，而叫“出魂”“处理”和“喝羊汤”等，尽量避免使用“宰”和“杀”等杀气腾腾、血腥味十足的词语，而用亲善的语句来代替。其次，杀羊采用揪断大动脉的处理方法，缩短了羊的死亡时间，此法较之砍羊头和抹脖子等杀羊方法更加亲善、科学和卫生。最后，羊肉在煮制时讲究清水原味，如制作手扒肉，即把羊整理干净后切成若干块，不加任何调料，直接放入白水中煮，待水滚肉熟即好。此外，煮制方法：将羊按一定规矩分割成块，然后冷水下锅加热的，这样煮出的肉不红、色泽好；等锅中的水开后，还要定型，即羊腿要弯曲向上，羊脊背要平整，羊尾巴要向上翘。牧民煮羊的动作是如此敏捷、认真和虔诚，让人感觉他们不单单是在制作食物，更像是在完成一项神圣的使命。

（3）**造型之美**

蒙菜讲究造型，比如，烤全羊在装盘时，要使其四肢站立于特制的大漆托盘中，脖子上系一红绸，羊的周围要加以点缀，整体造型好似一只全羊立于碧野之中，色泽对比鲜明。又如，术斯的装盘也极为讲究：将煮好的羊的四条腿，按其原形放在特制漆盘中点缀的绿叶蔬菜上，羊背放羊腿上，羊头和颈骨也按顺序放置于羊背之上，羊的各部分如同一只活羊屈卧于精美的漆盘中，造型自然美观。再如，烤羊背旁边点缀以小蒙古包和绵羊造型的摆件，烤羊排点缀以小绵羊造型的摆件并搭配精致的蒙古刀，香酥奶豆腐点缀一头用南瓜雕刻的小牛等。这些恰到好处的点缀，均起到了画龙点睛、烘云托月的作用，使菜肴达到了好吃又好看的效果。

（4）调味料搭配之多

蒙菜的烹调方法虽简单，但菜肴的调味料搭配较为丰富。比如，手扒肉配有茄汁、红油、蒜醋汁和特制的调味汁等，烤羊腿配有甜面酱、蒜蓉辣酱、葱丝、胡萝卜条和黄瓜条等，四味香酥奶品配有蜂蜜、麻糖粉、茄汁和甜面酱等。这样的例子不胜枚举。

草原上的蒙古包与饮食、歌舞等融合在一起给人们带来美的享受。在蒙古包里就餐，可以培养人们发现美、欣赏美、感受美、创造美的能力。

3. 菜肴盛器之美

古人云："美食不如美器。"美食与美器的完美结合，既体现了我国烹饪对盛器的讲究，也使中国菜肴更具艺术之美。

内蒙古菜肴的盛装器皿特别讲究，具有传统的民族美感，内蒙古菜肴也不乏美食与美器完美结合的范例。如术斯的专用盛装器皿就特别讲究，为条状红色盛器，有银制、铜制和木制三种：银制的，上刻有"卐"字形和蝙蝠图案，取万寿万福之意；铜制的，上刻各种各样的传统吉祥图案，有吉祥如意的寓意；木制的，有柳木、榆木和枣木的，以枣木的为佳，它不刷油漆，用油浸过后，擦拭一下，格外红亮，虽朴实无华，却能烘托就餐气氛。再如，麻仁羊排放在特制的勒勒车形餐具中。另有羊形、牛形的象形餐具，各式各样的传统托盘、银器、铜器等，这些盛器对蒙菜起到了很好的衬托作用，与菜肴和谐统一，相映生辉。

内蒙古菜肴的盛器体现了美的形式、美的理念、美的内涵和美的追求。人类对美的追求是与生俱来的，也是与人类的社会生产力水平密切相关的。生产力的发展是推动人类对美的追求的原动力。

改革开放以来，物质生活的提升给我们带来了生活方式的改变，激发了人们对美的追求，对人的全面发展提出了更高的要求。党的十八大以来，我国高度重视学校美育工作，推进德、智、体、美、劳五教育并进，把学校美育工作摆在更加突出的位置。

4. 上菜的礼仪之多

在内蒙古地区，上菜的礼仪已成定式，特别是上大菜，诸如烤全羊、烤羊背和术斯等，都有固定的礼仪。如上烤全羊，把烤好的全羊按一定的造型装入托盘，羊脖子上系一红绸带，以示隆重。烤全羊先端上桌向客人"亮相"，待献祝词、敬酒之后，再将烤全羊拿回厨房分割，分三次上桌：第一次上带皮的肉片，配上葱丝、甜面酱、荷叶饼、黄瓜条和胡萝卜条；第二次上从里脊上割下的肉，配上饭；第三次上带骨头的肉。

（二）以独特食礼，促进立德树人

中国是一个有五千年历史的文明古国，素有“礼仪之邦”“食礼之国”的美誉，中国人也以懂礼、习礼、守礼和重礼闻名于世。食礼是在饮食习俗的基础上发展形成的，是中国悠久文化的重要组成部分，体现了中国社会和文化的特点。食礼系饮食礼制、饮食礼仪、饮食礼节、饮食礼义、饮食礼俗和饮食礼貌等概念的通称，是人类社会活动中有关饮食活动的社会规范、道德规范及典章制度，是饮食活动中的文明修养和交际准则。

蒙古族食礼，是中华民族食礼的组成部分，是蒙古族人民饮食活动的社会规范和道德规范，也是他们饮食活动中的交际准则，展现了他们的仪容、仪表、神态、风度和气质。蒙古族人民不仅勤劳勇敢、威武剽悍，而且热情好客、待人诚恳憨厚、讲究礼貌。有句蒙古族谚语说得好：“没有羽毛，有多大的翅膀也不能飞；没有礼貌，有再好看的容貌也被人耻笑。”它表现了蒙古族人民讲究礼貌和崇尚礼仪的美德。特别是贵客亲友临门时，蒙古族人民会热情备至，以歌相迎，敬上美酒，献上高贵的哈达和精美的食品，使客人倍感亲切。

马克思在《马克思论费尔巴哈》中说：“人是一切社会关系的总和。”社会关系是在人与人之间的交往中形成的。人与人之间之所以能够组成一个共同生活的社会，就在于人与人在交往中遵从共同的规则，这一规则就是社会伦理。社会伦理内化在个体中，就是道德。所以，道德是社会性的核心，也是人的精神的灵魂。人无德不立，德育为立人提供德行支持。德育是个体对社会伦理规则的内化过程，它通过有意识、有组织的活动，将社会伦理规则转化为个体道德。道德教育指向人的道德品性与道德行为。蒙古族的各种礼仪体现了道德，具有规范人们行为的作用。

1. 迎宾礼

礼仪是我国优秀中华传统文化的重要组成部分，是在人类的交往活动中形成的，被人们所认同和遵守，能够建立友好、和谐的人际关系，规范人们的行为，维系正常的社会生活秩序，具有重要的道德功能，是一个人或一个社会道德品质的外在表现。

迎宾礼又称迎客礼，是蒙古族人民迎接尊贵客人的一种礼仪，常有家庭式迎宾和官场式迎宾两种。

家庭式迎宾，主要流行于家宴中，是一种迎接贵宾的礼仪。一般以家庭成员或亲朋组成迎宾队，他们着装整齐，在蒙古包外迎接客人，如果来客是长者，还要行请安礼，以示对客人的尊重和敬仰。如蒙古族小孩的去发宴，小孩的母亲要抱着孩子到马桩前去迎接孩子的接生婆或孩子的爷爷、姥爷等贵客。再如阿拉善盟的婚宴，娶亲的人马回来之前，男方要在新娘来的方向上搭一顶过夜帐篷，来安排送亲的人下榻；鄂尔多斯的婚宴，当新娘的送亲队伍快到新郎家时，新郎家要派出一队人马在半路设宴迎亲，对远道而来的客人表示欢迎和尊敬。

官场式迎宾，是传统的迎宾礼节，一般用在正式的宴会及重大的交际活动中，主要有礼仪姑娘迎宾和马队迎宾等。礼仪姑娘迎宾是鄂尔多斯的传统迎宾礼节。例如，那达慕大会期间，当客人过了黄河大桥，就会看到美丽端庄、身着鲜艳民族服装的鄂尔多斯蒙古族礼仪姑娘前来迎接。她们立于黄河之滨，手捧圣洁的哈达和盛着美酒的银碗，唱着优美动听的蒙古族迎宾曲，将醇美的马奶酒举过头顶，把美酒和歌声献给客人，此为下马酒礼。喝了下马酒后，客人在主人的陪同下来到蒙古宴包就餐。再如，在鄂尔多斯举行的内蒙古首届全区厨师节上，当厨师节参与者的车队快到成吉思汗陵宾馆时，就会看到六位美丽的蒙古族少女身着民族盛装迎宾。客人到达后，礼仪姑娘一一敬酒、献歌，最后在主人的引领下，客人们沿着红色地毯来到成陵宴包。马队迎宾，是以马队夹道迎宾的一种礼仪。如内蒙古昭河大草原景区的马队迎宾，当客人的车队来到昭河草原的大门时，这里早就有马队等在道路两旁，夹道迎客、敬献美酒。之后，马队会引领宾客来到昭河草原蒙古包建筑群就餐观光。

2. 入席礼

（1）***座次和坐姿***

自古以来，蒙古族人民对在蒙古包内就餐的座次就颇为讲究，重在一个“礼”字。蒙古族人民座次安排讲究“以西为尊”，这与他们的原始宗教信仰、历史发展以及领袖人物的活动经历有关。很早以前位于西方的不儿罕山（今蒙古国境内肯特山）就是蒙古族人民心中的圣山。据《蒙古秘史》记载：成吉思汗早年被蔑儿乞惕部追捕时，曾藏匿于不儿罕山中而脱离危险。成吉思汗说，不儿罕山保住了他的性命，他将每年祭之、每月祷之，让他的子子孙孙都知道这件事，接着他对山行了九叩礼，这样就更具体化了“以西为尊”的礼尚习俗。

蒙古族人民的座次安排是这样的：蒙古包内西北供佛，正北的位置叫“金地”，是一家之主的座位，男人们按辈分高低、岁数大小在西面由上而下坐，女人们则在东面依次就座，门口一般不坐人，尤其是客人。为表示对长者或尊贵的客人的尊重，主人会邀请他们坐到西北或正北的座位上，但不可坐在西北的佛桌前。普通的客人或年轻人的座位一般不能越过套瑙横木以北。

在蒙古族人民眼里，坐姿是否正确特别关键。无论客人，还是主人，在宴包内的坐姿一般都是单腿盘坐。单腿盘坐是一种表示友好礼貌的坐姿。西面就座的客人应屈左膝，东面的客人屈右膝，女人在客人面前则多采取一蹲一跪的坐姿，以示主客彼此的尊重和友好。盘腿大坐是一种自由而讲究的坐姿，是士官、长者采用的坐姿，晚辈只有在征得长辈同意后才能盘腿大坐，孩子们只有在客人不在时或平素在自己家里方可盘腿大坐，但忌讳脚掌朝着佛爷或宗长。西面的客人盘腿时将右腿放在左腿上面，把右脚掌藏在左腿弯里。斜坐、蹲坐和叉腿坐都是不规矩的坐姿，这样坐是会被人耻笑的。

蒙古族人民入席时特别注重礼仪修养，主人、客人、妇女、孩童的座位都有规定，而且入座后坐姿也有规定，体态举止必须要优雅。蒙古族的入席礼彰显了礼仪教育的道德本源作用。

（2）**献哈达、敬鼻烟壶、装烟**

礼仪在蒙古族人民的日常生活中无处不在，它不仅是蒙古族人民最宝贵的财富，也是中华传统文化的组成部分。礼仪教育也应该贯穿人们成长的整个过程，规范社会秩序。献哈达、敬鼻烟壶、装烟等是蒙古族日常生活当中的礼仪，这些礼仪体现了蒙古人民尊重他者的道德规范。

献哈达是蒙古族在交往中的最高礼节。“哈达”系藏语的音译，是“礼巾”的意思。献哈达是对对方表示尊敬、纯洁、诚信、忠诚等含义。哈达的材质有丝绸品和布等，颜色有白、银灰、红、黄、深蓝和浅蓝等色，以白色、银灰色和蓝色居多，特别是蓝色哈达，受到了蒙古族人民的喜爱。哈达长短不一，一般在 1.2~1.5 米，两端有约 22 厘米的拔丝。所献哈达的长度、色彩和质地，一般视接受者的身份及与自己关系远近而定。如订婚宴席上的哈达是平日哈达的两倍长，是蓝色的哈达。献哈达时，先将哈达叠成双层，开口（也称福口）一方向着接受者，然后身体略向前倾，双手恭恭敬敬地将哈达捧过头顶，送至对方的手中或腕上，接受者的动作姿势同献哈达者，以示谢意。

敬鼻烟壶，是蒙古族的一种古老礼俗，可视为交际中的一种诚挚信物。在蒙古包做客，随着一声“赛白努”的欢迎问候，豪爽好客的蒙古族主人会给客人敬上一个小巧精致的壶状东西，让客人闻一闻，以表示友好，这就是蒙古族的敬“古壶热”（鼻烟壶）礼节。鼻烟壶中盛着烟粉或药粉，嗅了能提神醒脑，是一种礼节用品。传统的敬鼻烟壶礼俗是这样的：同辈人相见，要用右手或双手略举鼻烟壶，鞠躬并相互交换，从对方壶里倒出些鼻烟，用手指抹在鼻孔，嗅嗅气味的优劣，欣赏一下鼻烟壶的样式及雕刻、绘画工艺等之后，再相互奉还；长辈和晚辈相见时，长辈微微欠身，以右手递壶，晚辈则要单腿跪地双手接过，举壶在鼻端嗅嗅后奉还。

在蒙古包做客，当客人取出烟袋说“请吸烟”时，主人应一边应答客人，一边给客人的烟袋装上自己的烟丝，点燃后递给客人。客人接过烟袋后，则应再拿主人的烟袋装上自己带来的烟丝，点燃后献给主人。蒙古族人民称这种礼仪为“装烟”礼节。

（3）**献德吉**

“德吉”有圣洁之意，即蒙古族人民每顿饭的第一箸，如吃菜、喝酒和喝茶的第一口。蒙古族人民有向客人或长者献德吉的传统礼俗，体现了蒙古族人民尊重客人和长者的良好传统。尊重客人、老人是蒙古族发自内心的道德准则，他们通过献德吉提升内在修养，自觉地贯彻礼仪规范。

德吉有“献德吉”和“要德吉”两种礼节。“献德吉”礼节，一般是由主人家中最年轻的人献给客人，然后由这家的主人礼貌客气地说：“请您用……”贵客享用后，其他人才可以动碗筷，举刀吃肉，举杯畅饮。这一礼节蒙古族人民称为“德吉乌日根”，即“献德吉”。如果来客是年轻人，接受德吉后，则不能自己先享用，而应先给这家中的长者上茶、斟酒，在长者的劝说下，方可享用。如果是平常家中没有贵客临门，则这德吉应献给家中的长者，然后晚辈方可享用美餐，这种形式叫“要德吉”。

有的蒙古族人民则将德吉献于已故长者的遗像前，以表示对故者的怀念和尊敬。

3. 进食礼

（1）蒙古族宴席讲究先白后红

蒙古族人民的饮食习惯是先白后红。“白”就是白食，指乳及乳制品。“红”就是红食，指肉及肉制品。蒙古族人民以白为尊，视乳为高贵吉祥之物。罗布桑却丹在他的《蒙古风俗鉴》中就说蒙古族以“白色伊始”。《马可·波罗行纪》中也记载了蒙古族一些过年的习俗。按他们的观念，“白色”是吉祥的象征，他们希望求得一年到头万事如意、快乐安康，所以不论大小宴席，都要先吃白食。如果主人不以白色食品招待客人，而直接端上来红食，则被认为是失礼的表现，客人会觉得主人不尊重自己，把他当成了“饿死鬼”或“饿棍”，非常不高兴。同样，如果客人不先品尝白色食品，看见红食上来就拿来吃，主人也会认为来客没有礼貌、不懂规矩，是不值得尊重的。即使是最高级的术斯宴，术斯上桌时也必须在羊头上抹一块黄油，意为再高档的红食，也仍然以白食为先导之意。

（2）席间酒礼

我国自古就有“无酒不成席”之说，也常将“宴席”说成“酒席”。酒是饮宴的主角，故必有很多席间饮酒的礼节。内蒙古素有“酒的故乡”之称，蒙古族人民更是讲究席间饮酒的礼节。

蒙古族人民认为，酒是食品的精华，向客人敬酒，是对客人表示欢迎和尊敬。在饮宴中，主人会手捧洁白的哈达，端着镶着银边的银碗，唱着甜润的蒙古歌曲，力求用发自内心深处的真情向你敬酒，你定会有“但使主人能醉客，不知何处是他乡”的感觉。到了蒙古包，你就要入乡随俗，按照蒙古族的礼节饮酒。饮酒前要先敬献天地和祖先的圣灵，即客人接过这第一杯酒后，应左手持杯，用右手的无名指蘸一蘸酒，弹向天空、大地万物和祖先的圣灵。据说这种习俗与成吉思汗有关。传说，成吉思汗在统一了北方高原上的诸多部落，建立了大蒙古国后，草原人民的生活呈现出一派祥和安泰的景象。人们常常饮酒自娱，如此便经常出现饮酒过度的现象。于是，成吉思汗听从母亲的话，在草原上发布了禁酒令：全国禁止酿酒，禁止饮酒。没有了酒的草原失去了往日的欢乐，没有了激情和活力。自此，草原上连年干旱，草木枯黄，五畜衰减，欣欣向荣的景象几乎要消失。某一日，成吉思汗带着几位随从在深山野林打猎，策马来到一处高坡上举目远眺，发现远处郁郁葱葱的山麓下有一户人家。只见那户人家周围林草苍翠，流水潺潺，野花纷呈，牛羊肥壮，一派生机盎然。成吉思汗来到那户人家，一位老者走出蒙古包迎接。老者不认识成吉思汗，他把陌生的客人请进蒙古包，献完奶茶后，就开始为他们斟酒。可是斟完酒后，老者没有直接将酒杯给他们，而是举起酒杯，用右手的无名指蘸一蘸酒，虔诚地弹洒三次，并且口中念念有词，然后才给他们敬酒。成吉思汗尝了一口老者的酒，说："今天见到了您，真是有缘。"他又问老者："近来草原普遍干旱，万物皆悲，为何此处如此生机勃勃？"老者说："自从成吉思汗发布了禁酒令之后，草原上的歌舞酒宴、那达慕庆典便销声匿迹，从此人们就没有了敬天、敬地、敬祖先的礼仪和机会，所以就失去了来自天上的阳光雨露，失去了来自大地的芳草鲜花，也失去了先人的保佑。庆幸的是，此处穷乡僻壤，山高皇帝远，我们并未禁酒，仍在酿酒、饮酒，敬天、敬地、敬祖先，吟诗放歌，感谢苍天大地的恩赐，所以就呈现出如您所见的景象了。"成吉思汗听后为之一震，回殿后将所见所闻如实地禀报给母亲，并立即取消了禁酒令，同时昭告天下："酒若少喝似甘露，酒要过饮如毒液。"从此，草原上又有了美酒和歌声、欢乐和激情、生机和活力。就这样，草原人民给酒披上了神秘的色彩，甚至戴上了神圣的光环，在虔信万物皆有魂的古代蒙古族人民的心目中，酒也就成了人和神灵的接引物。因此，第一杯酒敬天、敬地、敬祖先这一习俗延续至今。

酒桌上还有碰杯酒礼。这种酒礼是先碰杯，之后个人根据意愿喝下一个蒙古毫米或蒙古厘米。至于这里的"蒙古毫米""蒙古厘米"是蒙古族的刻度单位，还是戏称，我们且不去考证，但饮酒者都会心领神会，即一小口酒（也可理解为饮下半指左右）和一大口酒（也可理解为饮下一指左右）。

酒席上还有迟到罚酒、打通关（又称"递饮"，是蒙古族的习俗，就是轮流痛饮。递饮最初是为了防止中毒，后来相沿成俗）等酒礼，这些一般由席间酒司令监督执行。

（3）席间礼节

在蒙古包内参加宴席，还有一套席间礼节。如果宴席进行过程中男人想出去，一般会说："看看马就来。"女人想出去则说："挤马奶的时间到了。"无论男女，都要在征求宴席主持人同意之后方可出去；回来时，同样要告诉主持人"我回来了"，而后方可入座。需要注意的是，客人出蒙古包时一般不能从任何人面前走过，应征得其他人的同意后，从其背后往出口处走，同时还要"瞻前顾后"，脊背不能直接对着灶台或在座的人。客人回来以后，要坐在原来的位子上，不可交换座位。高龄长者或尊贵之人要出蒙古包或从包外回来，在座的人须站立为其让路，以示尊重。婚宴上的礼法更为严格，在没有取得婚宴主持人的同意时，客人不可随便相互交谈、出入，坐的时候不能扎紧腰带、把蒙古袍掖起来。

（4）无声的结束语

当客人看到术斯汤熬的糜子米稀饭、酸奶稀饭余水饺或羊汤汆面等食物上桌时，就意味着这场宴席即将结束，这是宴席无声的结束语。

礼仪作为人类社会最古老、最普遍的一种文化现象，具有很强的叙述能力、鲜明的教化价值和独特的价值功能，礼仪是道德教育的重要载体。我国是礼仪之邦。蒙古族的进食礼是蒙古族日常生活的道德体现，彰显了蒙古人民敬天、敬地、敬祖先、敬客人等美德。

4. 送宾礼

客人就餐结束后要返回，一般主人要送行，这样一来就形成了一套完整的送宾礼节。无论什么客人要出蒙古包离开，主人一定会先出来为其送行。一般的客人或不认识的客人，主人送出包门即可；尊贵的客人、年长的客人和远方的客人或近亲，主人一定会将他们送到马桩，甚至更远。客人身份的不同，也决定了送行规模的不同，最多有全家人乃至整个家族的人送行的。另外，送长者或尊贵的客人时，晚辈要在前面为其牵马拽镣、整鞍捆肚，扶贵客上马后要说“走好”，再把右手向上举起或将双手手掌向着客人举起，意为欢迎再来，最后目送客人远去。送宾礼也体现了蒙古人尊重客人、尊重老人的美德。

此外，送宾礼还用于政务交际中，如馈赠礼物、车队送行等。

现今的内蒙古餐饮宴席礼仪，特别是都市中的，多带有时代气息，如宴包中的餐桌多是大圆桌或长方形餐桌，见面、送行多行握手礼等。但献哈达、宴席格式等重要的礼仪习俗，还保持着内蒙古的传统特色。

二、节日食俗

食俗是饮食习俗的简称，是指人们在社会饮食生活中形成的、具有相对固定性的饮食风貌或习俗，它属于民俗范畴。节日食俗，是指人们在传统岁时节日中的食风和食俗。从岁首到岁末，蒙古族的传统节日几乎接连不断，而且别具特色。蒙古族的传统节日几乎都跟随季节，如春季的查干苏鲁克节、夏季的马驹节、秋季的旭如格节、冬季的达斯满节等。“草青月圆十二属，五行阴阳配祭时”就是对蒙古族岁时节令的简明写照。

不同的节日有着不同的由来，但所有的节日都离不开饮食活动。所有的节日与饮食及饮食方式相结合，便形成了不同的内容、食俗和庆祝方式等，从而使节日富有社会意义、生活趣味和时令特色。

随着岁月变迁，人们的迷信观念日渐淡薄，原先最为讲究的祭祀、纪念仪式日益简化，部分地区甚至不再举行，唯独各个节日的饮食风俗历久不衰，甚至在品种上有所增加、品质上精益求精，使许多节日活动演化为以饮食为主的活动。大多数节日食物都来自祭祀、祈神、纪念、庆祝等活动，其制法、食用方式乃至食用时间都有一定的定式，并被赋予既有历史渊源又富浪漫色彩的种种传说，以反映人们的意志、愿望、追求和理想。所有这些都使蒙古族节日食俗具有极其丰富的内涵和鲜明的特色。通过这些食俗，我们可以解读蒙古族人民在饮食方面的喜好、风尚、习惯及其内涵，从而更好地研究蒙古族传统饮食文化。

（一）祭灶

祭灶，就是祭祀灶神，也称“过小年”，蒙古族人民称为“祭火”。灶神又称“灶王”“灶君”，俗称“灶王爷”“灶公、灶母”，为守灶之神或掌管灶火之神。关于灶神的由来众说纷纭，蒙古族人民认为，灶神是一位姑娘（为玉皇大帝的女儿），故有的地方也称其为“灶王奶奶”。蒙古族人民认为，火是神圣、圣洁、干净、家族兴旺发达的象征，它可给一家人带来幸福、光明和温暖，它永远地温暖着人间，故人们崇拜火、祭火。祭火是蒙古族的一种古老传统，并产生了一系列祭礼和禁忌。

祭灶，内蒙古地区一般在每年的腊月二十三日或二十四日举行。关于祭灶，内蒙古地区流传着许多传说：第一种，成吉思汗统一了蒙古各部和北方其他少数民族后，急于远征，来不及过大年，便选了腊月二十三这天，让各民族、各部落团聚在一起，尽情欢娱，吃团圆饭、喝团圆酒。同时，在晚上上灯时，在灶神前烧香，摆放牛羊肉、黄油、奶饼等食物做供品，还要点燃柴火或牛羊粪，将各种祭灶的供品投到火中，然后全家老少或整个部族对着火，向着火神祷告。翌日清晨，成吉思汗即率领部将远征了。第二种，在成吉思汗时代，一些部落在腊月二十三祭火那天正好遇上敌人袭击而耽误了祭火。从此，他们就把祭火活动向后推了一天，改为在腊月二十四举行，以示纪念并流传成习。第三种，相传腊月二十三灶王奶奶要上天回娘家，对上苍（玉皇大帝）汇报这一家人在这一年里的所作所为，这一天被称为“汇报人世间善恶的日子”。因为草原牧民认为，日常生活离不开火，火能见到人的全部行为，它的心中有本人间善恶之账。这本账在每年的腊月二十三由灶王奶奶向苍天汇报。主人家为了让她“上天言好事，回宫降吉祥”，就拿出好吃的东西来取悦她，这正是所谓“拿人手短，吃人嘴软”的人为思想在作怪，祭灶就这样产生了。

灶神长什么样？她喜爱吃什么？谁也没见过，谁也不知道。那用什么好吃的东西来取悦她呢？既然草原上的人们认为她是位姑娘，那当然就要用姑娘所爱的食物来取悦她了。蒙古族人民常给走娘家的姑娘吃羊胸叉，所以人们也就顺理成章地用羊胸叉来招待灶王奶奶。羊胸叉一般在小雪、大雪之间卧（宰）羊时就准备好了。腊月二十三一早，人们先把羊胸叉整块放进锅里慢慢煮，与羊胸叉同煮的还有肥肠、大肋、长骨、胫骨等，待煮熟后捞出，盛放在召福斗中。然后主人须把羊胸叉上的肉剔光，只留下完整的胸叉骨。需要注意的是，在剔肉时应用毛巾或口罩捂住口鼻，人是不能把热气呼到胸叉骨上的，否则灶王奶奶就不吃了，上天后嘴也就把不住门了，自然也就不会给这家人降吉祥了。将剔净的胸叉骨用白色公驼或白色公羊的毛制成的绒线缠好，从锅里取几勺粥，放在上面，再把冷蒿、榆树皮、奶酪、柏叶、三炷香等供品也放在胸叉骨上，上面覆盖天蓝色哈达。待到祭祀时，把刚才煮羊胸叉的羊汤上面的油撇出去，将汤盛在碗中，即“哈利木”。撇过油的汤里再放糜子米、黄油、红枣、酸奶、葡萄干、酪蛋等原料，将其煮成喷香的什锦粥，称为“灶饭”。

祭灶的仪式一般是在夕阳西下之后或是星星出来后正式举行。蒙古包被收拾得干干净净、一尘不染，灶台前铺着最洁净的新羊毛毡子。全家老少穿戴一新，妇女戴上漂亮的首饰和帽子，火撑子的四个角上点四盏酥油灯；也有在火撑子上挂蓝、白、黄、红、绿五彩布条的，分别代表蓝天、白云、黄教、红火、绿的生命。男主人跪在毡子正中，其他人分别跪在男主人两侧。男主人用火镰点燃火种后，将火种递给女主人，由女主人点燃火撑子中的新柴，待到火势起来，男主人或家中长者便吟唱《祭灶词》：“火神您老人家，从今年的此时，到明年的今天，保佑我们家里人丁兴旺，浩特牲畜满。无灾无病，老少长命百岁，个个健康……”然后，男主人将准备好的羊胸叉骨连同其附带物一起投到火中，投时使羊胸叉骨头朝北、凹朝上。其他人都仿效之，把手中的饭、菜、汤等供品一一投入火中。此时包内气氛热烈，另有一番情趣。有人还把灶饭抹在毡包、火撑子的腿上或小孩子的脑门上、家具上等，表示平安吉祥。女主人和孩子们还用大勺子挖上酥油、酒等，一勺一勺地往火上祭洒，灶火会发出“麟麟啪啪”的燃烧声，火苗可蹿出蒙古包的天窗，十里开外可见。包内一片通明，一家人聚在一起，对着火行三拜九叩之礼，把祭灶仪式推向高潮。随后，众人退回桌边并按辈分落座，每人一碗灶饭，先不吃，男主人举起召福斗（别人手中也各有所执，有的地方则直接给每人少许胸叉肉，叫“祭火份子”）带头念道：“生长的五谷之福气，奔跑的五畜之福气，呼瑞呼瑞！鬃好的公马之福气，奶好的乳牛之福气，呼瑞呼瑞……”一边念，大家一边用双手举着召福斗，在头顶顺时针旋转，别人也效仿之，最后将召福斗摆在神龛前。招福仪式结束后，大家才开始吃饭、饮酒、娱乐，分享灶神的口福。祭灶饭是特殊的食品，它不仅在制作上特别讲究，还被赋予了美好的愿望和祝福，故而要把它留到大年三十，灶神回宫时。其间，每天取一点，加热之后全家分享，如果谁要是回不来，必会给他留到大年三十，即使是已故之人，也要给他留一份，缺一不可。除夕晚上，灶神会回到人间，所以人们就争相开火烧饭迎接神圣的灶神返回，迎回灶神之后就可以安心地过个吉祥喜庆的春节了，这为蒙古族春节的序曲。

祭灶是我国很多民族的一种习俗。蒙古族通过祭灶，祈祷生活幸福、富有和人丁兴旺等，是蒙古族的传统文化之一。祭灶体现了人们对美好、和谐生活的向往。

（二）春节

蒙古族称春节为“白节”，蒙古语称“查干萨日”。蒙古族人民认为，白色是一种最为单纯的颜色，是纯洁的万物之母，象征着心地纯朴、忠恳、洁白无私。蒙古族人民也将一年之首的月份称为“白月”，大致有三层含义：第一层，“白月”含有“乳月”的意思。据考证，元朝以前，蒙古族人民是在水草丰美、牛羊肥壮的九月过春节的，曾把九月作为岁首。因为此月牲畜上膘，洁白的乳汁像泉涌，故而称“白月”。第二层，含有“始月”之意。蒙古族人民把一年的最后一天，即除夕，称为“比图”（也有译成“毕图”或“毕顿”的）。蒙古族人民有在除夕夜吃整羊头或蒙古包子、蒙古饺子的传统习俗，并称之为“吃比图餐”。“比图”是封闭、完整之意，意思是一年三百六十五天，转了一圈，又回到原来的地方封闭了。除夕是一年的终结，是给一年画了一个句号。“比图”一打破，就是新的一年开始了。而白色为色之首，故白月乃岁之首也，所以在白月过一年之始的春节。第三层，有吉祥之意。蒙古族人民崇尚白色，认为白色主吉，象征着高尚、祥瑞、圣洁、喜庆、正直、坦诚等。1206 年，成吉思汗统一蒙古各部，在斡难河畔建立大蒙古国时，打出的旗帜即“九足白旗”，而他祭祀长生天时用的也是九九八十一匹白马之乳。过去，内蒙古的王公贵族常把自己称为“白骨族”，将其祖先的陵寝称为“八白帐”或“白宫”，以彰显自己的高贵。

春节是蒙古族隆重的传统节日。但草原地域广阔，长期以来各地形成了不同的年俗。比如，翁牛特蒙古族人民正月初一不出门拜年。他们认为，大年初一是一年当中最不吉祥的日子，俗称“黑色初一”，而初二是一年当中最吉利的一天，因此从初二开始他们才出门拜年，并先给自家的长辈拜年。苏尼特一带的蒙古族人民则要在除夕这天把牲畜棚圈打扫干净，到晚上给牲畜过年。克什克腾旗蒙古族人民给牲畜过新年则在正月尽、二月初进行，没有固定的日期，也称“兴畜节”，蒙古语叫“玛力音新敖如鲁呼”。兴畜节常以村落为单位，预先约定，而且场面热闹红火，有点像“吃大锅饭”。其间，还有歌舞、赛马、摔跤、射箭等小型比赛作为宴会的小插曲以助兴，宴饮活动气氛活跃热烈。有俗语为证：“大家都吃畜牧的饭，畜牧的事情大家办。”

除夕夜，蒙古族人民不睡觉，他们谈论这一年中的轶闻趣事，计划着初一“踩福”的路线，来迎接新年的到来，这有点像汉族人的熬年。过除夕夜的习俗，内蒙古各地也不尽相同，如巴尔虎地区的蒙古族人民要在自家门前的西南高地上堆一座洁白的雪敖包，拜天祭神就在这雪敖包上进行。回家时，他们要带上三团净雪，放在蒙古包门头上。传说，除夕晚上，佛祖下人间视察，要绕南三圈，他的马渴得很厉害，要吃这三团雪止渴。也有的说，这雪是给佛祖进家时辟邪除土用的。

春节既是一年的开始，又是蒙古族的重要传统节日，预示着吉祥、美好，故而也就产生了许多的禁忌。如家中、院内、水井、马路等必须要打扫干净，不能生气，不能打骂孩子，不能酩酊大醉，不能让客人空手而归。

蒙古族人民过年的食品主要有白面炸的馓子、枣饼、蒙古月饼、蒙古鞋饼（一种形似靴底的饼）、面饼、糖果、罐头、酒、砖茶、红枣等。除夕时，家家要煮一只羊头。平日里的羊头没有下巴壳子；而除夕的羊头，一定要拔掉了毛整个煮。待到新旧年交替时分，全家人都换上新衣，一家之主把羊头搬过来说："旧的一年快过去了，开羊头迎新年吧！"主人就把羊头上下半掰开，嘴里填进一张饼子，额头涂上黄油，摆到神龛前（有的地方供奉在院中的禄马神台上），表示新年之门已打开。全家人在院中燃起旺火，向火中投少许食品、酒水等，祭祀已故的祖先。礼毕，放鞭炮、焚香，在所有的门框上都插一支香。

初一时，每家牧民的桌子上都会摆上四盘食物：两盘"吃盘"，装的是篦形馓子，叠堆七层，最上面放糖果；两盘"看盘"，装的是模子脱的圆饼，也是七层，顶上放两枚红枣。看盘只看不吃。

新年待客席，一般是两茶一饭，即饭前、饭后各一茶宴。茶宴是炒米、奶酪、馓子、羊背子、酥油、白油、奶皮子、红枣、红糖、糖块、奶茶等。在新年宴席上，无论男女，还是老少；无论客人，还是主人，都不能说"走"，客人想走的时候要用浑厚的歌喉唱道："银器是锻打的，永恒是虚假的。天降的雨总是要停，登门的客也会散。"主人便挽留道："羽毛洁白的天鹅，落在苇淖里戏水漫游。远道而来的贵客，住上一两天玩够再回。"主人边唱边端来羊肉面或酸稀饭等美食表示酒席即将结束，它好似酒席的闭幕词，可谓"此时无声胜有声"。用这种约定俗成的方式，客人便会心领神会：酒席结束了。临走时，主人会往客人的褡裢里放六张饼子作为回礼，全家人要把客人送上马，目送一段路程，直到看不见客人背影。

蒙古族人民的春节礼节很细致，过春节时以悠扬的歌曲庆祝，体现了春节的欢乐、吉祥和生活的富足。

（三）查干苏鲁克节

查干苏鲁克节是蒙古族春季规模较大的祭祀活动，盛况空前，在每年农历三月二十一日举行。查干苏鲁克，是蒙古语，意为"洁白的畜群"。

关于查干苏鲁克节的来历，鄂尔多斯的达尔扈特人有一个古老而美丽的传说。相传成吉思汗在他五十岁的那个正月初一忽得重病，三个多月后，也就是三月二十一日病情好转，得以康复。因此他就在这一天用九十九匹母马之乳，向苍天祭酒，并将这个化险为夷的吉祥日定为节日，予以纪念，由此就产生了查干苏鲁克节。

蒙古族人民在查干苏鲁克节时，除了要举行传统的祭祀活动外，还要进行各类文化娱乐交流活动，如举办饮宴。现如今，查干苏鲁克节的内容更加丰富多彩。

查干苏鲁克大典中所举行的各种祭祀仪式包括八白宫聚集仪式、祭天仪式、金殿大祭、巴图吉勒祭、嘎日利祭、招福仪式等。这些仪式分几日进行。各种仪式隆重而庄严。在查干苏鲁克节时，八白宫聚集的巴音昌霍格草滩上蒙古包、帐篷林立，人山人海，人欢马叫，呈现出一派热烈、壮观景象。查干苏鲁克节，不仅是一种祭祀活动，而且是一次群众大集会，也是大规模的商业贸易活动。在查干苏鲁克节期间，从各地前来很多商人，与蒙古族人民做买卖。中华人民共和国成立之后，进行商业活动的同时，查干苏鲁克节期间举行盛大的那达慕大会，进行赛马、摔跤、射箭、文艺演出等各项活动，使大会更加隆重、热烈、庄严。

查干苏鲁克节的隆重、庄严的仪式，体现了蒙古人的敬畏万物、尊重万物的美德。商业活动、那达慕大会也起到了各民族之间互相欣赏、互相交流交往的作用，促进了铸牢中华民族共同体意识。

（四）马驹节

马驹节又叫“珠拉格节”“澈格节”等。马驹节是蒙古族庆贺牧业丰收的节日，一般在每年农历五月十五日举行。一到仲夏时节，草原忽然从寒山瘦水、枯草败叶中蜕变出一个全新的鲜活的世界。天空湛蓝，大地碧绿，草原上充满了生机，一大群新生的马驹和羊羔，奇迹般地闯入这个世界，洁白的乳汁如泉水喷涌，在田野、蒙古包中流淌。望着这一批批劳动成果，牧民沉浸在无限的喜悦和欢乐中。于是他们就以自然村落等为单位，来到一个有山有滩、水草丰盛的地方，祭祀天地，庆贺丰收。还会举行“好汉三技”（蒙古赛马、蒙古摔跤和蒙古射箭）比赛，娱神而自娱，故而马驹节又有“小那达慕”之别称。

马为五畜（马、牛、驼、山羊和绵羊）之首。它善跑，曾把光荣和强盛带给蒙古族人民；它通悟人性，忠实主人，千百年来，蒙古族人民一直把骏马看作极其高贵的牲灵，继而爱之、敬之、神化之。故在马驹节，人们自然而然用马来做代表。每家将母马和马驹骑到马驹节会场，供人们观赏。马驹节开始前，几位育龄妇女会将马乳挤满一桶，作为祭祀用的马奶。

马驹节的祭祀仪式一般由德高望重的长者主持。长者将准备好的鲜马奶，用一种带柄的杯子舀出，从正北开始向四方泼洒，共洒九九八十一杯。洒毕，宣布“好汉三技”比赛开始。

马驹节时还要举办很有牧区特色的盛宴。宴席的开支全是与会者根据牧畜多少和年成丰歉，自愿用食物凑起来的。牧民认为这是祥和吉利的事，应当把丰收的第一批奶食、肉食与大家分享，所以往往拿出很多。以前的马驹节，要支起一口一人深的大锅，蒙古语叫作“曼金陶高”，里面可煮三头整牛，谁碰上谁吃。这体现了牧民的团结、互助的精神。

马驹节上“好汉三技”比赛获胜者的奖品也多是食品，以砖茶为主。

（五）旭如格节

旭如格节译成汉语为“禁奶节”，在农历的八月十二日举行，为蒙古族传统节日。

旭如格节是宣告禁止主人挤奶的节日。从春末夏初小马驹出生到农历八月十二日，此期间草原上水草丰盛，故小马驹一直被迫与它的主人们共同“分享”其母的乳汁（小马驹的嘴上一直带着笼嘴）。从旭如格节开始，小马驹就可独享其母淳厚绵甜的乳汁了，也可以说这一天是小马驹的开奶节或者说是“开斋”的节日，是值得庆贺的节日。

旭如格节除举行祭祀活动外，有些地区还举行秋季那达慕来庆贺。

（六）马奶节

马奶节是锡林郭勒草原上的蒙古族人民在农历八月末举行的盛大节日，多举行盛宴。马奶节是欢庆丰收，祝愿健康、幸福、吉祥，歌颂心灵纯洁的传统节日。马奶节前一天，家家户户都要煮全羊或制作手扒肉，准备好奶干、奶酪、奶豆腐和马奶酒。翌日清晨，男女老少身着节日民族盛装，分别骑上骏马或乘坐勒勒车，带上食品，到达指定的地点进行欢庆。在太阳升起的时候，赛马开始。赛马结束后，牛欢马叫，人们在流金的草原上举行盛宴，狂欢的人群往往绵延数里。大家互相祝福、敬酒，一起食肉，在马头琴伴奏下，少女们翩翩起舞，歌手们纵情吟唱。一直到夕阳西下，人们才带着节日的余兴各自归家。

（七）佛灯节

佛灯节是为了纪念黄教创始人宗喀巴这位宗教界伟人而创立的节日，一般在农历十月二十五日举行。

这一天，卫拉特的蒙古族人民每人至少自制百盏佛灯，点燃后放在敖包上，并举行一系列的仪式以祈祷宗喀巴佛爷赐福，保佑众生健康平安。礼毕，祈祷完的人们便纷纷回家吃饺子。察哈尔的蒙古族人民则把莜面用放了糖的奶水搅起来，捏成许多灯盏，把芨芨棍上缠上棉花，插在灯里做灯芯。再用黄油一盏一盏地将灯灌满，并任其自然凝固。晚上点燃佛灯，举行一系列的仪式之后，人们回家吃煮羊肉和羊汤稀粥。第二天一大早，大人小孩争先恐后地去抢吃佛灯。由于佛灯是由糖、奶、面做的，经过一晚上的燃烧，黄油虽耗干，却渗进了灯盏中，灼热的火也把灯盏燎黄烤熟了。这种食品别具风味，含有佛灯节的口福之意，是吉祥的象征，小孩子吃得高兴，大人们则看得喜悦。

1949 年以后，察哈尔陆续终止了佛灯节，卫拉特人虽然将该节延续至今，但很多风俗已迥然不同了。这一天，机关放假，牧人休息，人们唱长短调民歌、跳民间舞，佛灯节逐渐成为一个纯粹饮食娱乐的节日。

以上这些节日是蒙古族传统文化的组成部分。蒙古族通过这些喜庆的节日来庆祝美好的生活。由这些节日所形成的风俗习惯，对蒙古族人民的行为起到规范作用，维护了社会秩序。除以上介绍的传统节日以外，蒙古族还有很多节日，在这里就不一一详述了。

三、服饰食俗

任何民族的服饰，都与本民族所处的自然环境、生活方式及饮食习惯有着千丝万缕、密不可分的关系。蒙古族人民长期以来一直从事着畜牧业，高原上那穿透力极强的风、那曾冻坏三岁小牛犊脑袋的严寒、那铺天盖地的皑皑白雪以及那马背上漂泊不定的游牧生涯，都使他们的衣食住行别无选择地形成了不同于农耕民族的独特体系。斗转星移，他们的生活相对稳定，但仍没有离开高原，没有离开游牧生活，故蒙古袍、帽子、腰带、靴子等，仍然是蒙古族的标志性民族服饰。

英国首相丘吉尔说："衣着是最好的名片。"蒙古族的民族服饰就是高原的名片、草原的名片、民族的名片。今天，蒙古族服饰也与时俱进，呈现出时装化、礼仪化和个性化的特点。蒙古族的民族服饰主要可分为礼服和生活服饰。大凡是喜庆集会、婚丧嫁娶、重大节日、祭祀饮宴、旅游接待等，蒙古族朋友都会身着民族礼服，展示民族风采。他们的服饰款式新颖，色彩搭配协调、美观，穿着讲究配套、合身、大方。在长期的发展过程中，蒙古族的着装规范（即参加什么样的活动着什么样的装）已约定俗成。蒙古族服饰中最具代表性和最具特色的是饮宴礼服、婚礼礼服、节庆礼服和丧葬礼服。

（一）饮宴礼服

饮宴礼服又叫"质孙服""只孙服""济逊服"等，是古代蒙古族人民在参加盛大饮宴活动（如诈马宴）时所穿的礼服，也是参加诈马宴的入场券，在元朝时特别盛行。蒙哥可汗和忽必烈可汗都曾制定了很多着装制度，对从皇帝到普通老百姓，在什么场合、什么地点穿着什么样的服饰都做了严格的规定。质孙服由国家统一制作，不得在市场上出售，一般由皇帝赏赐。例如，天历二年（1329 年），大将也速迭儿平定王禅有功，元文宗便赏赐给他七套各色质孙服。再如，"大汗于其庆寿之日，衣其最美之金锦衣。同日至少有男爵骑尉一万二千人，衣同色之衣，与大汗同。所同者盖为颜色，非言其所衣之金锦与大汗衣价相等也。各人并系一金带，此种衣服皆出汗赐，上缀珍珠宝石甚多，价值金别桑确有万数。此衣不止一袭，盖大汗以上述之衣颁给其一万二千男爵骑尉，每年有十三次也"（《马可·波罗行纪》）。所以元代的柯九思有这样的诗句："万里名王尽入朝，法宫置酒奏箫韶。千官一色真珠袄，宝带攒装稳称腰。"

质孙服不仅指长袍，还包括冠饰和靴子，大体上分为冬夏两种款式，冬季主要使用银狐、玄狐、银鼠等珍稀动物皮革，夏季则用从南方或波斯运来的丝织品、锦缎毛呢等，从皇帝的亲信贵族到普通乐工、卫士都可以穿，没有特别强调的等级区别。质孙服的基本款式为上衣连下裳，上衣紧窄而下裳短，"腰间密密打作细褶，不计其数"，并在衣身的肩背间贯以大珠。皇帝的质孙服中冬服有十五等，一般衣料、色泽、帽式都要配套：穿金锦剪茸，就得戴金锦暖帽；穿白粉皮服，则配白金褡子暖帽；戴红帔，则穿红皮服或者黄粉皮服。夏服有十五等，每等衣帽配套：穿缀满大珠的金锦服饰，则戴宝顶金凤钹笠；戴七宝漆纱帽，则穿青速夫金丝阑子；穿大红珠宝里红毛子褡纳，则戴珠玉缘边的钹笠；穿白毛子金丝宝里，则戴白藤宝贝帽；戴珠子卷云冠，则穿缀着小珠的金锦；穿大红金绣龙五色罗，则戴凤顶笠。顶笠一般和服色一致，如金龙青罗服配金凤漆纱冠，七宝龙褡子服配牙黄忽宝贝珠子帽。

（二）婚礼礼服

婚礼是人生的一件大事、喜事，一对新人在婚礼盛宴上身着新婚礼服，显得光彩照人，与众不同。蒙古族新人的婚礼礼服很有蒙古族民族特色。虽然蒙古族各部落之间婚礼礼服有所差异，但大同小异，这里向读者笼统介绍一下。

新娘的礼服雍容华贵、光彩照人。新娘身着浅红色或绿色绲边开衩长袍，套精致华丽的齐肩长褂（也叫马甲裙）或装饰性很强的奥吉，不系腰带；身戴各种坠饰，中指戴戒指，双腕戴手镯；足穿全绣花的大绒靴子；头戴发套、连垂等名目繁多的头饰，用粉红色或绿色大头巾蒙头。头饰精致、华丽、名贵，鄂尔多斯普通人家的新娘头饰相当于三至四匹马的价钱，而王公贵族的新娘的头饰往往要相当于十几匹乃至二十几匹马的价钱。

新郎的礼服气派大方、浑然大气。新郎头戴圆顶红结帽子，帽顶缀着一颗红疙瘩；身穿蒙古袍，弓箭挎在身上或挂在腰上，并佩带火镰、蒙古刀、象牙筷子、鼻烟壶、烟荷包等。这一身搭配使新郎看上去很是威风、雄姿勃发。

（三）节庆礼服

每逢遇到庆典和节日时，蒙古族的朋友都要穿传统的节庆礼服。节庆礼服的面料、款式都极为讲究。节庆礼服又按季节、年龄、性别、参加活动的档次、饮宴主人与自己的关系亲密程度等细节而定。蒙古族人民在重要的节庆、饮宴上，一定要穿着蒙古袍。老人以古铜色、暗色的蒙古袍为主，以体现庄重，年轻人的蒙古袍颜色亮丽鲜艳，这样显得活泼、有朝气。男人的蒙古袍一般以蓝、黑、灰、古铜色面料为主，女子的以蓝色、绿色、青色、粉红色、品青色面料为主，童袍用黑、绿缎制作。在款式上，老人的蒙古袍宽大短促；男袍宽而窄，女袍细而短；个高的人袍子肥一些，个矮的人袍子瘦窄些。老人的袍子上金镶边有一两行，年轻人的至少三行。马蹄袖的大小也不一样，老人的宽大，年轻人的窄小。腰带的颜色要和袍子搭配，如穿绿袍的人扎红腰带，穿蓝袍的人扎黄腰带。腰带的扎法也不一样，男子要适当往上提袍子，让它虚虚地鼓起，这样显得朝气蓬勃、严肃稳重、精神振奋；女子正好相反，要把袍子往下拉，使衣服紧紧贴着身体，把曲线突显出来，给人以秀气、自然之美。

穿蒙古袍是一件很神气的事，和帽子、靴子要讲究成龙配套。比如，负责祭奠成吉思汗陵的八大牙门图德，平时也穿便服，比较随便，但一到祭礼的时候，就将袍子、帽子、靴子、佩饰准备齐全，配套严格。再如，阿巴嘎的成年妇女在过年、过节时要穿漂亮的奥吉；巴尔虎的男人则在蒙古袍上加穿颜色鲜艳、对比强烈的坎肩或褂子，坎肩的色彩丰富多样，褂子一般以黑色为主；乌拉特蒙古族人民在过年时要穿用鲜艳华贵的绸缎制作的森森德勒袍子等。

穿蒙古袍时，戴帽子、扎腰带是很郑重的事情，讲究严肃性、礼仪性。特别是在庄重的场合，如敬酒、饮宴、献茶等，帽子和腰带必须穿戴整齐。人民平时可以不戴帽子，但敬酒时一定要戴上，不戴帽子拜见长者和参加宴会，被视为一大禁忌。蒙古族人民认为，头是人体之首，帽子是头衣，而扎腰带是正中的礼节。戴帽、扎腰是尊严的体现，有禄马奔腾之意。

随着时代的发展和人们生活水平的提高，蒙古族人民也在不断地接受新事物，现在蒙古族男子穿西服、女子穿裙子也是常事。但每逢节庆盛会、饮宴，他们还是要身着民族节庆礼服来庆祝。

（四）丧葬礼服

丧葬礼服也称“孝服”。蒙古族的孝服一律是黑色或暗色的袍子，一般肩头的扣子不扣，马蹄袖口要卷起来。男人不戴图海（一种银饰）、鼻烟壶袋，已婚妇女不戴头饰、鼻烟壶和火镰，未婚女子要散开头发等。

蒙古族服饰讲究美观，对颜色、设计、面料特别讲究。蒙古族的服饰具有自己的审美特征，蒙古族特别偏爱鲜艳、光亮的颜色，这些色彩都使人感到色调明朗、身心愉快。蒙古族又崇尚白色、天蓝色这样一些纯净、明快的色彩。蓝天白云，绿草红衣，一种天然的和谐。另外，从蒙古民族服饰的款式看，褒衣博带，既能体现人体的曲线美，又能体现蒙古牧人宽厚大度、粗犷坦荡的性格。

2014 年 11 月，“蒙古族服饰”经国务院批准列入第四批国家级非物质文化遗产代表性项目名录。2019 年 11 月，《国家级非物质文化遗产代表性项目保护单位名单》公布，内蒙古自治区非物质文化遗产保护中心、正蓝旗文化馆、肃北蒙古族自治县文化馆、博湖县非物质文化遗产保护中心荣获“蒙古族服饰”项目保护单位资格。

第三节 蒙古族的人生仪礼食俗

人生仪礼是人在一生当中几个具有重要意义的日子里所举行的相应的仪式和所遵守的礼节。人生仪礼中涉及的有关饮食的风尚习俗，则是人生仪礼食俗。蒙古族的人生仪礼食俗主要有诞生礼食俗、婚礼食俗、喜庆食俗等。

一、诞生礼食俗

诞生礼是对婴儿降生人世的一种接纳仪礼，为人生第一大礼，又称“人生开端礼”，历来受到新生儿父母乃至整个家族的重视，因此形成了一系列食俗。蒙古族的诞生礼比较隆重，体现了民族特性。

按传统习惯，蒙古族妇女分娩时，要将毡子和炕席卷起，好让婴儿降生在土炕上，闻到故土的芳香，这叫“落土生金”。蒙古族人民自呱呱坠地之时，就被赋予了对故土忠贞不渝的思想。

婴儿出生，一般要用箭头断其脐带。如果生的是男孩，就将箭头挂在门外，表示是“引弓之族”的后裔；如果生的是女孩，则挂红布条，唱优美动听的草原摇篮曲。这样以向人们示意要遵守产房规矩，外人不得随便进人。断了脐带的婴儿要睡卧鲁格伊（摇床），它一般由婴儿母亲的娘家人在婴儿出生后送来，倾注了外祖父母的全部希望和祝福。婴儿出生的第三天，要举行小型茶宴来庆贺小生命的诞生。小孩满月时，要举行“摇篮宴”，致谢宾客。小孩满百日时，要举行“起名茶宴”，茶宴上小孩的父母先宣布小孩在健康成长，再恳请长辈或长者给孩子赐名。小孩满周岁时，要举行剪发仪式，设宴招待亲朋好友和左邻右舍，此宴因而得名“去发宴”。

去发宴是蒙古族民众的传统喜宴，与婚礼宴、丧葬宴合称“人生三宴”。它是人生三宴之首，特别受重视，有人形象地比喻去发宴是人生命的早餐。对此有一传闻，可佐证之。传说有一次成吉思汗问次子察合台，人生一世，什么宴会最重要？察合台沉思片刻后回答：“辞旧迎新时举行的新年宴会最重要。”成吉思汗听后说：“孩子，不对呀！如果未离母胎，没有看到太阳，你过什么新年呀？今后务必记住，父母为你举行的周岁生日喜宴才是最重要的。”

去发宴一般是在小孩出生后的第一个周岁生日时举行，故也叫“过生日”“生日宴”。而有些蒙古部落的实际做法是，男孩在三岁或五岁时去发、女孩在四岁或六岁时去发，去发的日子也不是在他们生日这天，而是由喇嘛或阴阳先生事先根据孩子的生辰八字另择吉日，且多在清明前后或立夏前后。

去发宴大致有准备、来宾献礼、去发仪式、抓周和宴饮等几个环节，每个环节都少不了食物的身影。

先介绍一下去发宴的准备工作。首先，把蒙古包内外清扫干净。其次，打扮宴会的主角——小宝宝，给他换上崭新的长袍和迷人的小花鞋。最后，将招待客人用的馓子、枣饼、鞋底饼、奶酪、炒米、手扒肉和糖块等食品，一一摆在包内的长条炕桌上，准备就绪，以便招待客人。

再说一下来宾献礼。当一轮红日从地平线冉冉升起时，客人会陆续到来。孩子的母亲一定会抱着孩子到拴马桩前去迎接客人，特别是当接生婆、孩子的姥爷和爷爷等尊贵的客人到来时，还要行蒙古族最重的跪单腿礼问安。客人进门后，主人端茶上水热情招待。一碗未尽，客人便急忙下地，向主人要盘子，献上带来的礼物。礼物一般有饼子、砖茶、活羊、糖块、绸缎、布匹和玩具等。主人接受礼物后，要象征性地从饼子和砖茶上抠下少许，放在斟有奶的盅子里，然后走到门外向天地泼洒，并高声叫道："献过德吉了吗？"包内的人会回应"普献了"，意为敬献天地诸神。在献礼后，主人要将一半的砖茶和饼子退还给客人。

关于去发仪式，草原上有"上升时的太阳，成长中的年华""去发礼仪不过中午"之说。按礼节，亲朋好友都必须在中午之前到齐，并集体给小孩去发，这叫"众人剪发"。剪刀缠着红布，放在银盘内，银盘内同时还放有五谷、奶食、酥油之类的物品。孩子的父亲端着银盘，母亲抱着孩子，在人群中走一圈，让所有的人都用此剪刀为孩子剪发，每人剪一次。但第一个拿剪刀剪发的人必须是全人，和孩子属相上不能相克，大多是孩子的爷爷、姥爷或接生婆。孩子的父母会首先来到全人的面前说道："请大人赐下十指之恩、七指之艺，为我家香火之沿袭者小宝贝开剪发！"这时，这个全人要用左手从盘中取少许奶，抹在孩子额头或头发上，用右手持剪，在火撑子上绕几下，并用浑厚动听的蒙古长调赞颂道："观察他的出生日子/推算他落地的时辰/真是有福有禄/比谁都出众……张开金质的剪刀/剪掉你的胎毛/按照祖先的习俗/祝福你……"祝福完毕，在众人的一片呼应声中，他（她）开始剪发。按照蒙古族的惯例，应由全人开始，众人依次将剪下的头发揉成一团，蘸上酥油，再揉成一个团，用两枚铜钱上下夹住，将其夹扁，再用线钉住，穿进牛皮筋里，吊上硬币串和珠子串，有的还串箭头、海螺和银铃等物。此物也叫"辟邪"。此物不可丢，大多钉在孩子的衣服后背，孩子跑起来身后响起脆铃声，既动听，又吉利。

抓周时，要把前来赴宴的客人带来的所有礼物堆放在桌子上摆放的特大木盘中，盘内还有香烟、白酒、衣服、钞票、文房四宝、香烛、经卷等物品。把孩子抱来，让其从中任意抓取几件礼物，这种带有象征意义的活动，被称为"抓周"。这跟《红楼梦》中的贾宝玉过生日抓周、《大宅门》中的景琦生日抓周等如出一辙。人们会根据孩子随意所抓之物来预言其今后的志趣、爱好和发展方向。孩子若抓到经卷，则会被认为孩子与佛有缘或是为喇嘛灵魂转世，长大后多数被父母送到召庙中；如果抓到文房四宝之类的礼物，则预示着将来必定会成为有学问的人。抓周是大家最关心、最感兴趣的环节，故它将去发宴推向了一个高潮。

饮宴在抓周过后进行，主人上茶、献酒，摆上丰盛的"羊背子席"，大家开始畅谈痛饮、载歌载舞，欢快的歌声萦绕在草原上。这是草原人在小孩来到这个世界以后为他举行的最隆重、热闹的宴席。从此，草原儿女便展开了如歌如诗、绚丽多彩的人生。

诞生礼食俗是中国传统的诞生礼俗之一，不同地区、民族形式多有不同，从刚出生洗礼开始到宝宝周岁抓周，一般有祝福、保健、占卜等含义。诞生礼食俗是大人们为了表达对新生命的爱意、对新生命的祝福，就以各种仪式来为孩子祈福。蒙古族的诞生礼食俗庄重、优美、寓意深刻，有一套严格的程序，每一个环节都很隆重，表达了对生命的敬畏和对孩子的祝福。

二、婚礼食俗

（一）求婚定亲食俗

蒙古族通常是由男方出面求婚。蒙古族有句话叫“毡子揪大，儿子长大”，说明儿子已长大成人，其父母该给儿子物色媳妇啦！父母大多是托亲朋好友给儿子物色对象，一般原则是近亲不婚、骨血不倒流、门当户对、生辰合和、脾气秉性温和等。待物色好对象后，就托全人为媒，去姑娘家求婚。草原地域广阔，各地的求婚仪礼和食俗也是千差万别的。

鄂尔多斯一带的蒙古族，媒人正式上门说媒时，要带着哈达一匹、白酒一坛（一般用一瓷坛酒，坛口用红枣塞住，坛颈上系红布条）和油炸饼子四张（饼子上面放些冰糖、红枣等物，名曰“顶子”）等礼品，以正式取得对方同意，并商定聘礼等事宜。

乌拉特一带的蒙古族把定亲礼品叫“茶礼”，又称“茶的术斯”或“干术斯”（也有称作“茶的术兀思”或“干术兀思”的）。术斯本意为全羊，那么这里的“茶”怎么也叫“全羊”呢？原来草原上有个约定俗成的做法，全羊只有在隆重的婚礼那天才正式使用，这里的“茶的术斯”只是为了面子上好看，是向姑娘讨要嫁妆时用的代用品，即一块砖茶，下垫四张饼子。砖茶代表羊身，四张饼子代表羊的四条腿，它们作为全羊的象征，来完成它的神圣使命。礼虽轻，但仁义重，体现了蒙古族人民在婚礼中重礼节而轻财物的特征。与此同时，他们要将酒坛开封并将酒斟上，给所有重要亲戚每人一条哈达，即便是没有到场的人也要给他留一份。这是一次非常重要的宴席，席间双方要商定彩礼、女方陪送的嫁妆，确定结婚的日子、上下马的最佳时辰、出发的吉利方向、所骑马的毛色及新娘盖头的颜色等事宜。

喀喇沁一带的蒙古族的定亲礼品为哈达五条、布两匹、酒五斤和羊两对，定亲礼送到姑娘家后设定亲宴。男方以媒人为首，四人或六人前去定亲，不可单数前往，这是草原的通例。定亲宴，又称“喝姑娘酒”。定亲宴后，凡是见到了喝过这顿酒的人，双方一律互称“亲家”。在酒宴上双方商定嫁妆、彩礼和娶亲等具体事宜。

草原上的蒙古族牧民的求婚宴、定亲宴，都极看重洁白的哈达，即使某位亲戚因事不能参加宴席，也要将哈达给他送去，称为“份子”。彩礼通常为五九四十五件礼品，即一哈达、二白酒、三绵羊、四黄牛、五衣服、六头戴、七骆驼、八帐篷、九家具等。不过，这些彩礼只是礼节性、象征性的物品，实际彩礼的多少要据男方的家境而论，并不是真要按九的倍数来定的。无论如何，女方父母还是希望女儿出嫁后，夫妻和睦、白头偕老、互敬互爱。与之相反，女方的陪嫁很厚重，故草原上有“娶三个媳妇发财，嫁三个姑娘破产”的俗语。

（二）男方婚礼食俗

男方婚礼是指新郎官娶亲出发前的仪式或礼仪，大多是举行宴会，以为新郎官及其娶亲队伍送行。

娶亲这天，男方嫡亲都被邀请，亲戚们也义不容辞，骑马负重，携带礼物，按时到达。亲朋一般在中午时分到达，到达后先喝茶吃饼子。午后，亲朋们到婚宴主包向新郎父母递交礼品，从全羊、砖茶到布匹不等，细心的女亲戚还会送新郎两三件娶亲的必备用品。宴会正式开始前，主人要当着大伙的面，向事先约好的娶亲人敬酒、献哈达，逐一将他们“邀请”起来，而后主婚人宣布宴会开始。宴会先献茶，再敬酒，最后摆羊背子。当夜幕苍茫，人们酒足饭饱时，宾客们便来到门前的禄马周围，举行一系列的祝颂和送行仪式之后，由大宾带队，伴郎、祝颂人和新郎一行四人，在柏叶的氤氲中、螺号的吹奏声中，策马扬鞭，一路高歌，英姿勃发地朝着新娘家的方向奔驰而去……

当夜行的娶亲队伍快要靠近新娘的浩特时，会先下马，选择一处高地，燃起一堆篝火，放上六张饼子，将犊皮红筒里携带的各种食品象征性地取出一些，向天地四方分撒，向火里焚烧，以祭祀天地鬼神。此风俗，源于一种古老的宗教心理，所谓“上撒天高兴，下撒龙高兴”。蒙古族人民把这种做法叫作“苏格勒呼”，“苏格”意为鬼魂，“苏格勒呼”就是飨祭鬼魂的意思。结婚前，先跟这些神物鬼怪打好招呼，免得婚礼办得热火朝天时，它们出来作梗。同时人马小憩一番，略加休整，就地挖一土坑，埋进一扁桶酒。这整个过程名叫“埋物宴”。当接到新娘返回途经此地时，由两位小伙子（其中必有伴郎）抢先一步，赶到埋酒处挖出酒，立于路旁等候娶亲和送亲的大队人马。待大队人马到达后，将美酒斟满银碗，逐一奉敬。众人在马上接饮，而后继续前行。这种埋物的做法，目前除鄂尔多斯草原上的蒙古族人民外，其他地方的蒙古族人已很少为之。

阿拉善蒙古族称娶亲队伍为“沙盖图”，一般由八至十二人组成，携车帐和食物等，一路风尘仆仆，在规定的婚礼之日前一天日落时分，按时到达新娘家。而东部区赤峰翁牛特地区的蒙古族人民则称娶亲队伍是“沙干图”。他们的娶亲队伍则为单数，以五至七人为最佳，在到达的时辰上则与阿拉善蒙古族人民的习俗大致相同。

（三）女方婚礼食俗

在新郎迎娶新娘时，从新郎来到女方家直到新娘随新郎上马出发的这段时间所举办的礼仪和仪式，被称为“女方婚礼”，也多是举办盛宴，为新娘及其送亲队伍送行。当埋物宴的火燃起之后，新娘家要迅速将神台车边洒有酥油的干柴点燃，呈呼应对答之势。同时在院门口铺一块大白新毡，毡上放两张长条桌子，上放盛有一只全羊的红漆条盘，条盘两侧各放一盘圣饼，外加一只盛有鲜奶的雕花银碗，即成为给新郎接风的看席。看席之南、神台之北，又铺新的长方形白毡，即为新郎下马之处。一切准备就绪，娶亲队伍的马蹄声也变得清晰起来，于是新娘家乐器声和歌声响起。娶亲队伍在歌声中从新娘家院子后面顺时针转三圈，再来到新娘家东面的临时搭的村灶前，此

时煮羊人正在那里煮全羊。祝颂人在马背上捧出一条粉绢哈达，颂赞一番后敬献给煮羊人。娶亲队伍再由南向西绕过旺火和神台，在院门西南停下，新娘家的婚礼总管和祝颂人等候在此。于是大宾和伴郎被接到看席上，受到特别隆重的招待。新郎则被引到白毡上骑马站好，接受双方祝颂人喷珠吐玉、抑扬顿挫、声情并茂的礼赞，一般要持续较长时间，祝颂曲有《骏马赞》《弓箭赞》《添箭赞》等。吟诵结束，祝颂人把准备好的一支白箭插入新郎箭壶。新郎下马将弓箭拴在玛尼杆上，再随双方祝颂人来到看席，品尝鲜奶、圣饼，随后携同大宾、伴郎，向新娘婚宴主包走去。

男方到女方家娶亲要设“虚宴”，就是献羊祝福。当男方一切准备就绪，大宾便捧出一条哈达，毕恭毕敬地献给新娘父母，此为见面礼。而后抬进一只肥大的全羊，意为头份羊。随带一只看盘，上摆“川”字砖茶，一并摆在女方大宾面前。司酒斟满一杯男方带来的美酒递给新郎，新郎在头份羊的面前，面朝女方大宾跪下，男方祝颂人也端酒跪于新郎右边，高声问道：“桌上的美酒，德额吉（指全羊）备齐了没有?”当听到女方大宾应答“备齐了”之后，男方祝颂人就念诵一段优美动听的“芒来术斯”祝词，初表娶亲心迹。祝颂完毕，二人便向女方宾客逐一敬酒。当众亲朋举杯之时，司仪抽刀先从芒来术斯上取少许肉放入银杯，祭祀苍天和圣主（成吉思汗）；再取少许肉扔进火撑燃烧，祭祀火神。待其芒来术斯端上来之后，女方大宾作为代表，用刀在羊头上剜块月牙形的小肉块送入口中，并示意司仪把芒来术斯取下，留到以后再吃。

另外，蒙古族姑娘重名较多，因怕与男方重要的女戚重名，故婚前公婆要给姑娘另取一个名字，在这天正式公之于众。求名问庚仪式共三个回合，有问有答，时间较长，可达四小时之久，仪式充满了趣味娱乐氛围。

求名问庚之后，小憩片刻，便进入女方家婚礼晚宴，这是女方婚礼仪式中最盛大隆重的宴席，常用整煮的“术兀思”招待所有来宾。因该宴席之后新娘要马上出嫁，故此宴席又称“离别宴”。宴席以新郎按辈分大小叩头敬酒拉开序幕，新郎新娘共同接受长者的祝福。新娘的主要亲属送礼品，一般是衣服、佩饰等物品。席间还有很多戏要新郎的游戏，宴席充满了热烈愉悦、打趣逗乐和洋洋喜气的氛围。

晚宴之后，还有一系列的类似离别游戏的礼仪，如乌珠穆沁、阿巴嘎等部的“阻嫁”，阿拉善的“抢亲”，库伦旗的嫂子们要给新郎缠腰带，鄂尔多斯则有充满苍凉依恋的《送亲歌》。

（四）合婚礼食俗

合婚礼是指新娘被娶回来后，一对新人在新郎家所举行的一套礼节仪式。内蒙古地域宽广，各地的合婚礼不尽相同，丰富多彩。下面以鄂尔多斯的合婚礼为主线加以说明。

在鄂尔多斯大草原上，当新娘的队伍来到公婆家附近时，男方要派一队迎亲队伍到野外迎候。地上铺白毡数块，一张桌子上放上一大一小两个盘子。大盘子内放一只

全羊，全羊上放盖子（羊头的上半截）；小盘子内摆饼子六张。两队相遇，男方娶亲队伍的人先下马，恭恭敬敬地请女方送亲人下马，男方祝颂人向对方致《迎亲词》，女方致《答谢词》。新郎把美酒逐一献给送亲的人们。新娘则把全羊上的上盖子换成自家带来的上盖子，原来的上盖子由祝颂人拿上，从新郎右侧的马镣下面抛出。新娘来到公婆家的门前，骑着马通过两堆旺火，此乃接受火的洗礼之意。

蒙古族有所谓"死人佛跟着，新人鬼跟着"的说法，他们认为，鬼怕火，从火堆中穿行，鬼就不会跟着新人作祟了。

蒙着盖头的新娘在两位嫂嫂的搀扶下缓缓步入正厅，首先向灶神行三拜九叩之礼，其间，男方祝颂人为新娘诵读《祭灶词》，并将准备好的羊胸叉扔到火中，洒黄油和白酒等食物，以祭祀一家之主灶神。举办这个仪式之后，新娘才正式入籍新郎家。然后，新娘依次向婆母、主婚人等叩头，婆母、主婚人等馈赠礼品，由女方大嫂代收。新娘叩头结束、准备退出时，婆母与新娘的两位大嫂一问一答，用轻巧敏捷的动作，揭开新娘的盖头。此时，一位光彩照人、美丽端庄的美人就彻底亮相于众亲朋面前。接下来，新郎在新娘的陪同下向全体亲属、嘉宾和高朋敬酒，婚礼呈现出甜蜜和谐的氛围，喜庆、祥和、欢快的喜宴预示着一个美满、温馨、幸福的新家庭从此诞生。

参加婚礼的宾客当天晚上不回家。翌日一早，一对新人走出新包，举行白马宴之后，新娘要赶到公婆住的毡包，把他们的顶毡拉开，把火撑下面的灰掏尽，生火熬一锅新茶。婆母端过一盘奶食饼，上放一截煮熟的绵羊脖，交给媳妇，媳妇跪地接收；婆母再用黄油鲜奶抹画一下媳妇之手，将系有哈达、抹有黄油的勺子交与媳妇，这是传勺礼俗。媳妇接过勺子，从公婆开始，按年龄由大到小给全家人一人一碗新茶，掀开了生活新的一页。

婆媳传勺仪式举行之后，还要举行大范围的宴客送宾仪式。送宴仪式一般在蒙古包外面举行，人们坐马蹄形的半圆桌，中间并排放下一对方桌。一方桌上放有五畜奶食、五谷种子、整匹的缎子、成串的麻钱以及哈达、帽缨、礼炮和腰带等四十五件物品，另一方桌上堆着砖茶、大布和头巾等准备回礼的物品。

仪式开始前，照例摆上茶点和羊背子，主婚人说一段优美明快的《送客词》。之后敬茶、献酒，分割羊背子请大家享用，最后吃全羊汤煮的面条或全羊汤煮的粥饭。饭后开始回礼：酬谢主婚人、大宾、总管及祝颂人等每人两块砖茶，新娘父母每人一匹缎子、一件衣裳，新娘哥嫂、姐夫、姐姐等每人一块砖茶、两块银圆。礼品回赠完毕，主婚人宣布婚礼仪式结束，大家四散而去。一对新人满载着亲朋好友的美好祝福和地久天长的情谊，开启他们平凡而幸福、充实而完美的生活，去迎接每一个日出日落的美好日子。

婚后 21 天之内，新郎、新娘要在舅父母或姑父母等亲属的陪同下（一般由四至六人组成），带着全羊、烟酒、茶点和衣料等物品，到岳父家行礼。至此，鄂尔多斯人的

婚礼彻底结束。

婚礼仪式，尽管地区不同，形式各有差异，但都非常隆重、热闹。求婚宴、定亲宴、男方婚礼、女方婚礼、合婚等均有一系列的礼仪程序，严格按照礼仪程序隆重举行。礼仪作为一种行为准则，对人们的社会行为具有很强的约束作用。一旦礼仪被制定和实施，随着时间的推移，它就成为一种社会习俗和社会行为准则。生活在特定礼仪习俗和规范环境中的人都会自觉或不自觉地受到礼仪的束缚。自觉接受礼仪限制的人是“有道德的人”的标志，如果一个人不接受礼仪限制，社会会用道德和舆论手段来约束他，因此礼仪能起到立德树人的作用。

三、喜庆食俗

（一）寿庆食俗

希冀长寿是人类的普遍追求。《尚书》有云：“五福：一曰寿，二曰富，三曰康宁，四曰攸好德，五曰考终命。”长寿被视为美满人生的一项指标。寿庆又称“祝寿”“庆寿”，通常指为老人举办的庆祝长寿活动，多是用寿庆宴席来飨客。

寿庆宴是蒙古族寿庆礼的主要内容，是蒙古族传统的喜宴之一。除了周岁生日宴是在孩子出生的一周岁生日那天举行，之后的本命年、喜宴或祝寿活动，他们大都在每年的正月初一或另择吉日举办。按蒙古族的习俗，只要父母在世，儿女晚辈即使七老八十也是不会做寿的。虽然十三岁、二十五岁、三十七岁和四十九岁等本命年会过，但亲属只是象征性地送礼庆贺，一般不举行宴会。条件允许的，在六十岁、七十岁、八十岁和九十岁做寿，而六十一岁、七十一岁、八十五岁等高龄时，其子孙一般要选好吉日，提前邀请亲朋好友、左邻右舍举行祝寿仪式。有的地区，人过了九十五岁就不再计年龄了，也不做百岁寿诞。

寿庆宴要遵循一定的礼仪。在家设寿庆宴，必须提前通知亲属、贵友、高朋。吉日那天，前来祝寿的亲朋好友大都赶在太阳升起前到达老人住处，叩头祝寿，敬献哈达和礼物。无论是亲朋，还是乡邻，馈赠的礼物都要讲究三、九或九九八十一等吉祥数字。礼物主要是哈达、盘龙绣云的瓷碗、银制或木制的碗、火柴、烟酒、绸缎、布匹、衣服、鞋子、烟荷包、钱币及羊背子等礼物。

礼物之首为哈达，哈达是蒙古族人民送给长者和贵宾的最圣洁、最高贵的礼物，代表着一切美好的祝愿。请老人在首席坐稳之后，要用双手将哈达举过头顶，将哈达幅口朝向老人敬献，然后行跪拜之礼。老人把哈达幅口转过来，再递给敬献者，并赐予美好动听的祝词，行吻礼，说道：“请享我之高龄！”草原人将这一吻礼视为非常幸运、吉祥的事，是长寿者的一种恩赐。寿庆宴忌讳送帽子，因为蒙古族人民认为帽子是扣着戴的，帽口冲下，“扣帽子”与“倒霉”一词相似，是非常不吉利的。与之相反，烟荷包则是欣欣向荣、积极向上的象征，因为烟荷包无论挂于腰间，还是提在手

中，其口始终是朝上的。

寿庆宴隆重而庄严，不仅是给老人庆寿，更是为了颂扬老人对家族和社会所做的贡献。因此，对寿庆宴的所有参与者来说，不但敬献的礼物要讲究“三礼”“九礼”“九九八十一礼”，而且必须着盛装，衣冠端正，还要态度虔诚、毕恭毕敬。

宴会载歌载舞，别有一番情趣，常常是通宵达旦，热闹非凡。当朝霞升起时，亲朋才伴着清香缥缈的晨风四散而去。一场圆满的寿庆宴方告结束。

尊老爱幼是中华民族的传统美德，流传数千年。孟子言：“老吾老，以及人之老；幼吾幼，以及人之幼。天下可运于掌。”其意思是尊重自己的长辈，进而尊重他人的长辈，呵护自己的子女，进而爱护他人的子女。若能如是，国泰民安的理想就如掌中之物般容易实现。尊老、爱老，自古以来就是中华民族的传统美德，因为每个人都有自己的孩童时代，也都有衰老的一天。与此同时，尊老爱幼是一种社会责任。因为尊老友爱是家庭和睦幸福的保障。而家庭又是构成人类社会的细胞，和睦家庭是和谐社会的基础。

（二）建新包宴

蒙古包又称“苍庐”“毡帐”，是蒙古族人民生活居住的场所，也是蒙古族典型的居室代表，有人因此把蒙古族人民形象地称为“毡帐之民”。按照蒙古族牧民的习俗，儿子长大成人、成家立业时，都要扩大毡包，即给儿子搭建一座新的蒙古包，也称“新包”“洞房”。搭建新包如同汉人建新房一样，是人生中的一件大喜事，受到了牧民的普遍重视。内蒙古地域辽阔，搭建新包的习俗各地不尽相同，这正应了“十里不同风，百里不同俗”这句话。

巴尔虎蒙古族流行新蒙古包由两亲家各搭建一半。有人戏称，这叫“女人撑起半边天”。择良辰吉日，男方邀请亲戚朋友、左邻右舍来帮忙搭建新蒙古包。大家齐动手，一座搭建了一半的新蒙古包便落成了。主家准备了茶、酒、羊背子和奶食等食品，大家在新包内坐下，尽情地欢娱，庆贺新包的落成。一位长者要手拿一削尖的扎着羊尾的木棍，在新包内外抹画一番，并诵祝词：“天窗上挂住尘土，铜锅里挂住奶渣。挤奶的乳牛，练绳一年比一年长。新婚的夫妇，福寿一年比一年大。”新建的蒙古包不插禄马，不请佛爷。新包的东面不放置墙根围子和毡垫子，三股围绳缺一股。这一半新包和包内的被桌（也叫炕桌）、箱子、奶桶和碗架等物品，则由女方来准备完成。

乌珠穆沁和土尔扈特蒙古族人民搭建新包，则体现了团结互助的民族精神。“家业使兄弟们分离，劳动把一村人团结。”搭建新包时，男方的主要亲戚和全村的乡亲都来帮忙，而且他们都带着礼物登门，名曰“新包的加头”，意为添砖加瓦。他们的“加头”一般是拉绳、肚带、毡子、毛线、碗盏、白酒和奶豆腐等物品，有的甚至带骒马驹和绵羊羔。新包落成后，祝颂人要在新包内外象征性地抹画一下，并祝赞一番。新包落成，锅碗瓢盆都搬进去，在火撑上第一次生火后，新包主人要点佛灯烧香，并把父母和亲戚请来献茶、敬酒。准备一瓷盘和一木盘，瓷盘内放奶酪、饼子和糖果，木盘里放羊头、羊尾和胫骨。木盘要搁在天窗外，祝颂人左手举起瓷盘，右手拿一支拴着哈达的箭，抑扬顿挫地诵起《新包祝词》，诵毕用箭头向外轻轻一推，木盘连同里面的肉都掉落下来，外面的小孩便上来一抢而空。牧民认为，这是很吉利的仪式，将其称为“享用新包之禄”。蒙古包是蒙古族优秀传统文化之一。蒙古人很重视搭建新包，搭建蒙古包具有诸多习俗、礼仪。这些不仅体现了人们对美好生活的向往，也起到了规范人们行为的作用。

总之，蒙古族的诞生礼食俗、婚礼食俗、喜庆食俗等是中华民族人生教育仪式的组成部分。“礼”是中华传统文化的核心。人生教育仪式是我国优秀传统文化，在新时代需要实现其创新性继承与创造性转化，充分发挥和彰显其时代价值。蒙古族的人生教育仪式为当前的人生教育仪式提供了丰富的资源，我们要充分利用这一资源，积极开发与转化，通过开发和转化促进人们的责任意识和品德修养。

1. 食俗是饮食习俗的简称，是指人们在社会饮食生活中形成的，具有________。

A. 相对性　　　　B. 特殊性　　　　C. 独特性

2. 我国古代的民族名宴佳席数不胜数，但最有名、最具民族特色的民族名宴，应首推清代豪华盛宴“满汉全席”和清真大席“全羊席”。而在蒙古族古典特色宴席中，极具民族代表性又能与“满汉全席”“全羊席”这类大宴大席齐名的，要数元代宫廷御宴——____________ __________。

3. ____________是骆驼背上高耸的营养储存器，它是内蒙古特产食材之一。

4. 礼仪在内蒙古人民的日常生活中无处不在，它是内蒙古人民最宝贵的财富，也是__________________。

5. 简述蒙古族婚礼的程序和礼仪功能。

第五章 内蒙古传统名肴名点

第一节 内蒙古传统名肴

一、烤全羊

烤全羊是一道宴席名菜、大菜，在我国各大菜系和地方（民族）风味美食中都可以窥到它的踪影。根据烤制前对羊的处理方法的不同，烤全羊大致可以分为四大类：一是将羊宰杀后去皮，用调味品腌渍后烤制（如摩梭烤全羊和新疆尉犁县坑烤全羊）；二是将腌渍好的羊肉挂糊后烤制（如新疆烤全羊）；三是将羊宰杀后去毛，在皮外刷一层糖浆和油，风干后烤制（如内蒙古烤全羊）；四是先将羊肉煮或蒸后再烤制成菜（如甘肃古法烤全羊）。根据烤制时对火的明暗要求的不同，烤全羊还可以分为明炉烤（如甘肃挂炉烤全羊）和暗炉焖烤（如内蒙古焖炉烤全羊）两大类。根据烤羊时羊的姿势的不同，烤全羊又可分为卧烤和挂炉烤两类。在众多的烤全羊中，内蒙古烤全羊和新疆烤全羊声誉最高。而内蒙古烤全羊又拥有其独特的魅力和浓郁的民族韵味，富有极强的诱惑力和民族风情，吸引着各方食客。

烤全羊

内蒙古烤全羊，蒙古语称“昭木”，是蒙古族的传统美食。据史料记载，它是成吉思汗最爱吃的一道名菜，也是元朝宫廷御宴“诈马宴”中不可或缺的美食，有着悠久的历史。据《元史》记载，12 世纪时蒙古族人民“掘地为坎以燎肉”。元代的烤全羊不但制作过程复杂讲究，而且使用了专门的烤炉。它还是蒙古族的餐中至尊，用来招待贵宾，是高规格的礼遇，多在隆重的宴会或祭祀时使用。《达斡尔蒙古考》中写道：“餐品至尊，未有过于乌查（烤全羊）者。”清代蒙古王公府几乎都用烤全羊招待贵宾。如今，蒙古族人民依然保留着这道古老而精美绝伦的珍品菜肴，它已成为蒙古族饮食文化的骄傲。

内蒙古烤全羊是内蒙古大草原上蒙古族烤全羊的总称。内蒙古各地的蒙古族烤全羊有着各自的特点和风格，但大同小异，其中以阿拉善的烤全羊最为有名、正宗和流行。从明末到清末，各地蒙古王府中虽有烤全羊，但唯有阿拉善王府的烤全羊最有名，因为该王府不但有着一套严格完整的制作工艺，而且有一批烤全羊的名厨掌炉。清代康乾年间，北京阿拉善王府烤全羊的名气就很大，其蒙古族厨师嘎如迪名满京城。

现今的烤全羊是在过去蒙古族火烤羊肉的基础上，进一步结合北京烤鸭的烤制方法烤制而成的。其烤法讲究，厨师须从羊群中挑选一只膘肥体壮、四齿三岁的绵羊做原料，最好是吃盐多的粗毛羊。然后将羊身上的毛全部剪掉，再将事先配制好的泻药灌入羊腹内，使羊把肠胃里的东西排泄干净，最后把羊牵到木桩上让羊烤火。很快，羊就被烤得浑身冒汗，喘不过气来。闷热和干渴几乎要使它窒息，这时的羊很渴望喝到清泉水。但此时送来的不是清凉的泉水，而是一盆加入了大料、茴香、胡椒等作料的调料水。已经干渴得难以忍受的羊便咕嘟咕嘟地一口气把一盆调料水喝得一干二净。如此反复，配制的调料水就会通过羊的肠胃渗透到羊全身的各个部位。然后厨师会采用蒙古族特有的人道方法宰杀绵羊：不扒皮，在皮肉之间吹进一些气去，再将羊在开水锅里蘸一下，捞出后把毛去掉。将羊割去四蹄后在其胸口上开出个 8 寸（1 寸合 1/30 米）长的口子，取出内脏和肠子，洗净胸腹腔。再将 1 千克葱、5 头蒜、100 克干姜、75 克大料、25 克花椒、500 克盐捣碎、拌匀，撒入羊胸腹腔中。在羊前腿、后腿、脖颈等肉厚之处，划出宽 1 寸、长 5 寸的口子，将所剩的混合调料撒进去。然后，将 100 克红糖和 350~400 克酱油搅在一起，烧开以后，均匀地浇在拔了毛并洗干净的羊皮上。待其稍微风干后，再涂上一层植物油或香油，将铁链子从胸膛穿入，将羊吊起，放进特制的烤炉内备烤（烤炉高 180 厘米、直径 150 厘米，用砖砌成）。烤炉外面用 6 根铁条托住，用铁丝圈围起来，用泥抹住。烤炉的里面要抹上掺和着毛和沙子的红泥。开烤前，要将火力旺盛的木柴准备充分。烤羊时，用铁板把炉口堵住，燃烧木柴使烤炉里面的温度高达 120℃。等烤炉的温度下降到 80℃左右时，要将炉里的羊脖子稍向下倾斜，使上面的油掉下来。可以使油落到下面盛有一半水的盆子里，以免直接掉到火上，激起满炉的油烟。最后，在灶火上面的口子上扣上一个大铜锅，锅沿上的缝隙要用泥巴封起来。烤上半小时以后，要检查一下火力和温度，适当地加一些木柴，使温度保持在一定的范围内。如此这般，大一些的羊烤 4 个小时，小一些的羊烤 3.5 个小时就可以了。把烤好的羊拿出来，使其站立（或蹲卧）在大方木（或镀金、镀银）托盘里，略加点缀，由两人或四人抬着向客人“亮相”（伴随着纯正绵厚的美酒、庄重典雅的祝词和优美动情的歌声等进行）。之后，再回到厨房里，把带皮的肉切开，放在盘子里，与甜面酱、葱、胡椒、茴香、辣子面等调料和荷叶饼、黄瓜条、胡萝卜条等配料一起上席。然后把里脊上的瘦肉切下来，放在盘子里端上供宾客食用。最后把带骨头的肉端上餐桌，同时上主食。烤全羊待客的全部过程也随即告以结束。

过去，蒙古族烤全羊大都用专用的烤炉，一般是用石头或砖堆砌而成的，“形似穹”，具有良好的保温性能，但用其烤全羊，温度不好掌握和控制，技术难度比较大。而且，其燃料主要是草原上的梭梭木或果木等，如果大量使用会对草原生态有一定的影响。现如今，一些大型酒店采用现代科技含量比较高的烤箱来烤制，不仅烤出的全羊色彩艳丽，而且省时省力、卫生方便、节约能源，也便于控制火候和推广技术。

烤全羊现在也有了地方标准。烤全羊必须采用蒙古族传统的宰羊方法处理羊，即在羊胸腔正中划开适当长度的刀口，用手掐断胸腔部位的主动脉，再掏出内脏和血。将开水反复浇于全羊（绵羊）上，直至羊毛去除（如是山羊，可采取火燎的方法）。之后，要烫皮和腌制，然后在全羊上划交叉的十字直刀。将烤炉或烤箱预热至 220℃，放入全羊，烤 30 分钟后将温度降至 180℃，并在 180℃下烤制 150 分钟。之后取出全羊，用饴糖稀释液在羊皮上均匀涂抹。再将炉内温度提升至 200℃，放入全羊再烤制 30 分钟，出炉。将烤好的全羊放入长方形盘中，整形，装饰。举行完相关仪式后，将全羊的皮取下切块，肉剔出切片，骨头按照骨节缝隙拆解成自然块装入盘内，使骨上覆盖肉、肉上覆盖皮即可。食用时可蘸椒盐面直接食用，也可将葱丝、黄瓜丝蘸甜面酱后和羊肉一起夹入荷叶饼中卷包食用。食用时以出炉时间不超过 20 分钟、羊肉温度不低于 80℃为宜。

烤羊腿据说是从烤全羊演变而来的，这里有一段传说。相传，12 世纪时，狩猎和游牧已是当时蒙古族人民获取食物的两种主要方式。劳动之余，人们常在篝火旁烘烤整只的猎物或整羊进食。久而久之，人们逐渐发现整只羊最好吃的部位是羊后腿，便经常单独割下羊后腿烘烤。羊后腿不但烘烤的时间比整羊短，而且烤后味道鲜美、食用方便，因此，烤羊腿逐渐取代了烤整羊，流传至今。经过长期的发展，人们逐步吸收了其他菜系中的烹饪方法来烘烤羊腿，而且增加了多种配料和调味品，使其将形、色、味、鲜集于一体，色美、肉香、外焦里嫩、干酥不腻，被人们赞为“未见其物，香味扑鼻”的美味。这里还有另一则传说。据传，烤羊腿曾是成吉思汗喜食的一道名菜。在成吉思汗东征西伐期间，掌管伙食的官员为了缩短成吉思汗的吃饭时间，以便让他稍事休息，在未征得成吉思汗同意的情况下，就擅自把全羊改刀切块，再加以烧烤。当时，成吉思汗战事繁忙，并

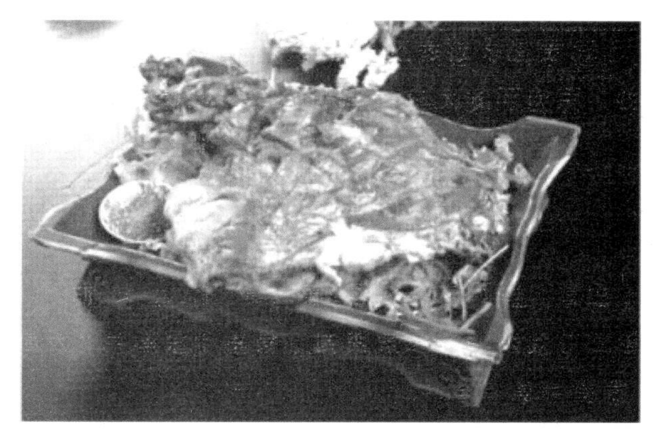

烤羊腿

没有留意到这件事，而侍从每天端给他的烤羊腿肉质酥香、焦脆，不膻不腻，他特别爱吃。他知道这个情况后，每天必食烤羊腿，还逢人便要对烤羊腿夸赞一番。从此，牧民们的餐桌上便多了这一道菜肴。

今天的烤羊腿多少带有些西方风味。一般是取一只已剁去小腿的羊腿，洗净后在其表面划十字花刀，刀口深至骨。将羊腿放入烤盘内，加入胡萝卜丝、洋葱块、芹菜段、葱丝、姜片、番茄块，再加入胡椒、料酒、酱油、精盐、清汤等调味品，放入烤箱烘烤 4 个小时左右，等汤近似无、肉呈酱红色时即可出炉。整只羊腿盛盘上桌，用刀切割成小块，供食客佐酒下饭。食客对烤羊腿选料之精、造型之美、口味之香，无不交口称赞。

烤羊排

同烤羊腿一样，烤羊排、烤羊背等菜肴也是从烤全羊演变而来的。人们在长期的实践活动中发现，一只烤全羊难以一次吃完，再吃时其口味和口感均不如现烤，所以人们就发明了烤法同烤全羊的烤羊排、烤羊背，用来招待贵宾，它们从而逐渐成为内蒙古民族宴席上的名贵菜肴。

烤全羊是一道名贵的菜肴，其礼遇规格高、制作技术难度大，在过去只有王爷显贵们才可享用，普通老百姓是没有机会享用的。随着我国综合国力、人民生活水平的不断提高，旅游事业的不断发展，烤全羊已走进了普通的饭店、餐馆，并深受大家的喜爱。

在此，我们还要注意，因为蒙式烤全羊具有独特的风格和特点，所以要树立烤全羊的品牌意识，对于一些比较有名的老字号、新兴内蒙古餐饮名店的有代表性的烤全羊、烤羊背、烤羊排及烤羊腿等，应进行注册，用法律的手段加以保护。同时，应对这些名菜进一步深加工，如进行真空包装、烹饪工艺优化等，使它们也像北京烤鸭一样漂洋过海、周游世界，赢得更大的消费市场，让内蒙古民族名菜走出内蒙古，走出国门，走向全世界，让草原饮食文化融入世界，让世界了解草原饮食文化。

烤全羊、烤羊腿、烤羊排、烤羊背等是内蒙古有名的传统饮食。这些饮食具有悠久的历史，是内蒙古的优秀传统饮食文化。学会这些饮食的制作，不仅能学会专业知识，也有利于在新时代继承和弘扬内蒙古的传统饮食文化。随着时代的发展，内蒙古这些传统饮食在保留传统制作方法的同时，也融进了北京烤鸭的制作方法，促进了文化的交流与融合。

二、手扒肉

手扒肉也写作“手把肉”“手抓肉”等。手扒肉是草原上蒙古族、鄂温克族、达斡尔族、鄂伦春族等游牧、狩猎民族千百年来的传统菜肴，是他们家中最为普遍的菜肴。手扒肉是草原牧民非常喜欢的菜肴，逢遇节日、操办喜事、宾客临门时，它都是必不可少的美食。羊、牛、马、骆驼等动物的肉均可用于烹制手扒肉，但草原牧民所讲的手扒肉多指手扒羊肉。

倘若有贵客登门，牧民全家老少都要走出蒙古包，恭候客人的到来，并将客人热情地迎进蒙古包里做客，先敬奶茶，然后吃手扒肉。手扒肉做法虽然简单，但讲究。喝过奶茶后，主人便到羊群里挑选一头膘肥肉嫩的大羯绵羊（选用草原牧场上生长的两龄羊）就地宰杀。一般采用传统的“掏心法”宰杀（这样宰杀的羊因为心脏骤然收缩，全身血管扩张，肉质最为鲜嫩，且羊血只有一部分散在腔内，很多是分布在羊肉中，所以羊肉呈粉红色）。然后将羊剥去皮，切除头、蹄，去除内脏、腔血和腹部的软肉。将带血的羊肉分解成若干小块（一般是前、后腿各一块，胸部一块），洗净后放入清冷的水锅里，不加任何作料（草原上的牧民普遍认为，牛和羊在草原上吃的是五香草，肉本身就带着作料），用旺火煮。只需喝几碗奶茶寒暄的工夫，羊肉就煮熟了，肉赤膘白，色泽诱人（蒙古族牧民讲究将羊肉煮至五六分熟，以用刀割开后肉微带有血丝为佳，然后将羊肉捞出锅，装入木盘内，端上餐桌食用）。这种正宗的手扒肉，原汁原味，易于消化，肉质鲜嫩，肥而不腻，羊肉的鲜美滋味最为浓烈。主客围坐在一起，用自己随身携带的蒙古刀边割边吃，气氛非常和谐。食用时，如果觉得味淡，可蘸芝麻、盐等调味品，真是味美可口啊！

手扒肉是蒙古族牧民千百年来游牧生活中的传统美食。游牧之余，牧民们围坐在蒙古包里，喝着马奶酒，吃着手扒肉，拉着悠扬的马头琴，唱着奔放的草原长调，跳着健美的蒙古舞，庆贺丰收，祈愿幸福，款待远方而来的客人。因此，手扒肉成为蒙古族人民不可或缺的食品，有着浓郁的民族特色。凡是到草原观光旅游的朋友，不吃手扒肉就不算完全领略了草原的美好风光；而蒙古族人民不用手扒肉招待远方的客人，就不能完全表达自己的心意。所以说，吃手扒肉不仅是在领略蒙古族风味美食，也是在丰富宾主彼此间的感情，别有一番风情。在草原上的蒙古包中享用手扒肉，感受蒙古族牧民的热情、好客、豪爽，这和草原的情怀是多么的和谐一致！

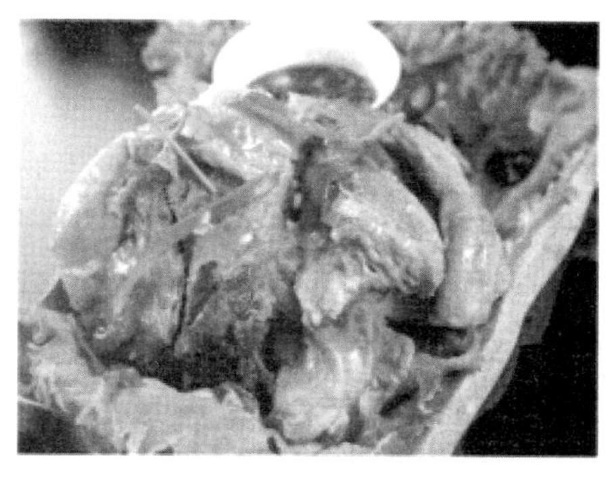

手扒肉

草原人民食用手扒肉时有着约定俗成的礼仪。例如，鄂尔多斯的蒙古族人民吃手扒羊肉时，要用一条琵琶骨肉配四条肋骨肉进餐，以表示对宾客的欢迎之情。用牛肉敬客时，他们则用一条脊椎骨肉配半截肋骨肉和一小段肥肠。小孩不能吃牛、羊的骨髓和尾巴肉。而呼伦贝尔大草原白煮羊肉则要盛放在一个大盘中，在其中有条不紊地摆放好羊的各个部位，最上面是羊匍匐的胸膛，表示羊是自己走上餐桌，献给尊贵的远方客人的。

前面介绍的是草原牧民制作的手扒肉，带有浓厚的牧民生活气息，而大都市里的人们在口味上难以接受这种原汁原味的手扒肉，这也阻碍了手扒肉的商业经营。为了迎合都市人，特别是从来未曾吃过羊肉的外地游客的口味，内蒙古餐馆的厨师经过细心的研究，在保持手扒肉原始风格的基础上，推出了改良的手扒肉：将带骨羊肉由大块再分解成小块，以便食客取食；在煮羊肉时，辅以精盐、白酒、花椒、八角、米醋、味精、辣椒油、姜丝、葱段等作料，羊肉鲜嫩度不变，但味道更加独特。内蒙古餐馆的经营者还用民族歌舞、民族乐器等营造独特的就餐氛围，在保留蒙古族风情的同时赢得了市场。

手扒肉现在也有地方标准：将羊肉下人冷水锅中，加热烧开，撇去血沫后以中小火煮30~40分钟，向锅中加入少许食盐，再煮10分钟。肴馔宜选用长方形木盘或瓷腰盘盛装，并配放蒙古刀上桌。成品菜肴要求颜色自然、装盘自然，羊肉醇香、质地细嫩肥美、鲜咸适口。最佳食用方式为现制现食，保持热度，上桌时宜带上煮羊肉的原汤。

手扒肉不仅是内蒙古的名菜，新疆也有。但新疆手扒肉同内蒙古手扒肉有着明显的区别，主要有以下两个方面：一是做法不同，新疆手扒肉一般选择羊羔后腿带有肋条的肉，剁成小块，在冷水里煮开，撇去浮沫后煮半小时左右，然后往锅内放切成滚刀块的胡萝卜、洋葱，再用小火炖半小时左右，等到满屋子飘着羊肉的清香和胡萝卜的甜香时，就可以大块吃肉了。二是食用礼俗不同，新疆手扒肉一般先由主人持刀，将羊身上最好的一块肉切下来敬给最尊贵的客人，然后由主人来分配羊头。一般情况下，对于经常抛头露面的人，主人会将羊脸敬给他，并说："今后一定要给大家长面子。"再将羊耳朵献给年幼的客人，并教育他们以后一定要听话。额头是比较重要的部位，多献给长者或德高望重的人。诸如此类，直至羊头分配完毕。

手扒肉是内蒙古典型的饮食，是中华民族优秀传统饮食文化的组成部分。内蒙古人民不仅日常生活当中吃手扒肉，而且庆贺丰收、招待尊贵的客人时也吃手扒肉。吃手扒肉不仅要遵循一定的礼节，还常常伴有歌舞表演。吃手扒肉包含了丰富的文化含义，体现了人民安居乐业、和谐共处的景象。随着时代的发展，为了符合都市人的口味，内蒙古餐馆改良了手扒肉，这充分体现了创新精神。

三、涮羊肉

涮羊肉又称"羊肉火锅""火锅涮肉""羊肉涮锅""羊肉锅子""涮锅子"等。众所周知，它是北京著名的风味佳肴，殊不知，它也是内蒙古地区的传统风味菜肴，历史悠久。

据传，涮羊肉始于我国东北地区及内蒙古地区，最初称作"煮羊肉"，以煮厚片、小块羊肉为主。南北朝时期出现了铜制火锅，使用火锅煮羊肉开始逐渐发展起来。《魏书》中记载："獠者……铸铜为器，大口宽腹，名曰铜爨，既薄且轻，易于熟食。"这就是如今的共和锅和小火锅的前身。到了唐代，已经比较盛行此种吃法，白居易有名句："绿蚁新醅酒，红泥小火炉。晚来天欲雪，能饮一杯无?"《马可·波罗行纪》中记载，马可·波罗在元大都皇宫里吃到了内蒙古火锅。清代康熙、乾隆两位皇帝举办的几次规模宏大的千叟宴中都有羊肉火锅的身影。《旧都百话》中记载："羊肉锅子，为岁寒时最普通之美味，须于羊肉馆食之。此等吃法，乃北方游牧遗风加以研究进化，而成为特别风味。"相传清光绪年间，北京东来顺羊肉馆的老掌柜买通了太监，从宫中偷出了涮羊肉的作料配方，它才得以在都市著名菜馆中出现。

涮羊肉首选呼伦贝尔大草原上的肥尾绵羊肉。呼伦贝尔草原无化学污染，昼夜温差大，日照时间长，水草丰美，故所产绵羊肉肉质鲜嫩、无膻味，为涮火锅的上等原料。二十世纪六七十年代，北京东来顺火锅店专门从呼伦贝尔盟（今呼伦贝尔市）购羊，以提高声誉。涮羊肉的肉片切得极薄，每斤羊肉可以切成上百片装盘。现在绝大多数火锅店、涮肉店里上的羊肉片都呈卷状，这破坏了传统的"形"，羊肉片的正宗放法应该是平摊。羊肉要斜着肌纤维切，以前东来顺的师傅会拿两块冰压住羊肉，用月牙形的刀来回拉，切出的肉片能达到薄如纸、形如帕、匀若晶、齐如线的效果，放在青花汤盘里，透过肉片隐隐能看到盘上的花纹。涮羊肉时，在火锅中放入煮肉的高汤，并配一些海味提鲜，然后将切好的羊肉片放入锅中涮至断生，食用时蘸配制的酱料和小菜，味道鲜美，回味绵长。涮羊肉用的火锅种类繁多，有铜质的、铁质的、不锈钢的、瓷的，又可分多人合用的和单人使用的两种，按燃料也可分木炭的、液化气的、酒精的、电的等数种。

近年来，内蒙古崛起了一大批具有民族特色的餐饮企业，如小肥羊、小尾羊、小牧童、草原兴发、草原牧歌等，它们都是主营涮羊肉的著名餐饮企业。这些企业在全国迅速成长起来，拥有大批的、固定的食客队伍，占有一定的市场份额，进一步发展了中国餐饮企业的连锁经营模式，有的企业已经成功进军到国外市场，它们在振兴民族餐饮业和繁荣民族经济等方面做出了积极的贡献。它们都有一个共同点，就是立足于内蒙古大草原优质的天然牧场，以绿色食品作为坚实的后盾，用灵活的就餐方式和经营形式，以物美价廉、口味多样的特点赢得了大众市场，成为中国餐饮市场上一道靓丽的风景线。它们把十几种中药材和高汤精熬之后制成涮汤，汤色诱人、久涮不浑、口味独特，被大众所接受和喜爱。用这种汤涮羊肉最大的特点就是可以不蘸小料，羊肉直接在火锅中一涮即可食用，方法简单。当然，客人也可以根据自己的喜好自行调配一些小料蘸食。涮锅用的汤料一般分为两种口味、三种口味、四种口味和五种口味等。两种口味的涮锅又叫"鸳鸯火锅"，一锅盛两味，呈太极形状，汤色一红一白，红为麻辣味，白为奶汤；三种口味的涮锅又叫"三味火锅"，一锅两挡，将锅平分为三等份，盛装三种口味的涮汤；四种口味的涮锅又叫"四味火锅"，一锅两挡，呈十字交叉，将锅平分为四等份，分别盛装四种口味的涮汤；五种口味的涮锅是将一锅用挡隔成五格，盛装五种口味的涮汤。涮羊肉有单人一锅和多人共用一锅的形式，不管采用哪种形式，在寒冷的冬天里，大伙围坐在一起涮羊肉，都会有热火朝天之感。

现在的一些酒店、餐馆大多使用电磁加热或燃气作为火锅的热源，既节能又卫生，无异味，符合健康环保的要求。它们还开发出多种火锅品种，像牛脊骨火锅、排骨火锅、羊脊骨火锅等，大大地拓宽了涮肉的领域。

现如今，内蒙古自治区标准化院、内蒙古自治区餐饮与饭店行业协会和内蒙古大宗畜产品交易所有限公司共同组织了多名内蒙古餐饮专家起草了涮羊肉的地方标准，分别从涮羊肉的术语和定义、原料及要求、烹饪器具、制作工序、装盘、质量要求、营养指标、最佳食用方式等方面进一步规范了涮羊肉的烹饪工艺和成品规格。标准除规定了主料和配料外，更加突出了此菜的特殊调料，如熟芝麻酱 75 克、红腐乳 20 克、韭菜花 15 克、香油 3 克、米醋 5 克、葱末 5 克、姜末 5 克、食盐 5 克。烹调工艺讲究将羊肉经手工或机械切成厚度为 1~2 毫米的片状；铜火锅中加入清水，炉内加木炭将水烧开，放入姜片、葱丝，将切好的羊肉片、豆腐及其他配料端至桌上，个人根据口味爱好将主料和配料依次放入火锅中，涮熟后蘸小料食用。成品要求实现羊肉肌肉呈红色、有光泽，脂肪呈白色，香味浓郁，片形完整、均匀、不粘连，肉质鲜嫩，鲜咸味醇。

涮羊肉是中华民族优秀传统饮食文化之一，涮羊肉历史悠久。据史书记载，自北魏时期就有了涮羊肉的饮食。唐、元、清时已经盛行涮羊肉。学会涮羊肉的制作方法，对专业知识的提高、传承和发扬中华民族传统饮食文化均有意义。涮羊肉的市场潜力巨大，近几年内蒙古人民发扬创新精神，建立一些著名的涮羊肉餐饮企业，不断扩大经营规模和提高知名度。

四、羊杂碎

中国人善吃，对于动物，不仅食肉啃骨，连五脏六腑也要吃得精光。《礼记》中就有古人“茹毛饮血”一说。现在，动物的血虽然还有人食用，毛大概已经没有人去“茹”了。

所谓“杂碎”，俗称“下水”，即动物的内脏，指动物的心、肝、肺、肚、肠等。杂碎汤是用动物的心、肝、肺、肚、肠等内脏熬制的汤菜。杂碎汤因其营养丰富、口感良好，汤菜味鲜、香辣不腻，从而成为一种大众美食。它同北京的爆肚、南京的板鸭、广州的炒粉、陕西的羊肉泡馍一样，受到了我国各族人民的喜爱。按照老中医“吃啥补啥”的说法，杂碎汤不但好吃，还有补五脏、健筋骨、开脾暖胃、益寿延年的功效。

制作杂碎汤的原料有很多，制成的杂碎汤各有风味，有用牛内脏制作的牛杂碎汤，有用猪内脏制作的猪杂碎汤，也有用羊内脏制作的羊杂碎汤等。在内蒙古地区，人们所说的杂碎汤一般是指羊杂碎汤，也称“全羊汤”或“羊杂汤”。因为内蒙古有着产自天然牧场的绿色食品——羊做后盾，所以羊杂碎汤也就成为内蒙古的地方风味菜肴之一。内蒙古各地都有自己的制作羊杂碎汤的一套方法，但大同小异。比较有名气的是当地回族人民制作的羊杂碎汤和蒙古族人民制作的羊杂碎汤。

回族人民制作的正宗羊杂碎汤，讲究“汤”“料”“味”。汤，要老汤；料，要新鲜；味，要香、正、无异味。羊杂碎汤，最讲究的还是“老汤杂碎”，即用陈年老汤制成的杂碎汤。一锅汤水常熬不换，汤不足时，只需加水添补，久而久之，汤稠如油，味道香浓。制作羊杂碎汤时，先将羊肚、小肠、羊头肉放入汤锅煮熟，捞出，待用；然后，将新鲜的羊心、羊肝、羊肺等清洗干净，切成薄片或碎丁，放入老汤中用慢火煮熟；接下来，将煮熟待用的羊肚、小肠、羊头肉等切碎，一并放入锅内，稍煮即成；最后，把用羊油炸过的辣椒糊和新鲜的香菜依次放入锅中。这样，一锅鲜香四溢的羊杂碎汤就出锅了。做好后的羊杂碎汤香味扑鼻、诱人食欲，盛入碗中鲜红油亮，吃到口中肥而不腻，鲜美的汤、料令人胃口大开。尤其是在冬日严寒的清晨，上班前吃上一碗又烫又辣的羊杂碎汤，会让你觉得好像在肚子里装了一个小火炉，暖意洋洋。

蒙古族的羊杂碎汤讲究“三料”“三汤”“三味”。三料又分为主三料和副三料。主三料即心、肝、肺，又称“三红”；副三料即肚、肠、头蹄肉，又称“三白”。三料要切成长条或细丝再下锅。三汤即原汤杂碎、清汤杂碎、老汤杂碎。原汤杂碎，即将羊杂碎洗净，下锅煮好，连汤带水一起品尝，味道鲜美清淡；清汤杂碎是先将洗净的羊杂碎汆一下，汤倒掉，再将羊杂碎蒸熟切好，重新入锅，添水、放调料，煮开，味在细嚼慢咽之中；老汤杂碎，即用一锅汤稠如油、色如酱、长熬不换的羊杂碎汤煮的羊杂碎，其味醇厚绵长，一切尽在汤里。三味说来很简单，呼和浩特凡专营羊杂碎汤的店的饭桌上都摆放着这三种佐餐之味——春意浓郁的香菜末、红灿灼目的辣椒面、洁白晶莹的食盐，食者可视口味自行调兑。

制作羊杂碎汤的一个关键点是必须认真清理动物内脏，将其清洗干净，以保证羊杂碎汤汤不浑浊、口味纯正。羊心和羊肝中含有较多的血污，行业中常用灌水冲洗法进行清洗；羊胃和羊肠中的内容物会使其带有较浓的臭味，行业上多用盐醋碱搓洗法进行反复清洗。之后，将清洗干净的内脏放入清水中浸泡，以备烹调之用。为了进一步丰富羊杂碎汤的口味，制作者还在羊杂碎汤中添加了适量的土豆条、宽粉条、豆腐、海带等配料，形成了羊杂碎系列菜肴。

吃羊杂碎汤也讲究氛围，作家张贤亮在《谈羊杂碎》一文中写道：“吃羊杂碎需得吃它的氛围、食具和本人的打扮。一张油腻腻的桌子，最好是连桌子板凳都没有，蹲在黄土地上，身旁还得围着一两条狗。氛围就有了。捧的是粗糙的蓝边碗，抓着发黑的毛竹筷，就得使用这样的食具。本人呢，最好披着老羊皮袄，如果是夏天，就要穿汗渍的小褂。这样吃，才能真正吃出羊杂碎的味道和制作者的人情味来，你和制作者的‘手气’甚至‘灵气’就相通了。”1993 年，谢晋先生将张贤亮的《邢老汉和狗的故事》搬上银幕，片名《老人与狗》，特邀著名蒙古族影星斯琴高娃、表演艺术家谢添担当主演，重现了 20 世纪 70 年代初宁夏一个贫穷的小镇熙熙攘攘、摊贩云集的情景，其中就展现了地道的吃羊杂碎汤的画面。

现代人吃羊杂碎汤的方法可与过去不同了。随着人们生活水平的提高，吃羊杂碎汤也要讲究一个良好的环境，要求吃得安全、卫生、健康、美味、经济、实惠、环保、绿色、营养，要吃出文化品位。但是吃羊杂碎汤的一些习惯依然还是保留着，比如配芝麻烧饼或烤得焦黄焦黄的烤馒头等。

关于羊杂碎汤的起源，民间有一些传说。其中一则说：延安人很早以前并不吃羊杂碎，人们杀了羊后，羊肉留下，头、蹄、杂碎等都喂了狗。有一回，一位财主杀羊待客，羊杂碎太多，狗吃不完，财主便让长工拿去扔掉。长工觉得可惜，便送给了一个穷人，穷人经过加工燈制的羊杂碎汤竟然香飘十里。从此就诞生了羊杂碎汤这道菜。

内蒙古的羊杂碎汤特色鲜明，享誉各地，希望羊杂碎汤经营者保持特色，发掘整理羊杂碎汤的文化内涵，并发扬创新精神，从就餐环境（含装饰风格）、服务技能、制作工艺以及工业化生产等方面下功夫，打造内蒙古羊杂碎汤的特色品牌，定型风格，形成规模，使之有一天能与肯德基等洋快餐称兄道弟，把饭店开遍全国乃至世界。

五、烤羊肉串

提起烤羊肉串，人们也许会想到春节联欢晚会上陈佩斯演的诙谐幽默的小品《烤羊肉串》吧！伴随着“羊肉串，羊肉串，新疆羊肉串……”的吆喝声，阵阵香味钻进你的鼻孔，诱发着你的食欲。烤羊肉串是风靡全国的一种新疆风味小吃，受到大众的青睐。殊不知，在美丽的内蒙古大草原上也有这道风味独特的菜肴。它与烤羊腿、手扒肉等传统美食齐名，是内蒙古地区风味美食之一。

在我国，烤羊肉串有着悠久的历史。据史料记载，古人就有“炙”“燔”等烹肉食的方法。马王堆一号墓中出土的有关饮食的竹简，其中就有“牛炙”“犬肋炙”“鹿炙”“鸡炙”等烤动物肉的资料。考古专家在山东省临沂市五里堡村的一座东汉晚期画像石残墓中，发现了两块刻有烤肉串的画像石。第一块画像石画面宽 118.5 厘米、高 44.5 厘米，分上下两格。上格刻四组男女，人物共计十一人，分坐在床几之上。下格是庖厨图，左边吊挂着一条蹄足可见的牛腿，有一人高。牛腿右边紧挨着挂有一块肉。再往右是一位戴高冠、长胡子、着花边衣领长袍的男子，他呈蹲坐状，左手持一把叉状物，叉上有两串珠状物，正放在三足铁鼎上烤。男子身后有一圆形案板，上面还有五个圆形物体，似为切好的肉块，案板左边一长方形物体上也有许多切好的肉块。鼎的右侧站着一位戴小帽、着长袍的年轻人，他右手持扇扇着火。再向右，有一头戴纱帽、长胡子、穿长袍的男子，他左手执长刀，正在切一块肉，而这人右边的三足桶形器皿里正煮着一块羊头肉，其右是一个大酒壶。再往右是位戴高冠、长胡子的男子，他右手执长刀在剖鲤鱼，他身后的案板上有一条从正中剖开的鱼。第二块画像石画面宽 121.5 厘米、高 44.5 厘米。画面左端有一锅灶，一妇人在灶前烧火，她的身后挂着刀和两条鱼。她右边另有一妇人在沽酒，她背后有一男子右手提着酒壶在等待盛酒。再往右，一男子左手持一挂有两串肉的叉，右手拿把扇子在扇火，他是在三足鼎上烤肉串，三足鼎后面悬挂着动物的腿、牛羊的头以及剖开的羊和牛。这名男子背后有一牵着狗的男子。画面最右边是一持长刀的男子，他可能刚完成了牲畜的宰杀工作。这两块画像石上均有烤肉串的形象，二者都是用叉状的专用工具串肉，放在鼎上烧烤，并用扇子扇火。这两幅庖厨图反映了东汉鲁南民间的饮食风俗，说明至少在我国的东汉时期，烤羊肉串这一风味美食就已经盛行了。

内蒙古烤羊肉串的主料羊肉，一般选用锡林郭勒盟草原上自然放养的一岁半绵羊，取其最鲜嫩的磨裆部位。将羊后腿肉切成长方块，用酱油、葱、姜等调味料拌匀，腌渍入味，再取十根银扦，每根扦子上穿七块羊肉。烤羊肉串是在特制的烤肉铁槽上烤制而成的。铁槽分上下两层，用木炭作燃料。烤羊肉串用的银扦子，长约 30 厘米，一头装有木柄。将穿好的羊肉串放在烤肉槽上，一边用炭火烤，一边撒上精盐、辣椒粉、孜然粉等作料，3~5 分钟后烤另一面，待肉呈酱红色时，两面刷上麻油、撒些熟芝麻即成。烤熟后的羊肉不膻不腻，肥瘦适当，口感一流。

烤羊肉串

烤羊肉串的调料可随口味而定，也可将穿好的肉放在用淀粉、葱姜水、料酒、盐等配制的调料糊里浸泡一会儿再烤，随烤随吃，香嫩可口，营养丰富，深受各族人民喜爱。还可将切成肉片的羊肉片上浆之后穿成串，再进行烤制，这样处理的羊肉串口感会更加鲜嫩。除烤羊肉串外，人们还开发了烤羊肝串、烤羊腰串、烤羊脾串、烤羊肠串等羊肉烤制系列菜肴。

烤羊肉串虽然属于风味小吃，但在过去多是摆地摊儿，如今登上了大雅之堂。在内蒙古自治区举办的一些高级宴会上，烤羊肉串成了人们赞不绝口的名菜，其做法也有了很大的改进和创新：将原来的肉片、肉块改成了肉末，加入蛋清、淀粉、孜然、辣椒面、精盐做成丸子，穿上竹扦，在油里炸或是在电烤箱里烤。讲究的厨师还在丸子外面包上网油，称之为“网油羊肉串”，其风味更上一层楼。近年来，内蒙古厨师还发明了炒烤肉，即由烤变为炒，把羊肉片用牙签穿成串，爆炒成熟，这样食用起来更加卫生、健康和方便。还有一种蒙古烤肉，把羊肉切成大丁后用调味料腌制一下，用油炸熟后撒辣椒面、孜然粉和熟芝麻成菜。这些创新烤羊肉菜肴已经列入内蒙古风味宴席的菜单中。

烤羊肉串要讲究吃法，概括起来就是“熟透吃，嚼三十”。所谓“熟透吃”，是指不吃半生不熟的烤羊肉串。布鲁氏菌病是一种人畜共患传染病，人吃了带有活菌的畜肉即可感染。在熟透的食物中，布鲁氏菌不能存活，所以吃烤肉串、涮肉时，务必待肉熟透后再吃。所谓“嚼三十”，是指吃烤羊肉串时，羊肉在口中咀嚼的时间要长一些，应细嚼慢咽，切忌狼吞虎咽。

羊肉串历史悠久，据考古资料，东汉末期就盛行羊肉串。所以，羊肉串是中华民族传统饮食文化的组成部分，也是内蒙古地区的传统饮食之一，是内蒙古地区著名的风味小吃。内蒙古人民在传承羊肉串传统饮食文化的同时，进行创新，使其成为高级宴会上的名菜。

六、炸羊尾

炸羊尾

炸羊尾是内蒙古地区的传统菜肴之一，该菜肴的得名属于写实命名。此菜因在羊尾外面挂了一层雪衣糊，成菜呈鸭黄色，外形饱满、蓬松、肥硕，特别像草原上有“可爱公主”之称的乌珠穆沁肥尾羊的美丽尾巴，故又称“雪衣肥尾”；又因其采用了松炸的烹调方法，故也称“松炸羊尾”。雪衣糊又称“蛋泡糊”，是从朝鲜传入我国的，故也称“高丽糊”。由此看来，炸羊尾应该是内蒙古的厨师借鉴了外来饮食中的一些技法，再结合内蒙古特产原料创新而成的传统造型菜肴。其实，在内蒙古，这一类菜肴是非常多的，像夹沙奶皮、蜜汁酸奶、果味驼峰、拔丝奶皮等。这充分说明了内蒙古餐饮发展的与时俱进，也说明了内蒙古餐馆在厨师们的辛勤创新下将会更加璀璨夺目。

炸羊尾属于甜菜类。它选取内蒙古乌珠穆沁大草原特产肥尾绵羊的尾巴作为主料，该羊尾肥大、脂质细嫩、鲜美无比，是做好此菜的关键。炸羊尾时，先将肥羊尾切成米粒大小的粒待用，再将京糕、果脯、花生米、核桃仁等切成与羊尾粒大小一样的粒，与羊尾粒一同拌匀，加白糖和熟面粉拌成硬甜馅后分成十个小汤圆大小的圆形丸子，即成馅料初坯。也有先将肥羊尾片成薄片，再把白糖、熟芝麻、果脯粒等与面粉拌成馅料团成小丸子，外面包一层肥羊尾片制成初坯的。随后，将六个鸡蛋清放入盘中，先轻轻地把蛋清均匀地缠裹在打蛋器上，然后先慢后快地用力抽打，使蛋液起泡，体积膨胀至五倍以上、能立住筷子，再加入一些面粉和淀粉搅拌均匀，即调成雪衣糊。锅置火上，加入色拉油，烧至四五成热时，将肥羊尾丸子拍面粉、挂雪衣糊后（为了使成菜饱满、形好看，一般是先用一小汤匙抹一层糊，然后放上羊尾丸子，再在上面抹一层雪衣糊），滑入油锅炸成淡黄色羊尾球，捞出控油，装盘（有的在其旁边点缀一对雕刻的小羊，有的点缀一个小蒙古包，以突出意境）。食用时，可配番茄沙司或绵砂糖味碟，也有的直接在炸好的羊尾上撒青红丝和白糖。成菜形似肥羊尾巴，煞是好看。

炸羊尾色泽好看、皮脆内松软、香甜适口、油而不腻、软而不黏、蜜而滋唇，是挂霜的甜菜佳肴。而且此菜挂了糊，保存了很高的营养价值。在丰盛的内蒙古餐饮宴席上，穿插上一道色、香、味、意、营养俱佳的炸羊尾，真可谓锦上添花，不仅调剂了宴席菜肴的口味，而且增加了席面的独特品位和氛围。

多年来，经过烹饪大师们不断地总结经验和改进技艺，炸羊尾这道菜肴日臻完善，愈发受到人们的喜爱。炸羊尾还可以演化成其他许多菜肴，例如，用果味汁浇在炸好的羊尾上，即成果味羊尾；在炸好的羊尾外挂糖醋汁，即成糖醋羊尾；在炸好的羊尾外挂蜜汁，则成为蜜汁羊尾；在炸好的羊尾外挂糖液，即成拔丝羊尾；还可将羊尾外挂脆皮糊，然后用油炸制，即成脆皮羊尾；在羊尾外面挂软炸糊，然后用油炸制，即成软炸羊尾；在羊尾的外面先拍粉，再拖蛋液、沾面包糠（或芝麻、腰果粒、花生米碎粒等），然后用油炸制，即成香炸羊尾。炸羊尾可佐椒盐、甜面酱、番茄汁、果汁、麻椒盐等，使菜肴的口味发生不同的变化，这样进一步丰富了羊尾菜肴的品种。从炸羊尾演化成其他许多菜肴，可以看出，只要发挥创新精神，就能不断丰富饮食的种类，更加发扬饮食文化。

如今，内蒙古自治区标准化院、内蒙古自治区餐饮与饭店行业协会和内蒙古大宗畜产品交易所有限公司共同组织多名内蒙古餐饮专家起草了炸羊尾的地方标准，分别从炸羊尾的术语和定义、原料及要求、烹饪器具、制作工序、装盘、质量要求、营养指标、最佳食用方式等方面进一步规范了炸羊尾的烹饪工艺和成品规格。标准中规定：炸羊尾的制作方法是将鸡蛋清放入器皿中抽打成泡状，加入马铃薯淀粉、小麦粉搅拌均匀，制成蛋泡糊；将果脯碎粒放入器皿中，加入羊尾粒等搅拌均匀，团成十二个圆球；锅内加入色拉油，加热至100℃时，将羊尾圆球逐个拍粉并挂糊，下入油锅中炸至定型后捞出；锅中油温升至120℃时，将羊尾球再次倒入油锅中，炸至形态饱满、颜色浅黄时捞出，沥干油，装入盘中，上面撒上白糖、青红丝即成。成品要求色泽呈浅黄色，青红丝点缀其中，羊尾果香味浓、造型美观、外松里嫩、口味香甜。出锅食用时间以不超过3分钟为宜。

七、羊血肠

血肠因用动物的血液和肠子制作而得名。血肠一般是将动物宰杀后，把肠子清洗干净，灌入血液制成的，故又称“灌肠”。血肠多用小肠来制作，灌好后将肠盘在一起，造型优美，因此又有“细肠”或“盘肠”之称。它是一款风味独特的美食，我国南北方均有食用，并各具特色，带有鲜明的地域色彩，例如新疆、西藏的羊血肠，东北的猪血肠等。内蒙古血肠，专指内蒙古大草原上牧民制作的一种风味食品。它香嫩可口，别有风味，品尝一口，满嘴生香，十分解馋。

内蒙古血肠的制作极为讲究。首先，要讲究季节，一般是在每年的秋末冬初时节进行，因为此时牛羊膘肥味美，且天气寒冷，便于肉类的储存，是牧民们集中的卧羊（宰羊）期。其次，草原牧民由于与牛羊有着深厚的感情，因此在宰羊时一般不用抹脖子的方法，多采用掐断动脉的方法使羊死亡。在草原上，卧羊多是男人的事，它不但需要力气，而且需要一定的技巧；女人们大多从事整理下水和灌肠的工作。再次，蒙古族牧民都用传统的盐醋搓洗法清洗羊肠，而不用现代的洗涤用品。他们认为，草原上的牛羊与其他家畜不同，它们吃的都是草原上纯天然的青草，肠内的废物也是“绿色之物”，异味小、易去除，故而采用的洗涤方法是比较简单的。最后，灌肠一般是在现杀的羊的皮上进行的，因为羊皮光滑，肠子不易被弄断。灌肠需要两个人配合共同来完成。先把羊血从羊腹腔中舀到盆里，用手把凝结的血块攥碎，搅进荞面或白面，然后加入油、盐、料酒、葱、姜、蒜、茴香等物搅拌均匀。灌肠时，亦从割口处灌入，不可灌得太满，也不可太瘪。这样一来，即成细肠（用小肠制作而成）、粗肠（用肥肠制作而成）、肉肠（在血液中添加些精羊肉末制作而成）等。小肠二三丈（1丈约为3.3米）长，为蒸煮和食用方便，可断为数节或在盘中盘起来，但不要撕掉肠外面连接在肠壁上的油脂，因为它可以补充一部分脂肪，同时使血肠吃起来口感更浓厚油香。一般来说，一头羊的血液正好能灌满它自己的肠。

煮血肠时应注意，不能与羊肉同煮。因为煮血肠的汤滋味极差，且血肠在加热的过程中容易破裂，溢出的血会污染肉汤，影响羊肉的口感。煮血肠时，还应准备一根细筷子，不时地扎破血肠上的气包。血肠是经过调味的，煮熟后既可以直接食用，也可以蘸调料汁食用；既可以热吃，也可以凉吃；既可以成为烹饪主料，也可以与其他烹饪原料配伍烹饪，比如蒜泥血肠、血肠炒尖椒、油炸血肠等风味菜肴。

卧羊时节，羊肠太多，制作的血肠一时吃不了，内蒙古地区的人就把灌好的血肠放入冰箱中冷冻起来，可以放到来年清明时节煮食。在草原上，有些地方的人还把血肠风干后食用，其风味更加独特。

羊血肠和羊肉肠

血肠的制作方法与灌肠相同。灌肠的烹饪方法，在我国有着极其悠久的历史。北魏时期贾思勰所著的《齐民要术》中有记载：“灌肠法：取羊盘肠，净洗治。细锉羊肉，令如笼肉。细切葱白，盐、豉汁、姜、椒末调和，令咸淡适口，以灌肠。两条夹而炙之。割食，甚香美。”

相传，血肠是由唐明皇创造的。唐明皇喜欢吃新鲜鹿肉，射手每次射中幼鹿，随即割喉取血，灌入洗净的鹿肠中加热至熟，放凉后切片，放入鹿肉汤内，再次加热后供唐明皇食用。其滋味极为鲜美，唐明皇特赐名为“热洛河”。唐明皇曾将此食品赏给宠臣安禄山及西平郡王哥舒翰享用。“上之所好，下必效之。”热洛河从此流行于宫廷和民间，为后世血肠之鼻祖。

藏族牧民宰羊必灌血肠，他们有句俗语叫“不灌血肠妄宰牛羊”，但他们的羊血肠与内蒙古的不同。他们杀牲不用刀，而用绳索勒紧牲畜口鼻，让其窒息而死。用绳绑口鼻窒息而死的牛羊，血液流在胸腔中，无污染。然后将取出的血盛在盆里，趁热撒上盐搅匀，血液不易结成块，能保持鲜嫩。洗净羊肠后，把从羊肚上扒下的油剁碎，拌入血中，加入葱姜末拌匀后灌进肠里。有些地方的牧民用野葱花给灌肠调味，其味之美是家葱所不能比的。他们灌肠的方法也很特别：把羊胃一同取出洗净，把拌匀的羊血用勺舀入胃里，用手慢慢捏挤，将羊血挤入肠中，不一会儿血肠就灌好了，煮熟即可食用。他们认为带一点血水的肠子为鲜嫩，如果煮得太老，就没有鲜嫩之感了。

彝族同胞也吃血肠，他们认为动物的血液是上天赐予我们的最圣洁的礼物和最鲜美营养的食物。但他们吃的是猪血肠。彝族制作血肠的方法也很独特：先准备好糯米、茴香粉等配料，在“杀年猪”的头一天夜晚，用清水将糯米浸泡至半软，第二天将糯米捞出，拌上茴香粉、精肉末、胡椒粉、大蒜末、盐、葱花等配料一起拌匀，待取出猪血后，以血和之。洗净猪大肠，再将糯米、猪血混合物放入大肠内，用棉绳扎紧大肠两端，放入锅中用水煮熟即成，也可以将血肠储藏数日后再蒸食。在糯米、茴香粉等配料的作用下，猪大肠和猪血的腥味已消除，血肠吃起来口感圆润、味道鲜美，且营养丰富。侗家待客的美味佳肴中也有一款血肠，其制法与彝族的大致相同。

血肠营养丰富。动物血液素有“液体肉”之称，含有极为丰富的蛋白质、无机盐等营养物质，铁含量尤其高，而且以血红素铁的形式存在，易被人体吸收利用。对处于生长发育阶段的儿童和孕产妇来说，多吃血肠可以防治缺铁性贫血。另外，中医认为，羊血味咸、性平，主治妇女血虚中风和产后不适等症，保健功效明显。

特别提示一点，血肠一次不能吃多，以免增加体内的胆固醇含量。另外，高胆固醇血症、肝病、高血压和冠心病患者应少食，甚至不食。

如今，内蒙古自治区标准化院、内蒙古自治区餐饮与饭店行业协会和内蒙古大宗畜产品交易所有限公司共同组织多名内蒙古餐饮专家起草了血肠的地方标准，分别从血肠的术语和定义、原料及要求、烹饪器具、制作工序、装盘、质量要求、营养指标、最佳食用方式等方面进一步规范了血肠的烹饪工艺和成品规格。标准规定了血肠的烹调方法：在养面中按一定比例加入常温水、羊血、网油、食盐、韭菜花、沙葱（或其他葱），搅成羊血糊。将羊小肠洗净，用漏斗将羊血糊灌入羊小肠中。然后将血肠冷水下锅，以中小火烧开后改用小火煮约 30 分钟，向锅中加入少许盐，再煮 10 分钟即可。感官上要求血肠呈紫红色或深红色，有光泽；具有羊血的独特香味；形态完整，呈圆柱状；质感紧密，有弹性；咸、鲜适口。最佳食用方式是出锅即食，以血肠温度不低于 65℃为宜。

血肠历史悠久，我国很多民族都有吃血肠的习俗，血肠是中华民族传统饮食文化的组成部分。在新时代，我们要传承和发扬这种传统饮食文化。

第二节 内蒙古传统名点

一、羊油馓子

馓子古称“寒具”“环饼”。明代李时珍在《本草纲目》中云:“寒具，即今馓子也。以糯粉和面，少入盐，牵索纽捻成环钏之形，油煎食之。”

古往今来，生活在内蒙古大草原上的蒙古族人民和回族人民热情好客、豪爽奔放，其生活习性充满了鲜明的民族特色。羊油馓子是蒙古族和回族人民都喜食的传统食品之一，因用羊油炸制而得名。成品色泽淡黄、形态整齐、线条优美、质地酥脆，堪称面点一绝。从外形上看，羊油馓子很像蒙古族牧民家的羊圈门，故有人认为这种食品是根据蒙古族牧民的生活特点而创造的。它方便携带、食之香甜，不仅受到蒙古族和回族人民的喜爱，也博得了其他兄弟民族人民的喜爱。

羊油馓子是草原人民的日常食品，牧民们放牧或外出时，饿了可以干嚼着吃，也可以背上一壶奶茶，泡着羊油馓子和炒米一起吃。遇逢年过节、婚庆生子等喜事，羊油馓子更是热情招待贵宾的必备食品之一。各式各样的食品同置于餐桌之上，竞相媲美，惹人垂涎，而摆放得最高的则必为羊油馓子。其中一盘顶上放着四至六颗红枣，象征着吉祥如意，仅供客人观看，一般不食用，俗称“看盘”；另一盘不放红枣的羊油馓子是供客人品尝的，其形酷似小洋房，整齐、雅致，无论纵观，还是横看，都呈现出一种线条美。平日里，只要有贵宾光顾草原牧民的家，好客的主人除了用奶茶、美酒、炒米、酥油、奶酪招待客人外，定要伴食羊油馓子。回族人民在招待贵宾时讲究“吃上干的，沏上一壶茶”，这“干的”主要就是馓子，茶是盖碗茶，小叶茶配着枸杞、莲子、红枣、葡萄干等。现在过春节时，受蒙古族和回族人民的影响，内蒙古地区的汉族人民也开始炸羊油馓子，用来招待客人。

制作羊油馓子的原料有白面、素油（植物油，如葵花籽油）、白糖、白矾等。制作时，在一定数量的白面中加入适量的白矾、素油、白糖，用温水和起来，面团要求软硬适中，然后醒面；醒面后，根据馓子的大小，将面团揪成小面剂，将面剂搓成长条后放入烧沸的羊油锅中炸熟，即成浅黄色的羊油馓子。待其散热变冷后，表面会结上一层洁白的羊油霜。羊油馓子黄白相间，酥脆香甜。吃羊油馓子时，常将其掰碎，放入奶茶中，同炒米等一起食用，越吃越美。

羊油馓子被一些民族风味酒店的面点厨师发掘、整理成酒店的经营性面食，使得牧民的这一日常食品走上了高雅的宴会餐桌，风光得很。但是酒店的做法与牧民的日常做法有所不同。酒店一般不用羊油炸馓子，而改用色拉油。这样，馓子首先色彩较淡雅好看；其次，没有异味，有利于被更多的食客接受；最后，不用担心羊油中饱和脂肪酸含量比较高，不利于人体健康。酒店在馓子的造型上也进行了改进，炸出来的馓子形状更加好看，有麻叶形、盘丝圆形、刀切麻花形等。馓子的口味也不断丰富，体现了专业厨师的特点，主要有蜜汁味、水果味、荔枝味等。在馓子的配料方面，厨师们也做了适当的弥补，例如，配上各种果脯、水果丝、山楂丝等，进一步丰富了馓子的品种和口味，也丰富了馓子的食文化。

羊油馓子是内蒙古人民的传统饮食，是日常食品。羊油馓子的制作方法相对简单，容易学会。因此，年轻学生可以自己制作羊油馓子，这是一项很有意义的劳动实践。

二、羊肉烧卖

烧卖是我国久负盛名的风味小吃。烧卖起源于包子，与包子的区别在于顶部不封口，呈石榴状。据史料记载，烧卖大约起源于宋元之际，其别名有很多，如稍梅、稍麦、稍卖、纱帽等。《朴通事》中记载了元大都（今北京）午门外的饭店卖“素酸馅稍麦”。明代称烧卖为“纱帽”。清代乾隆年间诗人杨米人的《都门竹枝词》中有“稍麦（烧麦）馄饨列满盘，新添挂粉好汤圆”的诗句。清代以后，烧卖开始在全国流行，品种也日渐增多，并充满了鲜明的地域色彩，如广东的干蒸猪肉烧卖、江苏的糯米烧卖、内蒙古的羊肉烧卖等。

说到烧卖，人们首先想到的是已有两百多年历史的北京“都一处”，它以专营烧卖而著称。殊不知，在内蒙古大地上也有名扬天下的烧卖美食。它是内蒙古呼和浩特市的一种风味名小吃，外地游客来到青城，如果不吃一顿美味的羊肉烧卖，就像到天津不吃狗不理包子一样令人遗憾。青城烧卖与北京“都一处”的烧卖一样历史悠久，据说早在清代就扬名京城了，当时北京前门一带就有卖“归化城（今呼和浩特市）稍麦”的烧卖馆。关于青城烧卖的来历，有不同的说法：一种说法是，早年呼和浩特市的烧卖都在茶馆中出售，食客一边喝着浓的砖茶或各种小叶茶，一边就着吃热腾腾的烧卖，故烧卖又称“捎卖”，意为“捎带着卖”；另一种说法是，因为烧卖的边稍褶皱如花，故又称之为“稍美”，意为“边稍美丽”。现今，呼和浩特市羊肉烧卖已成了美味可口的主食，所以，人们约定俗成地将其称作“青城烧卖”了。

早年，呼和浩特市的羊肉烧卖以位于旧城大西街路南的“德兴源”的最为著名。“德兴源”是一家以经营茶点为主的茶馆，“德兴源”烧卖以风味独特而闻名遐迩。该茶馆对做烧卖的羊肉、面粉、大葱等原料的要求极为严格，绝不以次充好。据说，这个茶馆的烧卖师傅切肉馅时，下垫一块包花布，飞快地切起来，肉馅切好后，用下面的包花布把肉馅兜起来，倒在盆子里，肉碎而包花布完整不破。“德兴源”经常是茶客盈门，到“德兴源”品茶点、吃烧卖就像是现在到北京全聚德吃烤鸭一样时髦。中华人民共和国成立后，北京民族宫民族餐厅的青年烧卖厨师就是从“德兴源”调去的。

内蒙古的羊肉烧卖好吃，缘于其选料精良，制作工艺独特，选料、和面、搓条、

烧卖

下剂、制皮、拌馅、包制、熟制、装盘等工序都有一整套严格的标准：要用冷水加盐和成硬面，醒好；下剂时，每50克面下四个小剂子，用特制的擀面杖把小剂子擀成薄薄的皮，再碾成荷叶状；新鲜的上等绵羊肉去除筋膜，用快刀剁成馅，配葱、姜等作料，再勾以熟淀粉，拌成干湿适度、红白绿相间、香味扑鼻的烧卖馅；把烧卖皮放在左手掌心中，右手刮馅，然后轻轻捏成石榴状，上笼急火蒸7~8分钟即熟。烧卖出笼，顿时鲜香四溢，观其形，晶莹透明，皮薄如蝉翼，柔韧而不破；用筷子挟起来垂垂如细囊，置于盘中团团如小饼，人称“玻璃饺子”。装盘时，要摆放整齐，烧卖穗朝上，甚是好看。因为内蒙古大草原的羊多以沙葱为食，自然去膻味，所以内蒙古的羊肉烧卖吃起来清香爽口、油而不腻。吃羊肉烧卖，还必须佐以沏得的砖茶。这种茶产自两湖地区，被压成砖头形状，故名“砖茶”。它具有解油腻、促消化的作用。

烧卖是中华民族传统饮食的组成部分。我国各地各种各样的烧卖的制作方法不同。内蒙古的烧卖用羊肉制作，羊肉烧卖在内蒙古地区具有一定的代表性。在新时代，我们有必要传承和发扬烧卖的传统饮食文化。

三、蒙古馅饼

蒙古馅饼是一种蒙古族的传统风味面食，好吃美味。蒙古族有一句俗语叫“好吃不如馅饼”，可见蒙古馅饼是他们的上等美食。它以皮薄透亮、色泽金黄、油亮爽滑、鲜香可口著称，是不可多得的风味食品。蒙古馅饼的馅选用草原上的纯天然绿色食品——绵羊肉或牛肉，肥瘦适宜，馅中放葱、姜等作料，不加菜。

蒙古馅饼的起源从目前的文献中无从考证，只是民间相传，该传统风味面食已有数百年的历史。相传，蒙古族人民在长期的游牧过程中逐渐认识了荞麦，后来就以荞麦面制皮，包入牛羊肉，烙制（或烤制）成馅饼。最初制作蒙古馅饼采用的是干烙水煎的方法，但用这种方法煎成的饼皮硬、饼干。17世纪时，馅饼传入王府后，厨师改用奶油及牛羊油煎制。此后，随着与周边兄弟民族的交往（包含饮食文化的交往）变得密切、农业经济的不断发展，蒙古族人民用白面面皮替代了荞麦面皮，这大大地提高了蒙古馅饼的口感，进而形成了蒙古馅饼的定式。

现在，内蒙古自治区标准化院、内蒙古自治区餐饮与饭店行业协会和内蒙古大宗畜产品交易所有限公司共同组织多名内蒙古餐饮专家起草了蒙古馅饼的地方标准，分别从蒙古馅饼的术语、定义、原料、要求、烹饪器具、制作工序、装盘、质量要求、营养指标、最佳食用方式等方面进一步规范了蒙古馅饼的烹饪工艺和成品规格。标准规定：在面粉内缓缓加入20℃的凉水，边倒水边按顺时针方向搅动，将面粉搅成黏韧、筋力强的软面团，醒30分钟；将肉切碎，放入盆内，加入食盐、沙葱（或其他葱）末、肉汤（或清水）按顺时针方向搅匀，分成若干份备用；将醒好的面团揪成和馅份数相等的剂子，逐个按扁，包入馅并收拢捏严，剂口朝上放在面案上按扁，使馅分布均匀，成直径12厘米的圆饼；饼铛预热到200℃后淋一层油，将馅饼生坯剂口朝上放入饼铛，烙至呈浅黄色后翻身，并在饼表面刷一层油，当另一面烙成金黄色时再翻身，烙至饼皮鼓起即可。感官要求：成品菜肴金黄油亮，有鲜肉香味，呈圆形饼状，薄厚均匀，皮薄透明，质地柔软，鲜香可口，咸味适中。食用方式为冷热皆宜。

在制作过程中需要注意：首先，馅的调制用油有讲究，一般不能全用豆油，最好是用一部分猪油。放猪油的好处是可以使饼变软，豆油则可以保持馅饼的颜色，豆油和猪油混合，可以保证馅饼既精滑，又软嫩，吃起来口感也好。其次，馅饼在烙制过程中，不能出现煳味。蒙古馅饼在包制的过程中表面沾有较多的干面，干面在煎制的过程中特别容易煳，要根据火候及时将馅饼翻面。最后，馅饼入锅以后，要勤观察和勤翻动，将馅饼分开烙制，以保证其质量。

如今，蒙古馅饼已经被内蒙古餐饮厨师开发出很多新品种，形成了一大系列，有羊肉沙葱馅、牛肉馅、羊肉馅、酸菜猪肉馅、猪肉青椒馅、驼肉馅、韭菜鸡蛋馅以及其他各种素馅等。

蒙古馅饼的食用也有讲究。热情的蒙古族主人是不会把第一张馅饼给客人食用的，而要从第二张开始依次夹给客人。这是由于蒙古族人民讲究上面第一张饼永远只作为保温用，即使给客人都夹完了，第一张饼仍然要压在盘子里其他饼的上面，这样，其他饼会始终保持一定的温度，吃起来软硬适口。

蒙古馅饼是蒙古族的传统饮食之一，起初蒙古馅饼是用荞麦面制作，之后因为民族之间的交往、交流，现在大多改用白面制作蒙古馅饼。在中华民族这个大家庭中，自古以来，各民族之间相互交往、交流、交融，为铸牢中华民族共同体意识奠定了坚固的基础。

四、蒙古包子

蒙古包子是蒙古族人民非常喜欢食用的一种食品，属于草原风味面点小吃。

包子是我国的一种大众面食，有着悠久的历史。据说，诸葛亮率军征讨孟获，横渡泸水时正值农历五月间，天气炎热。士兵们万万没想到泸水的水中含有毒性物质，饮用后会患病，甚至死亡。在这种情况下，诸葛亮根据民间用人头祭河的传说，下令让士兵们杀猪宰牛，将牛肉和猪肉剁成肉泥，混合在一起包入面里，做成人头形状，蒸熟以祭祀河神，求得河神的庇护。于是，泸水周围的百姓相继传开了，说："食用人头形的馒头可避瘟邪。"从此，人们的生活中多了一种食品——馒头。随着社会的不断发展，馒头出现了多种叫法，诸如蒸饼、包子等。现如今，北方人把带馅的称为"包子"，无馅的称为"馒头"。

蒙古包子是草原蒙古族饮食文化与中原汉族饮食文化交融的结晶，在辽阔的大草原上植根演化，成为蒙古族人民不可或缺的一种美食。元代忽思慧的《饮膳正要》中介绍，当时就有四种不同形式的包子："仓馒头：羊肉、羊脂、葱、生姜、陈皮各切细，上件，入料物、盐、酱，拌和为馅。鹿奶肪馒头：鹿奶肪、羊尾子各切如指甲片，生姜、陈皮各切细，上件，入料物、盐，拌和为馅。茄子馒头：羊肉、羊脂、羊尾子、葱、陈皮各切细，嫩茄子去穰，上件，同肉作馅，却入茄子内蒸，下蒜酪、香菜末，食之。剪花馒头：羊肉、羊脂、羊尾子、葱、陈皮各切细，上件，依法入料物、盐、酱拌馅，包馒头，再用剪子剪诸般花样，蒸，用胭脂染花。"

蒙古包子与中原包子有所不同。从材料上来说，中原包子的皮一般是发酵面或半发面，而蒙古包子的皮一般是烫面，即把小麦面粉压个坑，用热水和面后，让其自然醒发。蒙古包子的馅料一般以羊肉为主，全羊肉不分肥瘦，整体剁馅，即整羊不分部位，全部剁馅，然后加入葱、姜等调味品拌和均匀；也有在馅料中略加奶豆腐或野韭菜、沙葱等野菜的，以丰富包子的口味和品种；还有用牛肉做馅或是用羊心、羊肺、羊肚、肥肠、百叶等加腌酸菜做馅的；等等。从做法上来说，蒙古包子的包制方法与汉族包大饺子的方法相似。蒙古包子的形状有时也有变化，例如，在其边缘上捏些花边，或做成锅贴形、柳叶形、秋叶形，等等。成熟方法以蒸为主，也有用烙、烤等加热方法的。蒙古包子成品最大的特点是馅大、皮薄、有汤汁、味道鲜香。

当前，在大都市和农业经济比较发达的地区，受汉文化的影响和同化，大部分蒙古族人民已经接受了发面包子的制法和成形方式，其蒙古包子的做法与中原包子相差无几，只是在馅料的选择和调制上仍然保留了蒙古族的传统，使其具有浓郁的蒙古族风味特色。

蒙古烤包子是在蒙古包子的基础上发展而来的，即将蒙古包子用火烤熟食用，也有将蒸熟的包子放在火炉子上烤成焦黄色再食用的，其风味更加特别。这种烤包子，一般是作为早点与羊杂碎汤一起食用的。羊杂碎汤汤香浓、肉软嫩，烤包子表皮焦脆、馅料鲜香，不论是蒙古族还是其他兄弟民族的同胞都会难以抵挡它的魅力，从而留下美好的记忆。

随着内蒙古旅游业的进一步发展，地方饮食、地方风味小吃已经成为一张靓丽的名片，希望广大内蒙古餐饮业的同仁们发挥聪明才智，发掘蒙古包子的文化内涵，从口味的多样化和标准化、餐具和装盘方式的创新等方面，把这一美食开发得更加完美、更加富有民族地方特色。

五、蒙古饺子

饺子是我国的传统食品，有着悠久的历史，是中华传统饮食文化组成部分。古谚“头伏饺子二伏面”说明了头伏饺子与麦收有关。旧时小麦夏收以后，人们为了尝新、消除半年劳作的辛苦，又为了祭“伏祠”，和大年初一、除夕一样，在入伏时要阖家聚餐，享用饺子盛宴。饺子煮熟后捞出锅，一般不上餐桌，而是先端放在供桌上，“荤馅祭祖，素馅献佛”，然后一家人才享用。考古人员曾在新疆吐鲁番市的唐代墓葬中发掘出了饺子，这说明饺子在唐代就已经传到了我国西域地区。至于饺子是何时传入内蒙古地区的，又是什么时间在内蒙古大地上广为流传起来的，笔者尚缺乏考证资料。但按照常理来说，饺子传入内蒙古地区的时间应该不晚于唐代，或者可以追溯至更早，因为早在汉代，内蒙古地区的少数民族就与中原有着密切的来往（如和亲、移居等）。

饺子起初叫“馄饨”，三国魏人张揖在《广雅》中提到的形如月牙的馄饨和现在的饺子形状基本类似。宋代称饺子为“角儿”，它是后世“饺子”一词的词源。元朝称饺子为“扁食”，明朝作“匾食”。清朝时还出现了诸如饺儿、水点心、煮饽饽等名称。饺子的名称不断增多，说明其流传的地域在不断地扩大。

春节吃饺子的习俗在明清时就已经流行开来。饺子是年终岁尾之特食，即除夕晚上十二点以前包好饺子，待到子夜零时吃，这时正是农历正月初一的伊始。“子”为“子时”，“饺”与“交”是谐音，吃饺子取“更岁交子”之意，有喜庆团圆和吉祥如意的寓意。《燕京岁时记》中记述：“每届初一……无论贫富贵贱，皆以白面作角而食之，谓之煮饽饽，举国皆然，无不同也。”

有关过年吃饺子的传说有很多：一说是为了纪念盘古氏开天辟地，结束了混沌状态；一说是取其与“浑囤”的谐音，意为“粮食满囤”。此外，民间还流传着吃饺子的民俗与女娲造人有关的说法。女娲抟土造人时，由于天寒地冻，黄土人的耳朵很容易被冻掉。为了使耳朵能固定，女娲在他们的耳朵上扎了一个小眼，用细线把耳朵拴住，线的另一端放在黄土人的嘴里咬着，这样才算把黄土人的耳朵固定好。老百姓为了纪念女娲的功绩，就将面内包馅（线），捏成人耳朵的形状，用嘴咬着吃，即为饺子。

与我国其他地区的饺子相比，蒙古饺子有独特的风格。农耕区的人们把土豆蒸后碾成泥，加入沙葱或韭菜（也有加入其他蔬菜的）调成素馅，或用酸菜与猪肉调成荤馅，面皮多用冷水面团制作，食用方法以煮食为主。素馅鲜香，土豆无味，沙葱味浓，土豆与沙葱在口味上的搭配是极其巧妙的；酸菜与猪肉馅，保准让你回味无穷。在牧区，牧民用羊肉搭配沙葱，或用羊奶奶豆腐搭配沙葱来调馅，面皮多用烫面制作，食用方法以蒸食为主。羊肉沙葱馅，沙葱既能去羊肉的膻味，又起到了调味提鲜的作用；奶豆腐沙葱馅，青白相间，味道特别，奶香中带有野沙葱的清香，微酸带咸。无论是农耕区的饺子，还是牧区的饺子，都是勤劳聪慧的人民因地制宜、就地取材，创造和演绎出的丰富多彩的饺子品种。

蒙古饺子不但是民俗食品，还是牧民日常待客的上档次的佳肴。如果家里来了客人，主人一定会动手包顿饺子，用以款待客人，民间有“饺子就酒，越喝越有”的顺口溜。春节时，人们食用饺子，常常将金如意、糖、花生、枣和栗子等食材包进馅里。吃到金如意和糖，象征着来年的日子如意甜美；吃到花生，象征着来年健康长寿；吃到枣和栗子，象征着来年早得贵子等。在婚礼中，新人要吃加入了酸、甜、苦、辣四味调料的饺子，象征着一对新人开始了幸福的新生活，要把一切不如意都吃下。

如今，内蒙古人民发扬创新精神，内蒙古大地上的饺子形式多样、馅料丰富，它走进了餐馆，走进了工业化生产的车间，走上了康庄大道。内蒙古地区的名饺子有包头市的大肚饺子、三鲜饺子，内蒙古伊利速冻饺子，等等。在新时代，有必要更加创新、开发饺子这中华传统饮食文化，使其走向世界，成为世界饮食品牌。

六、黄米年糕

“有朋自远方来，不亦乐乎。”热情好客的内蒙古人民会用他们最喜爱的美食——黄米年糕来招待挚友亲朋。黄米年糕既是农家的节令家常食品，也是招待贵宾的上等佳肴，可与江南的年糕相媲美。这一点可以从地方曲艺作品中得到印证，如内蒙古西部河套地区民歌《夸河套》中就唱道：“软格溜溜的油，那个胡麻油来炸……黄格生生的小米饭，香呀么香万家……”鄂尔多斯山歌中也唱道：“长长的豆面，软软的糕，豆面好吃糕筋道。”歌曲中的“糕”就是指当地的待客好饭黄米年糕。

黄米年糕在当地简称为“糕”，象征着丰收的喜悦。选用当地特产原料黍子去壳之后的黄米，磨面，然后拌上适量的水，上笼屉蒸熟，并趁热揣成面团，糕面就和好了。把糕面搓成条条，切段或直接切成块，即可蘸羊肉汤直接食用，这种叫“素糕”。它还可以凉凉后切成片、丁、块，与各种荤、素原料烹炒成主辅合一的肴馔。也可以将蒸揣好的糕面下剂，直接用胡麻油炸成淡黄色，或包入豆馅等再经油炸后食用，这种称为“油炸糕”。油炸糕外皮酥脆，内部软黏，格外好吃。两种黄米年糕各具风味。如今，无论你是在乡间走亲访友，在都市家常菜馆中聚餐，还是在民俗风情园进餐，都可以品尝到这种地道的乡间美味。

黄米年糕在过去可不是随时都能吃上的，要等到年节或有红白喜事时才能享用到。在艰苦年代，人民生活还不富裕，虽说黄米年糕是由杂粮制作而成的，乡民却把它视作细粮。现在，人们生活水平提高了，只要爱吃，天天都可以吃黄米年糕。吃年糕要吃氛围、吃情调、吃情感，你要是在内蒙古，不妨到民俗村的家常风味菜馆享用黄米年糕。在那里，你可以品味年糕和与之有关的民俗。你可以进店脱鞋上炕，点酒要菜，吃着乡间菜，喝着二锅头，同时听着地方小调，看着民俗表演。乡菜、乡土、乡风、乡情四位一体，彰显了内蒙古民俗饮食文化的独特魅力。在此享用美食，极为惬意。最好能欣赏一下由梅花奖获得者武利平主演的风趣、诙谐、幽默的二人台剧《压糕面》，你定会对内蒙古的黄米年糕产生浓厚的兴趣。

年糕又叫“年高”“黏糕”等，由来已久。据说它起源于重阳节。南朝梁代吴均在《续齐谐记》中写了这样一个故事：东汉汝南人桓景，随方士费长房游学数年。某日，费对桓说：“九月九日你家有灾难，速归，让家中的所有人每人携带一个大红荷包，内装茱萸，然后登高、喝菊花酒，便可消灾免祸。”桓景照办，带领全家登山。黄昏下山回家，见院内鸡、狗、羊、牛等家禽、家畜全都死了。从此便有了九月初九登高避祸、以求逢凶化吉的民俗。而居住在平原上的人们无山可登，便想出象征性的办法。在重阳节这天，他们自制糯米糕，再在糯米糕上插一面彩色三角小旗，以示登高。九月初九食重阳糕的风俗大约始于汉代，兴于宋代。清代以后此风渐泯，今已无人问津。重阳糕仍然被食用，但已改在旧历新年食用，名称也由重阳糕改为年糕了。油炸糕、素糕、象形黏米年糕等，“糕”与“高”谐音，口彩好，又能表达吉利之意，所以，人们在春节食用，或作为新年的礼物，寓意新的一年要高高兴兴、人事顺达。农民春节食年糕寓意来年“高产”，生意人食之寓意获“高利”，官场人食之寓意获“高升”，读书人食之寓意“高中”。

年糕的做法分南北。南方盛产糯米、魔芋、桂花等原料，因此产生了福建芋头年糕、宁波水磨年糕、苏州玄妙观猪油年糕、浙江桂花年糕等种类丰富的年糕品种。而北方主要盛产大黄米、小黄米，故以糜子米和黄米为原料制作年糕。这也说明了我国劳动人民的聪明才智，他们能够就地取材，创造出南北风格不同的年糕，丰富了我国的年糕文化。

年糕

现在，黄米年糕不仅作为食品满足着人们的物质需求，还承载着内蒙古的民俗文化。在此，我们也希望内蒙古的餐饮工作者不断创新，能够把黄米年糕当作一种旅游产品和地方特产来开发、研制，创造出更多口味的黄米年糕，开创黄米年糕的新时代，丰富内蒙古饮食文化的内涵。笔者给黄米年糕提几点开发思路，仅供参考：

其一，从馅料方面开发。在原有的土豆馅、豆沙馅、枣泥馅的基础上，进一步开发地方特色馅料，如沙葱羊肉馅、羊肉土豆馅等。

其二，从糕面所加的水上下功夫。如果用各种高汤、保健汤（像肉苁蓉枸杞汤）或菜汁和糕面，定会收到意想不到的效果。

其三，在糕面上下功夫。借鉴南方年糕的制作经验，在糕面中加入些南瓜粉、土豆粉、绿豆粉、山药粉等辅料，制作成特色年糕。

其四，在素糕的烹饪方法上加以开发。可以借鉴南方烹饪年糕菜肴的方法，适当设计一些南方口味的年糕肴馔，例如海鲜年糕，以满足各地食客的需求。

其五，在年糕的造型上下功夫。如借助模具，制铜钱形年糕、金鱼形年糕、元宝形年糕等，使年节的氛围更加浓厚，凸显年糕吉祥如意的美好寓意。

七、呼市焙子

当游客来到美丽的内蒙古大草原旅游观光时，有一个地方一定要去看一看，领略它的自然风貌和独特的饮食风情。它就是民族建筑风格浓郁的现代化大都市、内蒙古自治区的首府——呼和浩特市。游客信步在这座美丽城市的大街小巷时，不仅会被其美景所吸引，也会被路边传来的香味所吸引，那香味的来源就是呼和浩特市地方特产小吃——呼市焙子。

呼市焙子是呼和浩特市独有的地方风味面点，因为回族人民制作得最好，所以又叫“清真焙子”，也是回族面点中的名品。呼市焙子的品种繁多，按其口味分，主要有咸焙子、甜焙子等；按其形状分，主要有三角焙子、方焙子、圆焙子和象形牛舌焙子等；按成品表面的颜色分，主要有白皮焙子、黄皮焙子和红皮焙子等。无论哪种焙子，其共同点都是用小麦面粉和面，经发酵兑碱，再结合各自的风味特点制形、烘烤而成。呼市焙子成品外表干脆（或酥脆）、内暄软，有浓浓的麦香味，是当地人日常生活中最经济实惠的早点，常配以小咸菜、羊杂碎汤、粉汤或小米稀饭等套食，也有人将其作为夜宵或者加餐点心。因其风味独特，外地游客也甚是喜欢，常作为礼物馈赠亲友，与亲友共享草原美食。

比较有特色和代表性的呼市焙子主要是白皮焙子、调味焙子、带馅焙子和清油饼（又称“油旋”）等。白皮焙子是一种纯发面且不加任何调料的烘烤焙子，用温水加酵面和面，发酵好后兑碱，下剂擀成椭圆形片状，放入烤盘中烤熟或放入烤炉内烘烤成熟。成品表面干香、麦香味浓、易于消化，主要配羊杂碎汤或粉汤食用。调味焙子是一种调味发面酥饼，是先把发酵好的面团兑碱后做成面皮，包入糖油酥或调成咸味的油酥后叠放，擀出酥层，再下剂制形，放入烤盘内烘烤而成的。此饼口味或甜或咸，既可单独食用，也可以与其他汤品套食。带馅焙子是一种带馅的油酥饼，将兑碱的发面包入油酥面中制成酥皮，再包入各种馅料，如红糖、豆沙、枣泥等烘烤而成。清油饼是一种造型优美、技术性要求比较高的焙子，即先把面加水、盐等和好后醒制，然后搓成条状，刷油后抻拉至细如龙须面，盘起后擀成饼状，放入烤盘内烤熟或烙熟。此饼成品具有丝细如发、色泽金黄、酥香不散等特点。

关于呼市焙子的起源，目前这方面的史料少之又少，不过我们可以从呼和浩特市的历史沿革、回族人民在内蒙古大草原上的活动及其生息发展等方面来考察。16 世纪中叶，土默特部首领阿勒坦汗来今呼和浩特区驻牧以后，该地区才逐渐兴起的。阿勒坦汗与大明朝有着友好的经济往来，蒙汉互市，许多汉人和其他少数民族的人民都来此地进行贸易，或在此居住。经过十多年的经营建设，此地一片繁华，建起了许多民居和寺院等。明朝将此地命名为“归化”，这是今日呼和浩特市旧城的前身。清朝康熙年间，在旧城东北 2.5 千米处又修建了新城，主要用于军队驻防，命名为“绥远”。1949 年 9 月，绥远省和平解放，其省会归绥市于 1954 年正式更名为“呼和浩特市”，为内蒙古自治区的首府。而早在元朝时期，回族先民就在草原上活动得相当频繁了，他们在草原上聚居。清朝时，内蒙古西部阿拉善和鄂尔多斯一带的部分回族人回迁到今呼和浩特市一带，他们从事小手工业、餐饮业和屠宰等行当，以维系生存，其中就有小食品加工业。由此看来，呼市焙子这种大众化食品可能在清代就已经开始作坊式生产和经营了，可谓由来已久。

焙子又叫“饼子”，是经烘烤而成的普通食品，是我国古老的食物之一，其食用历史相当久远了。用火直接烘烤食物是一种比较原始的做法，早在新石器时代古人就已经掌握了此项技术。到了汉代，我国就已经出现了制作技术相当成熟的汉饼、胡饼等烘烤面食。相传，当年匈奴人金日磾归汉时，带去的食物中就有烘饼，因饼形如“大漫逭”，像龟鳖外壳之形，饼上有胡麻之类的东西，故称“胡饼”。可见，当时的“胡饼”已经是草原上的美食了。

呼市焙子作为呼和浩特市的特色食品，在内蒙古久负盛名，无论你是在呼和浩特市，还是在包头、集宁等市区，都能看到呼市焙子的身影。它已经成为呼和浩特市的面食招牌之一，扮演着对外宣传的重要角色，有着很广阔的开发利用价值。我们也希望内蒙古的餐饮工作者发扬创新精神，使呼市焙子走出内蒙古地区，走向全国乃至世界，成为饮食品牌。故在此，笔者想给呼市焙子提几点建议：

第一，尽量使呼市焙子的生产标准化，并树立起商标品牌。因呼市焙子的制作尚未形成产业化，市场准入的管理较为混乱，只要是能照猫画虎做出焙子来，这样的焙子就被称作“呼市焙子”，这势必会导致鱼龙混杂，影响呼市焙子的形象。所以，建议行政或行业管理等相关部门能够选择比较优秀的配方，制定行业标准，使呼市焙子的生产标准化，同时注册商标，以寻求法律的保护。

第二，注重产品的包装，保持产品的风格，延长呼市焙子的保质期。目前，呼市焙子大多是烤好后放在盘内就能够进行销售，这既不卫生，也会影响焙子的质量和风味，也不便于外地游客携带。所以，建议采用真空包装，以保证它的风味与口感不变，延长它的保质期，更便于远道而来的客人携带，将呼市焙子带向全国乃至全世界。

第三，以营养和保健为目的，与时俱进，开发出新品种，丰富呼市焙子的内涵，提高其层次。如今，呼市焙子总是作为商品站在街边任人选购，对于一个大都市的特色食品来说，路边摊的形式实在难登大雅之堂。希望餐饮实践工作者能够研发出符合现代人饮食观念的新焙子，在地方宴席中使用，提高呼市焙子的身价，对外树立良好的形象。

八、丰镇月饼

丰镇月饼，因丰镇市生产的月饼最为有名而得名。它以色泽鲜润、香酥可口、口味绵甜、回味悠长等特点而著称，迎合了内蒙古人民的饮食口味，受到了内蒙古人民的普遍喜爱。

丰镇月饼，据说起源于清代，是从“面食之乡”山西引进的，其生产工艺和配方都来自山西忻州一带的混糖饼。丰镇市位于内蒙古自治区中南部，与山西接壤，是内蒙古自治区的“南大门”。丰镇古为北部边陲之地，人烟稀少，土地荒芜。清朝中期，丰镇成为北疆上兴起的一个重要的商业活动区。乾隆初年，这里已经成为重要的粮食和牲畜交易市场，故丰镇厅亦称“马厅”。此地的常住居民中，有相当一部分是山西人，他们或是“走西口”，或是“走草地”，或是在此地经商许久，并在此安身立命、繁衍生息。每到八月十五中秋佳节，他们就用山西老家混糖饼的配方和生产工艺，就地取材，利用丰镇优越充足的原料生产混糖饼，并相互馈赠，联系彼此之间的友谊和亲情，从而创造出了风味独特的内蒙古地方特色美食——丰镇月饼。

丰镇月饼之所以具有独特的风味，主要原因在于它用料实在。首先，主料必须选择当年生长足月的新麦磨成的面粉。这是由于足月小麦生长期在120天以上，吸收了春、夏、秋三季的日月精华，麦粒饱满，淀粉含量高，而且内蒙古属于高原地带，日照充足，昼夜温差大，所以新麦面粉蛋白质含量高，麦香味浓郁。其次，和面的水必须选择当地的地下深井水，因其水质硬度高、富含各种矿物质，所以做出来的月饼独具风味。最后，丰镇月饼的配料以当地产的蜂蜜、用甜菜制作的冰糖和胡麻油为主，其中，胡麻油讲究使用熟榨胡麻油。把各种主配料备好，开始按比例和面，再经过醒发、制剂、成形、装盘、烤制等工序后，丰镇月饼就出炉了。丰镇月饼因为糖、油等含量比较高，所以可久储不坏。过去的大户人家在八月十五前夕会一次性加工很多的月饼，然后放在大瓮中，据说可以储存到春节，再供全家人享用。

关于中秋节吃月饼习俗的起源，民间一直流传着许多版本的传说和神话故事，其中就有嫦娥奔月、朱元璋月饼起义、唐明皇游月宫等。其实，八月十五吃月饼的习俗由来已久，早在元代以前就已经形成了。月饼最初是用来祭奉月神的祭品，后来人们逐渐把中秋赏月与品尝月饼视作家人团圆的象征，月饼也就成了中秋节必吃的食品。古人对月饼早有记载。唐朝时，民间常在中秋时制作一种像冰盘一样圆的食品，叫“玩月羹”。到了宋代，玩月羹演变为月饼，北宋诗人苏东坡吃完月饼后提笔写道：“小饼如嚼月，中有酥与饴。”南宋吴自牧的《梦粱录》一书中就已有“月饼”一词。但对中秋赏月和吃月饼习俗的描述，则是在明代的《西湖游览志余》中才有：“八月十五日谓之中秋，民间以月饼相遗，取团圆之义。”到了清代，各大都市中就已经出现了制作月饼的作坊，而且月饼的款式越来越丰富，制作工艺也越来越细，关于月饼的记载也越来越多。清朝富察敦崇在《燕京岁时记》中写道：“中秋月饼，以前门致美斋者为京都第一，他处不足食也。至于供月月饼到处皆有。大者尺余，上绘月宫蟾兔之形。有祭毕而食者，有留至除夕而食者，谓之团圆饼。”可见，此时的月饼已按用途区分为祭祀月饼和食用月饼了。清朝杨光辅是这样描写月饼的：“月饼饱装桃肉馅，雪糕甜砌蔗糖霜。”中秋节时，云稀雾少，月亮皎洁明亮，民间除了举行赏月、祭月、吃月饼等祝福团圆的活动外，有些地方还举办舞草龙、砌宝塔等民俗活动。除月饼外，西瓜、葡萄、石榴等时令鲜果、干果也是中秋节的美味食品。

八月十五月圆之夜，万家团圆，举家欢庆，人们一边赏月一边品尝月饼，其乐融融，在精神和物质上都是一种极美好的享受。但是，吃月饼还有些讲究：第一，吃鲜莫吃陈。月饼脂肪含量较高，存放过久容易变质。新鲜月饼外形好、鲜味浓、美味可口，而陈月饼油脂已氧化酸败，失去了原有的风味，甚至会产生一种令人不快的哈喇味，所以最好现买现吃。第二，吃少莫吃多。月饼油脂、糖分含量较高，过量食用会产生油腻感，易致胃满、腹胀，引起消化不良、食欲减退、血糖升高等症状。老年人、儿童更不宜多吃，否则会引起腹痛、腹泻或呕吐等不良反应。第三，宜早不宜晚。最好是在早上或中午吃月饼，晚上应少吃或不吃，老年人更应如此。第四，边吃月饼边饮茶。边吃月饼边饮茶，一则可以止渴、解油腻、助消化，二则可以爽口增味、助兴添趣。喜欢饮酒的人，吃月饼时也可以酒代茶，兴味更浓。第五，要细嚼慢咽。吃月饼时，可将月饼切成若干小块，使饼馅分布均匀，然后细嚼慢咽，这样才能品出月饼的美味，同时也有助于消化。切忌吃得过快，囫囵吞枣。第六，有病者不宜食。月饼富含糖和脂肪，患有高血压、高血脂、冠心病、肝硬化、胆囊炎、胆结石及十二指肠溃疡等疾病的患者要慎食。

如今，中秋节的许多习俗早已被人们遗忘，而赏月、吃月饼被保留沿袭至今。月饼的样式繁多，种类多样，用料考究。在形状上，已经突破了传统的圆形造型，出现了三角形、四方形、椭圆形、葫芦形、寿桃形和梅花形等形状；在口味上，不但出现了果脯、果仁、水果、莲蓉、豆沙、枣泥等甜味月饼，还出现了各种肉馅的咸味月饼。月饼是中华传统饮食文化的组成部分，吃月饼这种古老的饮食风俗还将相沿不替，赋予现代饮食以新意。

“欲穷千里目，更上一层楼。”作为内蒙古特色食品，丰镇月饼也应与时俱进，不断创新，跟上时代的步伐。在此，给丰镇月饼提几点建议：首先，丰镇月饼应借鉴南方月饼的优点，应该更加精致，个头不要太大。且月饼本身就是高油、高糖食品，与现代提倡的“三低一高”的饮食观念相违背，所以制作月饼应以营养、健康、保健为宗旨。其次，应注重丰镇月饼的文化包装。丰镇月饼有着悠久的历史，在传统的节日里，应向人们传递内蒙古历史文化的信息，让外界了解内蒙古，了解丰镇美食。最后，应注重月饼的外包装。人们常说“货卖一张皮”，我们不但要注重丰镇月饼的品质，也应注重它的外包装，使它表里如一。“但愿人长久，千里共婵娟。”让我们共同祝愿丰镇月饼的明天会更美好。

练习题

1. 馓子，古称“寒具”“环饼”。明代李时珍在____中云：“寒具，即今馓子也。以糯粉和面，少入盐，牵索扭捻成环钏之形，油煎食之。”

A.《本草纲目》　　B.《饮膳正要》　　C.《伤寒杂病论》

2. 烤全羊、烤羊腿、____________、____________等是内蒙古有名的传统饮食。这些饮食具有悠久的历史，是内蒙古的优秀传统饮食文化。

3. 涮羊肉是中华民族优秀传统饮食文化之一，涮羊肉历史悠久。据史书记载，自____________时期就有了涮羊肉的饮食。

4. 简述蒙古马精神的内涵和与铸牢中华民族共同体意识的关系。

第六章　内蒙古饮食技艺创新

内蒙古自治区位于中国北部，总面积118.3万平方米，内连接八省。内蒙古地域辽阔，横跨“三北”，地近京畿，在这片辽阔的土地上，草原、农地、森林、湿地、河流、湖泊、沙漠等多种地形地貌并存。由于自然地理环境的不同，内蒙古各地区饮食文化也呈现多样化。改革开放以来，在党的坚强领导下，内蒙古的饮食文化蓬勃发展。进入新时代，内蒙古的饮食文化也要紧跟时代步伐，与时俱进。这需要更加发挥创新精神，开发和创新内蒙古各地的特色饮食，使其更加适应时代需求，更加丰富多彩。

第一节　传统名肴技艺

一、甲鱼汤制作

甲鱼学名鳖，又称水鱼、团鱼、鼋鱼、元鱼、老鳖、王八等，自古就是我国传统食疗滋补佳品。甲鱼可提高人体免疫力，有延缓人体衰老的作用。

本书通过甲鱼汤品质的感官鉴定，采用三元二次非线性回归分析方法，探究甲鱼汤的最优工艺参数，为其规模化生产提供理论指导。

（一）原料和主要设备

1. 原料

甲鱼：内蒙古呼和浩特市凉城县甲鱼养殖基地提供；天山野生雪莲：新疆创天旅游科技发展有限公司提供；香料、食盐、葱、老姜、糖等香辛调味料：内蒙古呼和浩特市华联超市。

2. 主要设备

C21-FK2101型电磁炉：广东精美电器制造有限公司；ST22J1型不锈钢汤锅：上海苏泊尔股份有限公司；AE224型分析天平：上海舜宇恒平科学仪器有限公司。

（二）方法

1. 工艺

鲜活甲鱼→宰杀→去内脏→清洗、称重→预烫，去爪、去膜→除腥→清洗→切块→加辅料（雪莲）→大火煮沸→小火慢炖→调味→成品→感官品质评价。

取400g甲鱼宰杀清洗后，切成长约4cm×4cm的块状，将其入味后投入汤料，煮沸后，打去污秽浮末，改成小火后炖制，最后加入精盐即可。

2. 单因素试验

经过反复试验研究，确定对甲鱼的块状原料腌制入味的配方为精盐15g、胡椒粉20g、浙江绍酒10ml、绵白糖10g。汤料组成为雪莲15g、虫草3g、大葱15g、生姜20g、纯净水1000ml，由此对甲鱼汤的小火炖制的温度、时间、最后的汤品的加盐量的工艺参数进行优化研究。

（1）**温度对甲鱼汤感官品质的影响**

选定炖制时间50min，加盐量15g，小火炖制的温度为20℃、30℃、40℃、50℃、60℃的条件下，评定甲鱼汤的感官品质。

（2）**时间对雪莲甲鱼汤感官品质的影响**

选定炖制温度为50℃，加盐量15g，利用电磁炉的定时功能，小火炖制的时间为20min、30min、40min、50min、60min的条件下，评定甲鱼汤的感官品质。

（3）**盐量对雪莲甲鱼汤感官品质的影响**

选定炖制温度为50℃，炖制时间为50min，根据单因素优选法，加盐量为12g、13g、14g、15g、16g的情况下，测定甲鱼汤的感官品质。

3. 试验设计与分析

运用BBD（B0X-Behnken Design）试验方法，采用Design-Expert 8.0.6软件进行分析。其中分别用A、B、C表示三因素，以感官评分为响应值Y具体的因素与水平见表6.1。

表6.1 设计因素与水平

自变量	水平		
	-1	0	1
A（温度/℃）	40	50	60
B（时间/min）	40	50	60
C（盐量/g）	14	15	16

4. 感官评价

选30个有一定经验的感官评价员，对成品进行感官评价，评价采用百分制评分。感官评分细则见表6.2。

表 6.2 食品感官评分细则

分值（分）	风味（FW）	质地（ZD）	组织形态（ZZ）
81~100	鲜香味浓醇	嫩爽	鱼体外形完好
71~80	鲜香味较淡	较松软或较硬	鱼体外形基本完好
60~70	鲜香味淡	松软或硬	外形较平整，但有碎片

注：总评分=风味×0. 4+质地×0. 3+组织形态×0. 3，以总评分表示样品的总体感官品质。

（三）结果与分析

1. 单因素试验结果与分析

（1）温度对甲鱼汤感官品质的影响

由图 6. 1 可知，随着温度的上升，食品感官评分随之上升。究其原因，可能是随着温度的提高，甲鱼中的蛋白质和脂肪更多溶解于汤中，提升了汤的风味。但是过了 50℃以后，感官评分下降。根据试验数据的具体结果分析，是因为此时甲鱼的形态和质地的感官评分下降，从而影响了总体感官评分的降低。

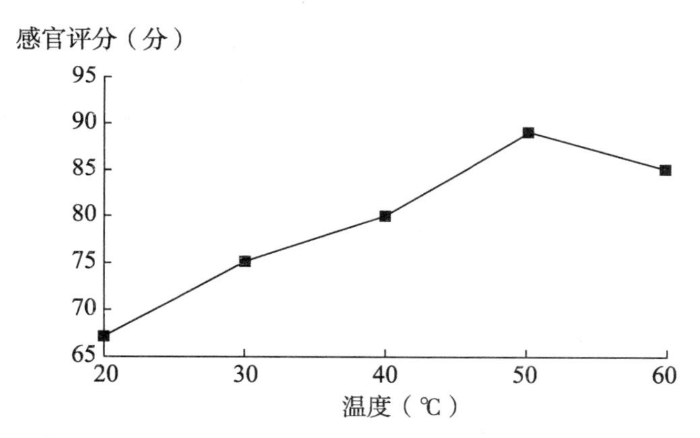

图 6. 1 温度对甲鱼汤感官品质的影响（时间为 50min，盐量为 15g）

（2）时间对雪莲甲鱼汤感官品质的影响

由图 6. 2 可知，煲汤时间对雪莲甲鱼汤感官品质的影响与煲汤温度的影响相似。随着时间的延长，雪莲甲鱼汤的感官评分随之而上升。究其原因，可能是随着时间的延长，甲鱼中的蛋白质和脂肪更多溶解于汤中，改善了汤的风味。但是过了 50min 以后，感官评分下降，根据试验数据的具体结果分析，是因为此时甲鱼的形态和质地的感官评分下降，从而影响了总体感官评分的降低。

（3）盐量对雪莲甲鱼汤感官品质的影响

由图 6. 3 可知，盐量在 12g 时，感官评分最低，盐量在 15g 的感官评分最高。随着盐量的增加，感官评分逐渐降低，究其原因是鲜度与咸度的相关作用。

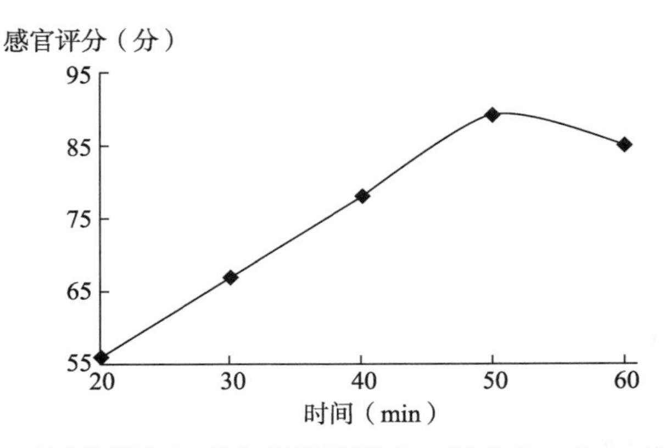

图 6.2　时间对雪莲甲鱼汤感官品质的影响（温度为 50℃，盐量为 15g）

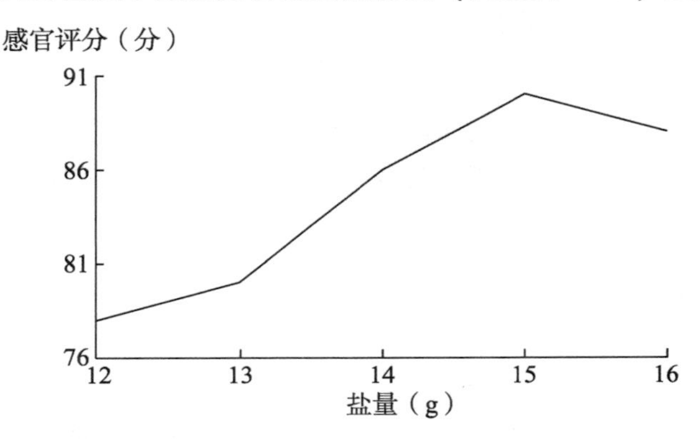

图 6.3　盐量对雪莲甲鱼汤感官品质的影响（温度为 50℃，时间为 50min）

2. 试验结果与分析

（1）*回归方程*

经过 Design-Expert 8.0.6 的数据处理，得到回归后的模型的方差分析，见表 6.3、表 6.4。

由表 6.3 可知，二次回归模型非常显著，其中一次项显著，二次项非常显著，交互项则不显著。故而利用 Design-Expert 8.0.6 软件的手动优化，得到回归方程（$R^2=0.9348$）：

$$Y=-1570.84+4.84A+4.49B+189.28C-0.05A^2-0.04B^2-6.29C^2$$

表 6.3　Box-Behnken 设计方案及试验结果*

试验号	A（温度/℃）	B（时间/min）	C（盐量/g）	Y（感官评分/分）
1	40	50	16	82.3
2	50	50	15	95.5
3	40	40	15	81.7
4	60	40	15	88.3

续 表

试验号	A（温度/℃）	B（时间/min）	C（盐量/g）	Y（感官评分/分）
5	50	40	16	85.6
6	60	60	15	88.9
7	50	50	15	94.6
8	50	50	15	95.3
9	50	60	14	85.2
10	60	50	16	84.3
11	50	50	15	93.5
12	40	40	14	82.9
13	60	50	14	85.2
14	50	50	15	94.1
15	50	60	16	85.6
16	50	40	14	79.3
17	40	60	14	83.4

注：* 中心点重复试验 5 次。

(2) **各因素对食品感官品质的影响**

利用 Design - Expert 8.0.6 软件，得到响应曲面图，如图 6.4、图 6.5 和图 6.6 所示。

由图 6.4 可知，在盐量为 15g 的条件下，随着温度和时间的升高，感官评分是先上升而后下降；在温度为 50℃、时间为 50min 的范围内，感官评分达到稳定点。此外，

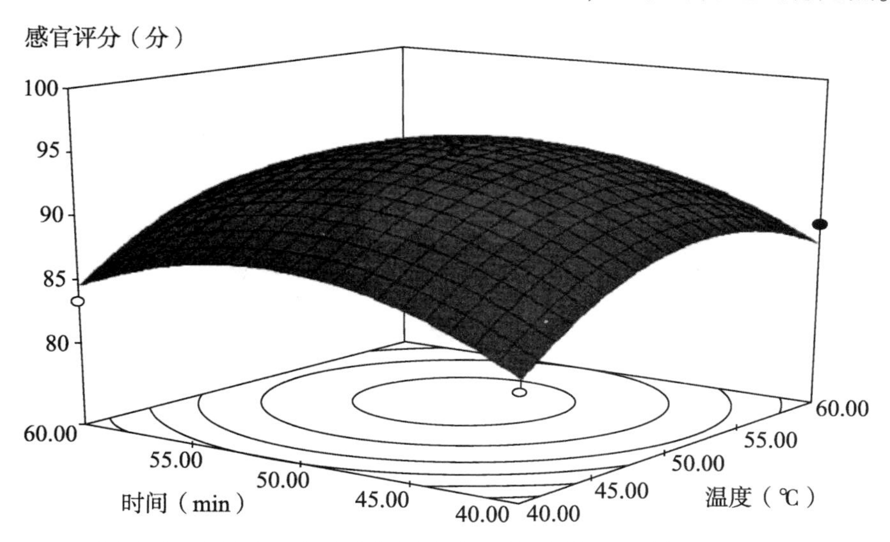

图 6.4　温度和时间对食品感官品质的影响（盐量为 15g）

由图 6.4 可知，温度对感官评分曲面坡度的影响大于时间的影响，这与表 6.4 中的 P-Value 值是相对应的。总体而言，坡度不是太陡，二者的交互作用不明显，与表 6.4 方差分析的结果相对应。

表 6.4　回归模型的方差分析

方差来源	F	P-value	显著性
模型	16.431	0.0006	**
A	11.542	0.0315	*
B	2.8855	0.0432	*
C	1.1604	0.0471	*
AB	0.1038	0.7567	
AC	0.0077	0.9324	
BC	2.9876	0.1275	
A^2	31.087	0.0008	**
B^2	27.826	0.0012	**
C^2	57.144	0.0001	**

注：** P<0.01 为非常显著，* P<0.05 为显著。

由图 6.5 可知，在时间为 50min 的条件下，随着温度和盐量的升高，感官评分是先上升而后下降；在温度为 50℃、盐量为 15g 的范围内，感官评分达到稳定点。此外，由图 6.5 可知，温度对感官评分曲面坡度的影响大于盐量的影响，这与表 6.4 中的 P-Value 值是相对应的。总体而言，坡度不是太陡，二者的交互作用不明显，与表 6.4 方差分析的结果相对应。

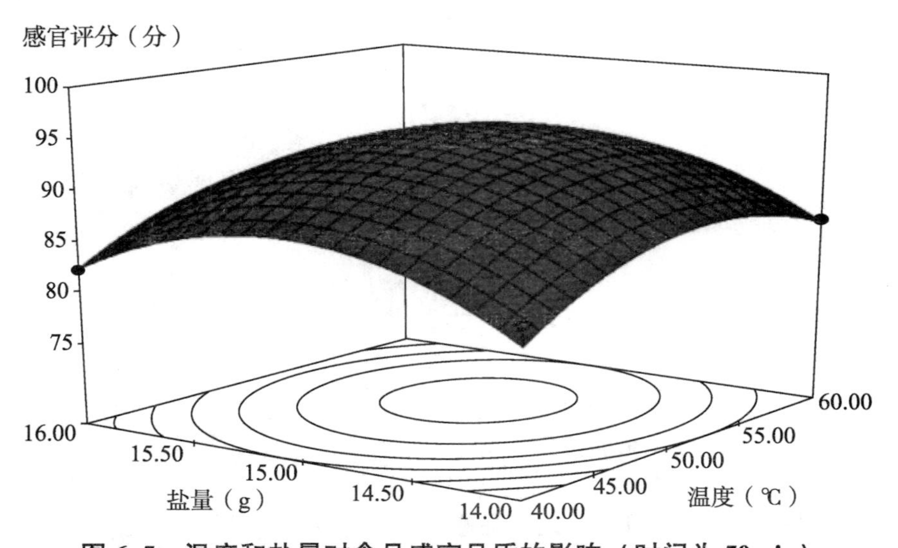

图 6.5　温度和盐量对食品感官品质的影响（时间为 50min）

由图6.6可知，在温度为50℃的条件下，随着时间和盐量的升高，感官评分是先上升而后下降；在时间为50min、盐量为15g的范围内，感官评分达到稳定点。此外，由图6.6可知，时间对感官评分曲面坡度的影响大于盐量的影响，这与表6.4中的P-Value值是相对应的。总体而言，坡度不是太陡，二者的交互作用不明显，与表6.4方差分析的结果相对应。

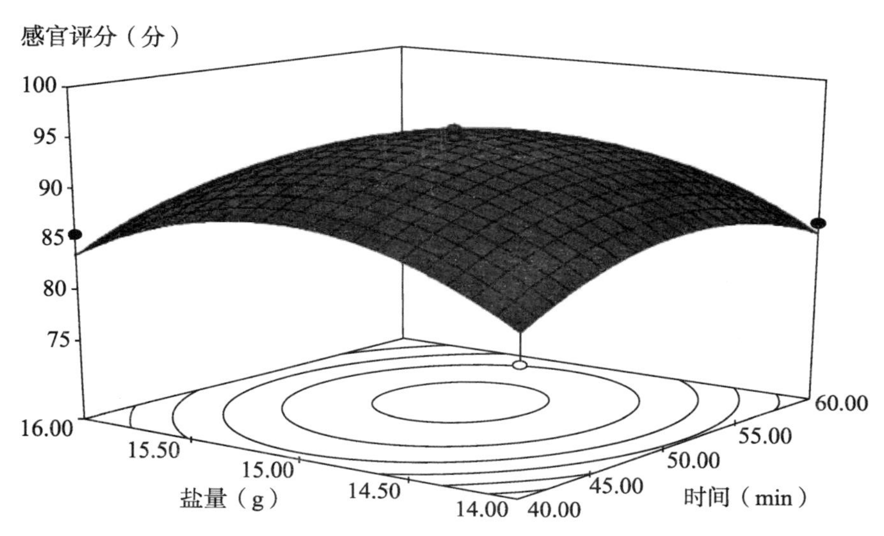

图6.6 时间和盐量对食品感官品质的影响（温度为50℃）

（3）**最优工艺结果的确定及验证**

利用软件对回归方程求最大值，得出当A为52℃、B为51min、C为15.5g时，$Y_{max}=95.48$。根据该参数，进行三次平行试验取结果平均值，得到$Y_{max}=95.2$该值与理论优化结果基本相符，说明该回归方程应用性较好。

（四）结论

本部分通过单因素和响应曲面法，得到了甲鱼汤煲制的最佳工艺参数为温度52℃、时间51min、盐量15.5g，且得到了相关性较好的感官回归方程。但作为实际应用，我们还需对甲鱼汤营养成分的变化及相关参数做进一步的研究。

二、羊尾骨制作

卤制品深受广大人民喜爱，大多以传统手工为主，其成品色彩千差万别。着色工艺是卤制品良好品相最关键的工艺控制点。色泽是促进食欲的因素之一，因此，赋予卤制品良好的色泽有着重要意义。

本书以羔羊尾骨为原料，运用传统工艺，采用感官评定和色差分析相结合的方法，研究卤羔羊尾骨较好的着色工艺，运用响应曲面法优化得到最佳卤制工艺。生产出色彩红润、诱人食欲、味型多样、形态饱满、特色鲜明的卤羊尾骨，进一步探讨卤羔羊尾骨着色工艺，为卤羔羊尾骨规模化、批量化生产提供一些参考。

（一）材料与设备

1. 材料

主料：羔羊尾骨（购于内蒙古自治区锡林浩特市）。辅料：葱、姜、蒜、香辛料、盐、酱油。

2. 设备

NS800 色差计：广东诚敏电子科技有限公司；MD-GD40A（Z）砂锅：广东美的集团股份有限公司；DF-81 台式单缸单筛电炸炉：广东东莞市盛丰食品机械有限公司；BDX-191TA 冷藏柜：江苏白雪电器股份有限公司等。

（二）方法

1. 工艺流程

原料解冻→浸泡祛瘀血→原料处理→清洗→腌制→沥干→油炸→卤制上色→增色。

2. 操作要点

（1）**原料预处理**

将解冻后的原料进行处理，主要是褪毛和修形。

（2）**腌制**

腌制不仅是加盐腌制，还辅以相关香料和调味品进行，主要是为了祛腥和增味。

（3）**油炸**

对腌制好的原料进行油炸处理，不仅能够让原料卤制时更快吸收卤汁，提高风味，还能使卤制得到的成品色泽更加光亮。

（4）**卤制上色**

将油炸后的原料放入预先调制好的卤汁中，加热卤水，在这一过程中要严格控制好卤水的温度和卤制的时间。

（5）**增色**

将食用油均匀地刷在卤制好的羊尾上，使成品色泽更加亮丽，颜色更为突出。

3. 卤水的调配

结合本试验所采用原料，制定的卤水配方是：八角 50g、桂皮 30g、小茴香 40g、甘草 20g、三萘 20g、丁香 16g、香叶 10g、草果 12g、白蔻 10g、生姜 160g、大葱 200g、大蒜 160g、花椒 40g、干红椒 40g、盐 240g、味精 120g、水 10l 以及着色剂混合溶液（焦糖和红曲霉按 3∶2 的比例配置）。

4. 感官评价

选取 10 名感官评价员对最终的成品进行感官评价，对色泽、风味、组织形态、口感这四个方面进行评价，评分标准偏向于色泽，采用100分制量化评分法，具体权重比例为色泽40%、风味20%、组织形态20%、口感20%（见表6-5）。

表6.5 感官评分标准

项目	色泽（40分）	风味（20分）	组织形态（20分）	口感（20分）
好	色泽红亮，无杂色（27~39分）	卤味香浓，无异味（14~19分）	组织完整，无破碎（14~19分）	口感细腻，回味感较强（14~19分）
较好	色泽暗红，稍带杂色（14~26分）	卤味较浓，异味较淡（8~13分）	组织较为完整，破碎较少（8~13分）	口感较细腻，回味感较差（14~19分）
一般	色泽暗红，杂色明显（1~13分）	无卤香味，异味较浓（1~7分）	组织松散，基本破碎（1~7分）	口感粗糙，无回味感（1~7分）

5. 响应曲面法优化试验设计

参照李茹等的试验设计，运用Design Expert8.0.1.0软件进行响应曲面设计，选择BBD设计，以油炸温度、油炸时间、卤制温度、卤制时间为因素，以感官评分为响应值，响应曲面因素与水平表如表6.6所示。

表6.6 响应曲面因素与水平表

因素	水平		
	−1	0	+1
A（油炸温度/℃）	140	150	160
B（油炸时间/min）	4	5	6
C（卤制温度/℃）	92.5	95	97.5
D（卤制时间/min）	50	60	70

6. 增色油脂色差分析

使用色差计测定样品的L、a、b值来定量地表征出该样品的色泽。L表示亮度，取值0~100，0为黑色，100为白色，值越大表明亮度越大；a值为正值时表示偏红色，为负值时表示偏绿色；b值为正值时表示偏黄色，为负值时表示偏蓝色。对响应曲面设计优化后的结果进行验证试验，再进行增色工艺，使用色差计分析成品的色泽。

（三）结果分析

1. 油炸温度对感官品质的影响

在其他条件不变的情况下，分别在130℃、140℃、150℃、160℃、170℃条件下进行油炸处理，得到如图6.7所示的结果。

由图6.7可以看出，随着油炸温度的升高，感官评分也逐渐变高；当温度达到

160℃后，温度继续升高，感官评分逐渐下降。油温太低时，较短时间内油炸原料不能炸透彻，且油炸后含油量较高，不利于卤制上色。油温较高时，原料表皮炸裂，后续再进行卤制时原料组织将散乱。

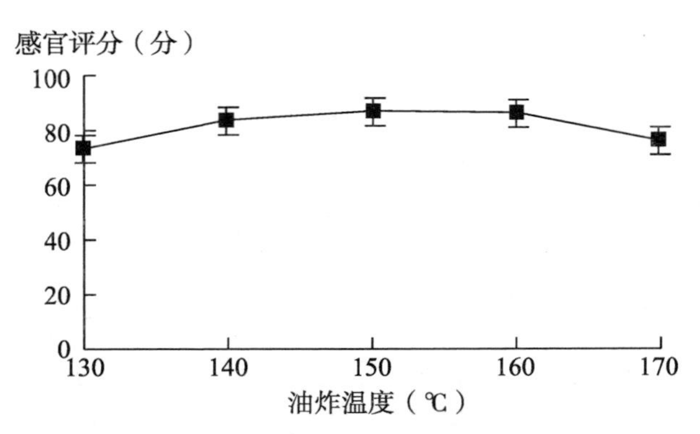

图 6.7　油炸温度对感官品质的影响

2. 油炸时间对感官品质的影响

在其他条件不变的情况下，分别油炸 1min、3min、5min、7min、9min，再进行感官评价，得到如图 6.8 的结果。

由图 6.8 可以看出，感官评分随着油炸时间的变长有一个峰值变化，当油炸时间达到 5min 时，感官评分最高，此时的成品感官品质较好。当油炸时间较短时，卤制的色泽较差，卤味较淡；油炸时间较长时，原料的表皮破裂，容易导致组织散乱。

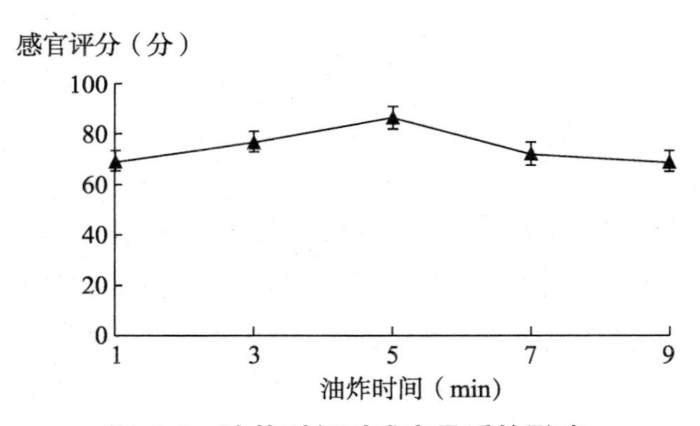

图 6.8　油炸时间对感官品质的影响

3. 卤制温度对感官品质的影响

在其他条件不变的情况下，分别在 80℃、85℃、90℃、95℃、100℃下对油炸后的原料进行卤制，对卤好的成品进行感官评价，结果如图 6.9 所示。

卤制温度对卤制效果的影响很大，温度较低时，卤制色泽较差，卤味也较淡，回味感较淡；温度较高时，色泽虽好，但组织将变得松散。由图 6.9 可以看出，当温度

在95℃时，卤制效果较好。

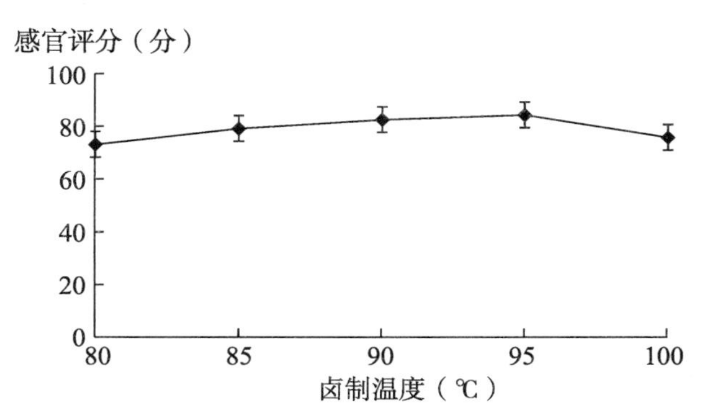

图 6.9 卤制温度对感官品质的影响

三、香肠制作

滁菊名列全国四大药菊之首，是饮用、食用佳品，有很好的疏风散热，降火，保养眼睛，帮助睡眠的作用。《现代实用中药》中记载，滁菊的主要成分有黄酮类、挥发油类、氨基酸类和微量元素类等近百种。与其他菊花相比，滁菊中的黄酮、挥发油、硒等含量均超过其他菊花，其中黄酮含量高32%~61%，硒的含量高8.3~52倍，并含有人体必需的8种氨基酸和7种微量元素。滁菊中的硒比其他菊花高8~40倍，由于锌、硒被人体吸收，可促进细胞分裂、延缓肌体衰老，从而起到延年益寿、养颜美容之功效。

《本草纲目拾遗》记载菊花可作枕——明目，头痛眩晕、目赤肿痛等属肝阳上亢者可使用滁菊做成的药枕。滁菊可清热解毒、舒筋活血、护肝明目，增强人体免疫功能，对高血压、冠心病、动脉硬化疗效显著。近年研究发现滁菊对SRAS病毒、癌症（尤其是肝癌）等有良好的预防作用，对糖尿病有明显的治疗作用。

香肠是主要以猪肉为原料，经过切碎或搅碎后添加各种调料灌入肠衣或其他包装材料而制的产品，以其外型美观、色泽明亮诱人、鲜美可口的特点，历来都深受国内外广大消费者的喜爱。然而，随着人们生活水平和消费者食品营养安全意识的日益提高，市场上对香肠等肉制品的要求也越来越高，研制开发具有新型功能性的肉制品，将会成为今后一段时期内广大肉制品行业的同仁研究的热点和发展趋势。本研究通过改进香肠的加工工艺，在原料中添加具有保健作用的药食双用的滁菊，研制出营养更均衡、品质更安全、外观和风味更具新意的新型香肠产品。

（一）材料、仪器与方法

1. 材料、仪器

（1）材料

新鲜猪瘦肉、肥肉经检疫合格，市售；滁菊：购买于凤阳花铺廊街华佗中药店；

玉米淀粉：山东恒仁工贸有限公司；卡拉胶：白酒（枫林纯谷酒，劲酒有限公司）；白酱油：味极鲜，香亲食品有限公司；葡萄糖：口服葡萄糖，山东仁和堂药业有限公司；维生素 C：维生素 C 咀嚼片，东北制药集团沈阳第一制药有限公司；白砂糖：白绵糖，滁州市琅琊徽人农产品加工厂；食盐、胡椒粉等均为食用级，市售。

（2）**仪器**

JE502 型电子天平（0.01g）：上海浦春计量仪器有限公司；SLLD-830B 冰箱：安徽绿宝不锈钢设备制造有限公司；PL-4 红外线烤箱：广东恒联食品机械有限公司；ST-02 100 多功能粉碎机：永康市帅通工具有限公司；752 型紫外可见分光光度计：上海光谱仪器有限公司；Explrer 型电子天平（0.1mg）；60%的乙醇溶液；5%亚硝酸钠溶液；10%硝酸铝溶液。

2. 方法

（1）**滁菊香肠的工艺流程**

第一，肉馅制作。

肥肉→切成 0.5 厘米的丁→用 35℃温水浸泡 10min→洗尽浮油→冷却。

新鲜猪瘦肉→洗净→去皮→去筋腱→去肥膘→切成 0.5 厘米的丁→混合→调味→6℃低温腌制 6h→肉馅。

第二，不同形态滁菊液的制备。

品质好的滁菊→挑选→摘取花蕊→称取相同质量不同形态的滁菊→5ml 开水中煮烫 5min→冷藏备用。

第三，不同浓度的滁菊香肠加工工艺与熟制。

称取相同质量的肉馅→分批加入不同水平梯度的滁菊溶液汁→混匀→灌制→漂洗→标号→晾干表面水分→烘烤（55℃）→蒸煮（100℃、15min）→冷却→成品。

（2）**单因素试验**

第一，滁菊添加形态对香肠感官品质的影响。

称取 600g 肉馅（瘦肥比 7∶3）平均分成 A、B、C 共三份，然后，向三份肉馅中分别加入由 0.5g 花瓣、0.5g 粉末、0.5g 花朵煮制的滁菊液，其中第三试验组，弃花朵，只留液体，按相应步骤制作成香肠，依据香肠的感官评价指标，比较滁菊添加的不同形态对香肠感官品质的影响。

第二，滁菊添加量对香肠感官品质的影响。

称取 600g 肉馅（瘦肥比 7∶3）平均分成 A、B、C 共三份，然后，分别向三份肉馅中加入由 0.48g、0.72g、0.96g 滁菊花瓣分别煮制的滁菊液，按相应步骤制作成香肠，依据香肠的感官评价指标，比较滁菊不同添加量对香肠感官品质的影响。

第三，卡拉胶添加量对香肠感官品质的影响。

称取 600g 肉馅（瘦肥比 7∶3）平均分成 A、B、C 共三份，然后，分别向三份肉馅中加入1.0g、2.0g、3.0g卡拉胶，按相应步骤制作成香肠，依据香肠的感官评价指标，比较卡拉胶不同添加量对香肠感官品质的影响。

第四，葡萄糖与维生素C比对香肠感官品质的影响。

称取600g肉馅（瘦肥比7：3）平均分成A、B、C共三份，然后，分别向三份肉馅中加入4g（葡：维=4：1）、4g（葡：维=3：2）、4g（葡：维=1：1）葡萄糖与维生素C，按相应步骤制作成香肠，依据香肠的感官评价指标，比较不同比例的葡萄糖与维生素C比对香肠感官品质的影响。

第五，烘烤时间对香肠感官品质的影响。

称取600g肉馅（瘦肥比7：3）平均分成A、B、C共三份，分别烘烤时间为20h、24h、28h，按相应步骤制作成香肠，依据香肠的感官评价指标，比较不同烘烤时间对香肠感官品质的影响。

（3）**正交试验**

在以上五个单因素试验的基础上，选择滁菊添加量、卡拉胶添加量、烘烤时间三个因素进行三因素三水平正交试验，进一步优化滁菊香肠的制作工艺（见表6.7）。

表6.7　滁菊香肠正交试验因素与水平

水平	因素		
	A（滁菊添加量/g）	B（卡拉胶添加量/g）	C（烘烤时间/h）
1	0.36	0.5	22
2	0.48	0.7	24
3	0.60	0.9	26

（4）**评价方法**

第一，感官评价。

主要评价产品的色泽、味道、组织状态。评价方法是在4℃下冷藏12小时后，抽取各组香肠样品，蒸汽加热至中心温度80℃，去皮，切成2mm厚的小圆片，编号后分别放入白瓷盘中。邀请10位本专业的同学，分别对香肠的上述三项指标进行感官评价，感官评分标准如表6.8所示。每项指标的满分为100分，最低为0分。

表6.8　滁菊香肠感官评分标准

项目	权重	评分标准		
		80~100分	50~79分	49分以下
色泽	30	瘦肉呈红色、枣红色，略带红色，脂肪呈乳白色，色泽分明，外表有光泽	瘦肉呈紫红色，脂肪呈乳白色，色泽较分明，外表有光泽	瘦肉呈紫黑色，脂肪呈灰色，外表无光泽

续 表

项目	权重	评分标准		
		80~100 分	50~79 分	49 分以下
味道	40	味道鲜美，略带滁菊香味，具有香肠固有的风味，无不良味道	味道良好，不带滁菊香味，具有香肠固有的风味，无其他异味	具有明显的异味
组织状态	30	组织紧密，有弹性，切片良好、齐整，无气孔；口感细腻均匀，有良好的咀嚼性能	组织较紧密，有一定弹性，切片较齐整，有少量气孔；有粗糙感，咀嚼性能一般	组织松散，弹性小，切片不整齐，有大量气孔；口感粗糙，咀嚼性能差

第二，最佳配方香肠的黄铜含量测定。

芦丁标准溶液的配制：称量 13.2mg 芦丁，用 60%乙醇定容到 25ml 容量瓶作为标准溶液。

标准曲线的制作：准确吸取 0ml、0.4ml、0.8ml、1.2ml，1.6ml、2.0ml 芦丁标准溶液，放入 10ml 容量瓶内（写明标记），分别加入 2.0ml、1.6ml、1.2ml、0.8ml、0.4ml、0ml 的 60%乙醇溶液；再加入 5%亚硝酸钠溶液 0.5ml 摇匀，放置 6min；加入 10%硝酸铝溶液 0.5ml，放置 6min 后；加入 4%氢氧化钠溶液 4.0ml，加 60%乙醇定容，摇匀后，放置 15min；（扫描找到最大吸收）在 510nm 处测定吸光度。用 0.0ml 作为空白，用芦丁含量的浓度作为横坐标，纵坐标作为一定浓度下所对应的吸光度，作标准曲线。

总黄酮提取与测定、计算：称取 1.0g 样品粉末，加入 60ml60%乙醇放于 100ml 圆底烧瓶内，置于水浴锅上，70℃条件下回流提取 60min。过滤、定容于 100ml；吸取样品量（根据样品的吸光度调整）1.0ml，放入 10 毫升容量瓶内（写明标记），用 60%乙醇加到 2.0ml；加入 5%亚硝酸钠溶液 0.5ml 摇匀，放置 6min；加入 10%硝酸铝溶液 0.5ml，放置 6min；加入 4%氢氧化钠溶液 4.0ml，摇匀后，加 60%乙醇定容，放置 15min；在 510nm 处测定吸光度。根据标准曲线计算总黄酮的含量。

$$\text{总黄酮含量} = \frac{A}{M} 100 \times \text{稀释倍数}$$

A 为标准曲线中的含量。

（二）结果与分析

1. 滁菊添加形态对香肠感官品质的影响

由图 6.10 可知，添加滁菊的不同形态是影响产品组织状态的一个重要因素，但对产品的色泽和味道影响不大。当滁菊添加量一定、以花瓣为添加形态时，产品有更好的组织状态。

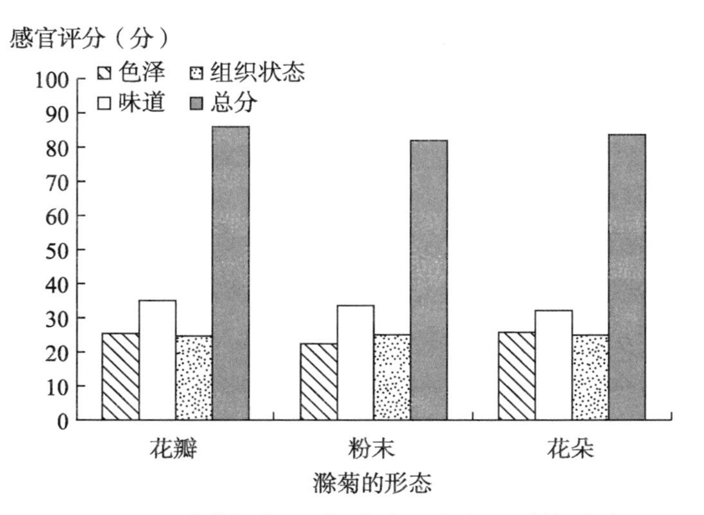

图 6.10 滁菊添加形态对香肠感官品质的影响

2. 滁菊添加量对香肠感官品质的影响

由图 6.11 可知，滁菊添加量是影响产品味道和组织状态的一个重要因素，但对产品的色泽影响不大。当香肠制作条件一定、滁菊添加量过小时，产品滁菊味道不浓郁，产品的营养保健作用越小；滁菊添加量过大时，产品的味道变苦，组织状态变差，造成感官品质下降。因此，要使产品的组织和味道适宜，需对滁菊添加量进行控制。当调味品用量一定时，滁菊添加量为每 200g 肉馅中添加 0.72g 滁菊，产品的品质较佳。

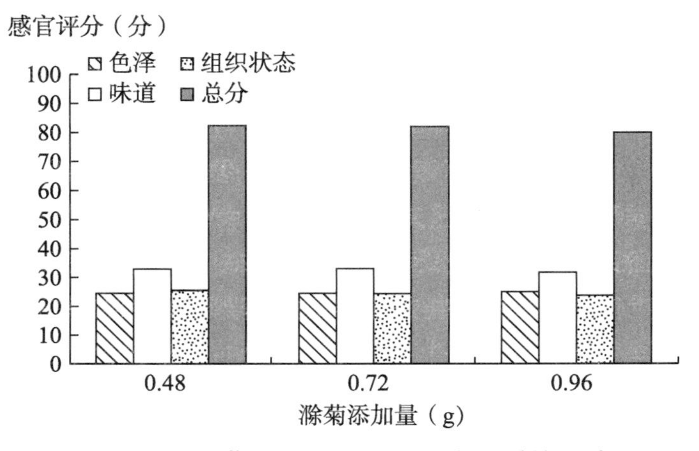

图 6.11 滁菊添加量对香肠感官品质的影响

3. 卡拉胶添加量对香肠感官品质的影响

由图 6.12 可知，卡拉胶添加量是影响产品组织状态的一个重要因素，但对产品的色泽和味道影响不大。当香肠制作条件一定、卡拉胶添加量过小时，产品组织形态弹

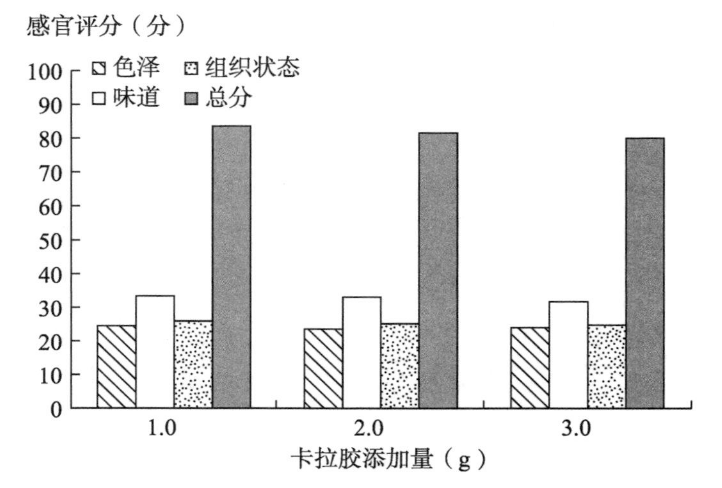

图 6.12　卡拉胶添加量对香肠感官品质的影响

性小，松散；卡拉胶添加量过大时，产品的组织状态变硬，造成感官品质下降。因此，要使产品的组织适宜，需对卡拉胶添加量进行控制。

4. 不同比例的维生素 C 与葡萄糖对香肠感官品质的影响

由图 6.13 可知，不同比例的葡萄糖与维生素 C 是影响产品色泽的一个重要因素，但对产品的味道和组织形态影响不大。当香肠制作条件一定、葡萄糖与维生素 C 的比例过小时，产品色泽不浓；添加量过大时，产品的色泽变化不大，造成产品成本的增加，利润下降。因此，要使产品的色泽适宜，需对葡萄糖与维生素 C 的比例进行控制。当调味品用量一定时，维生素 C 与葡萄糖的比例为 2∶3，产品的品质较佳。

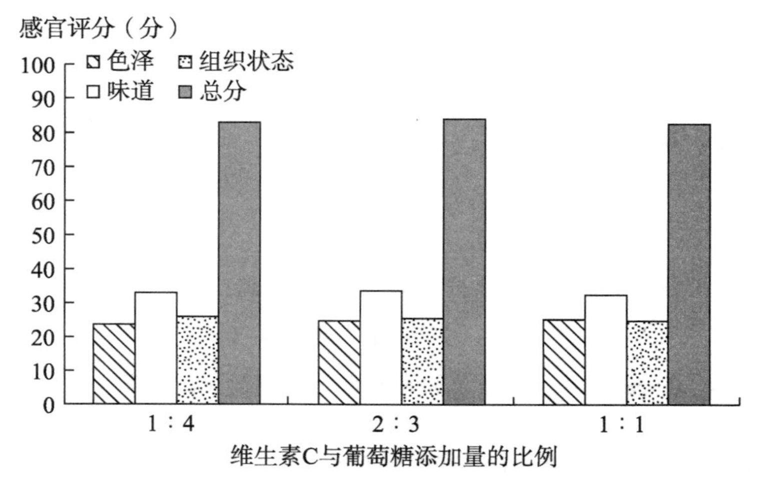

图 6.13　不同比例的维生素 C 与葡萄糖对香肠感官品质的影响

5. 烘烤时间对香肠感官品质的影响

由图 6. 14 可知，烘烤时间是影响产品色泽和组织状态的一个重要因素，但对产品的味道影响不大。当香肠烘烤温度一定、烘烤时间过短时，产品色泽不浓，组织形态弹性差；烘烤时间过长时，产品的色泽变紫，甚至发黑，同时，组织状态变硬，造成感官品质下降。因此，要使产品的色泽和组织状态适宜，需对烘烤时间进行控制。当烘烤温度一定时，烘烤时间以 24h 为宜，产品的品质较佳。

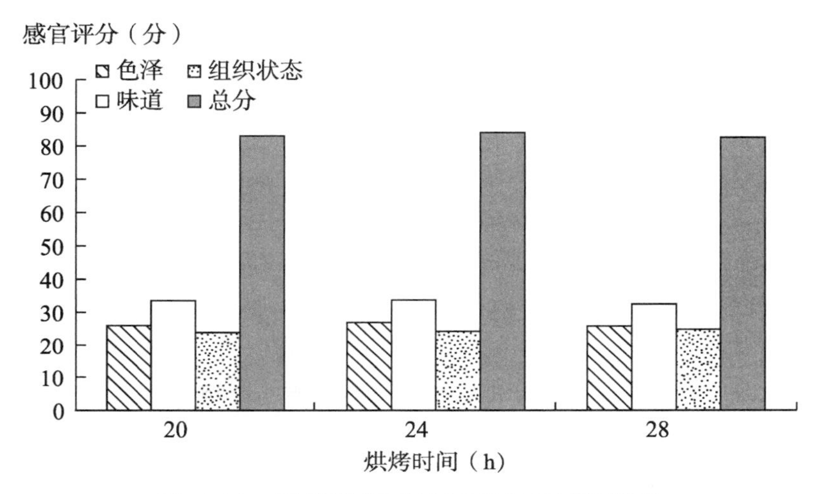

图 6. 14 烘烤时间对香肠感官品质的影响

6. 正交试验结果与分析

以滁菊添加量、卡拉胶添加量、烘烤时间做三因素三水平正交试验，对滁菊香肠的制作工艺优化结果如表 6. 9 所示。

表 6. 9 正交试验结果与分析

序号	因素			感官评分（分）
	A（滁菊添加量/g）	B（卡拉胶添加量/g）	C（烘烤时间/h）	
1	1	1	1	81. 3
2	1	2	2	84. 5
3	1	3	3	86. 7
4	2	1	2	78. 5
5	2	2	3	88. 3
6	2	3	1	83. 6
7	3	1	3	82. 9
8	3	2	1	85. 1

续 表

序号	因素			感官评分（分）
	A（滁菊添加量/g）	B（卡拉胶添加量/g）	C（烘烤时间/h）	
9	3	3	2	80.2
K_1	252.5	242.7	250.0	
K_2	250.4	257.9	243.2	
K_3	248.2	250.5	257.9	
均值1	84.2	80.9	83.3	
均值2	83.5	86.0	81.1	
均值3	82.7	83.5	86.0	
极差R	1.5	5.1	4.9	

由表6.9可知，影响滁菊香肠感官品质的因素主次顺序是：卡拉胶添加量>烘烤时间>滁菊添加量，即卡拉胶添加量对产品的感官品质影响最大，然后依次是烘烤时间、滁菊添加量；最佳试验组合是$A_1B_2C_3$，而该组没有出现在正交试验中，所以做该组合条件下感官评价的验证试验，并与正交试验中的感官评价最高的$A_2B_2C_3$结果如表6.10所示。

表6.10　感官评价结果

试验组合	试验序号			感官评分（分）
	1	2	3	
$A_1B_2C_3$	25.8	34.8	24.9	85.5
$A_2B_2C_3$	25.2	34.3	24.3	83.9

由表6.10可知，试验组合$A_1B_2C_3$优于$A_2B_2C_3$，最佳工艺为$A_1B_2C_3$。

（三）最佳配方滁菊香肠的含量测定

$$测得黄铜含量曲线为\ Y=0.0101x+0.0017$$

$$测得的吸光度=1-0.74.4=0.256$$

$$X=(Y-0.0017)/0.0101=(0.256-0.0017)/0.101=25.18$$

$$总黄酮含量=\frac{A}{M}100\times稀释倍数=25.18/1000\times100\times1000=2518\ (mg)（每百克含量）$$

（四）讨论

1. 调味品对香肠感官品质的影响

香肠的味道与调味品有直接关系，如盐、酱油、白砂糖、鸡精等。盐是百味之王，会赋予产品鲜咸味；酱油和白砂糖会赋予产品鲜味，同时，也会对产品的色泽产生一定的影响；鸡精也会赋予产品鲜味。所以在制作香肠时，各种调味品之间的比例要依

据不同人群的口味灵活添加。

2. 烘烤温度对香肠感官品质的影响

烘烤温度越高，产品所需的烘烤时间越短，但如果温度过高，不仅使肉馅中的肥膘熔化、流失，造成产品口感干燥，而且对产品的颜色也会造成破坏，产生不良的影响。

（五）结论

本部分通过多次反复试验，验证了该工艺确实可行，即通过在传统的香肠制作中添加具有保健功能的中药滁菊，再利用现代烤箱设备进行风干，生产出具有保健作用的香肠食品。由正交试验得出滁菊香肠的最佳制作工艺：每 100g 肉馅（瘦肥比 7∶3），滁菊添加量为 0.36g、卡拉胶添加量为 0.7g、烘烤时间为 24h。

第二节 传统面点技艺

一、南瓜面条制作

本部分通过单因素试验和正交试验，对南瓜面条中南瓜粉、食用碱、水和食用盐的使用量的影响进行感官品质检验。研究结果表明，对南瓜面条感官品质影响的主要因素为南瓜粉使用量>水使用量>食用碱使用量>食用盐使用量；南瓜面条制作工艺的最佳配方是：南瓜粉使用量为 20%、食用碱使用量为 0.2%、食用盐使用量为 3%、水的使用量为 40%。

南瓜粉是将南瓜通过一定的工艺制成的食品原料，状态是干燥粉末状。南瓜，又称倭瓜、北瓜，是一种蔓生草本。南瓜呈圆形或长圆形，橙黄色，瓜皮与肉粘连，可以烹饪食用。南瓜营养成分丰富，内含糖类，其中以碳水化合物为主，脂肪含量低，是优质的低脂食材。此外南瓜含有较丰富的无机盐和微量元素，作为高铁、高钙、高锌及低钠食材，特别适宜高血压患者和中老年人食用，能更好地防治高血压和骨质疏松症，对维持机体健康具有极其重要的作用。

食用南瓜具有开胃消食、降低血压等功效。南瓜中含有的氨基酸和活性蛋白对人体新陈代谢有很好的作用，可以增强机体的抵抗力。南瓜中丰富的蛋白质和生理活性物质可降低毛细血管脆性，防止血管出血。另外，南瓜对消除致癌物质、促进生长发育及防治糖尿病也有一定的作用。

传统面条具有爽滑感好、细腻又筋道等特点，长期以来深受广大人民群众的喜爱。而南瓜面条中加入了蛋白质和淀粉的含量，会导致爽滑感、面筋力度降低等问题。

本试验对南瓜面条食用品质的影响因素：南瓜粉的使用量、食用碱的使用量、食用盐的使用量以及水的使用量等进行单因素试验和正交试验研究，以探索南瓜面条食用品质的最佳制作工艺，为南瓜面条的工业化生产及推广提供科学依据。

（一）材料、设备和方法

1. 材料、设备

（1）试验材料

南瓜粉：内蒙古临河市食品有限公司；面粉：内蒙古临河市食品有限公司生产的强筋粉；食用盐：内蒙古呼和浩特市盐业公司；食用碱：天津市鸿禄食品有限公司；纯净水等。

（2）试验设备

120 目筛：上海同亮金属制品有限公司；SZ-25 型和面机：广州旭众有限公司；手动压面机：好运来食品机械公司；ES-H 电子秤：合肥艺鑫计量设备有限公司。

2. 方法

（1）工艺流程及操作要点

南瓜面条的制作工艺如下：面粉、南瓜粉、食用碱、食盐→混合→加水→揉和→压制→切条→拼摆→成型的南瓜面条→煮制→感官评价。

第一，工艺流程。

选择颗粒均匀、细腻的南瓜粉。将粉料分别过筛后用和面机按照试验要求的比例进行混合，然后向其中缓缓加入 30°C 温水进行调制，揉制成光滑的面团待用。用手动压面机对面团进行挤压，并将挤压好的面团进行切条。下锅时，首先要将水煮沸，然后将切好的面条放入煮沸的锅里煮制，并不时地用筷子沿锅边推转，煮 5~7min；当面条刚浮出水面时，加少许冷水；当南瓜面条再次浮出水面时，此时将煮好的面条捞出。

第二，操作要点。

粉料称量：南瓜粉、面粉等粉料要严格按照试验配方称取。粉料干混：将面粉与南瓜粉等粉料按配方的量进行干混。加水溶解：将备用的干混粉料按配方中的水量进行和面。碾压切条：将和好的南瓜面团进行均匀地碾压，并切成大小厚度相同的面条。

（2）南瓜面条单因素试验

第一，南瓜粉使用量对南瓜面条品质的影响。以 100 克的面粉为标准来规范其他原料的使用量，以百分比来表示，在食用碱使用量为 0.2%、食用盐使用量为 3%、水的使用量为 40%的条件下，使用南瓜粉的比例分别为 0%、10%、20%、30%、40%，按照上述的工艺流程和基本操作过程进行操作，南瓜粉和面粉干混，按照相应步骤制作面条，依据面条的感官评价和指标，最终确定南瓜粉最佳适宜使用量。

第二，食用碱使用量对南瓜面条品质的影响。以 100 克的面粉为标准来规范其他原料的使用量，以百分比来表示，在南瓜粉使用量为 20%、食用盐使用量为 3%、水的使用量为 40%的条件下，使用食用碱的比例分别为 0%、0.1%、0.2%、0.3%、0.4%，按照上述的工艺流程和基本操作过程进行操作，南瓜粉和面粉干混，按照相应步骤制作面条，依据面条的感官评价和指标，最终确定食用碱最佳适宜添加量。

第三，食用盐使用量对南瓜面条品质的影响。以100克的面粉为标准来规范其他原料的使用量，以百分比来表示，在南瓜粉使用量为20%、食用碱使用量为0.2%、水使用量为40%的条件下，使用食用盐的比例分别为1%、2%、3%、4%、5%，按工艺流程和基本操作过程进行操作，将已经拌好的南瓜粉和面粉混匀，按照相应步骤制作面条，并按照食用盐的比例来加入食用盐的量，依据面条的感官评价和指标，最终确定食用盐最适宜使用量。

第四，水使用量对南瓜面条品质的影响。以100克的面粉为标准来规范其他原料的使用量，以百分比来表示，在南瓜粉使用量为20%、食用碱使用量为0.2%、食用盐使用量为3%的条件下，水使用量分别为30%、35%、40%、45%、50%，按工艺流程和基本操作过程进行操作，依据面条的感官评价和指标，最终确定水的最适宜使用量。

（3）正交试验因素与水平设计

影响南瓜面条制作的各种材料中，南瓜粉使用量、食用碱使用量、食用盐使用量、水使用量是主要影响因素，故设计该四因素三水平的正交试验，对成品进行综合感官评价来确定南瓜面条的最佳配方，正交试验因素与水平设计见表6.11。

表6.11 正交试验因素与水平设计

水平	因素			
	A（南瓜粉使用量/%）	B（食用碱使用量/%）	C（食用盐使用量/%）	D（水使用量/%）
1	15	0.15	2.5	38
2	20	0.2	3	40
3	25	0.25	3.5	43

（4）南瓜面条的综合感官评价

南瓜面条的综合感官评价包括色泽、口感、表现状态、韧性、粘性、光滑性、食味等。评价方法是将制作好的南瓜面条成品在相同的条件下进行煮制，取其成品，抽取各组面条样品，编号后分别放入小盘中，邀请10位熟悉感官评价的专家，分别对南瓜面条的上述七项指标进行感官评价（见表6.12所示），评价过后，运用Excel数据处理软件和正交设计助手软件对本试验数据进行处理和分析，并分析和对比每组试验的各项感官评价分数，统计其分。

表6.12 南瓜面条的综合感官评分标准

项目	评分标准		
色泽（10分）	面条亮度呈黄色（8~10分）	面条亮度呈条白、乳白（6~7分）	亮度差，呈灰色（1~5分）
口感（20分）	口感适中（17~20分）	稍偏硬（12~16分）	太硬或太软（1~11分）

续 表

项目	评分标准		
表现状态（10分）	表面细腻、光滑（8~10分）	表面适中（5~7分）	表面粗糙、膨胀、变形（1~4分）
韧性（25分）	有嚼劲、富有弹性（22~25分）	韧性一般（16~21分）	弹性不足（1~15分）
粘性（25分）	爽口、不粘牙（22~25分）	较爽口、稍粘牙（16~21分）	不爽口、粘牙（1~15分）
光滑性（5分）	光滑程度好（5分）	光滑程度适中（3~4分）	光滑程度差（1~2分）
食味（5分）	麦香并有南瓜味（5分）	无异味、无南瓜味（3~4分）	有异味（1~2分）

（二）结果与分析

1. 单因素试验结果与分析

第一，南瓜粉使用量对南瓜面条感官品质的影响。南瓜粉使用量对南瓜面条感官品质的影响，结果见图 6. 15。

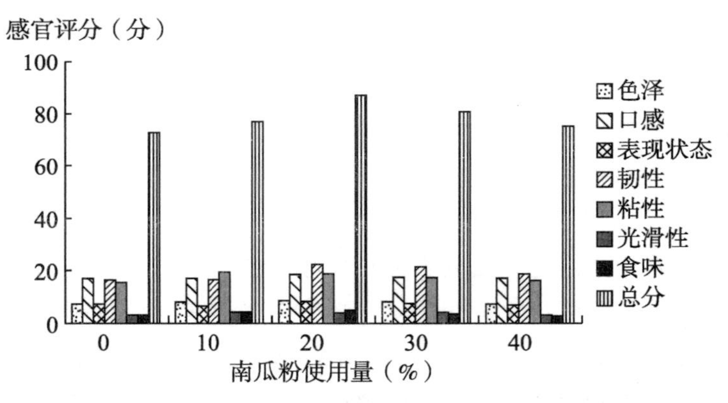

图 6. 15　南瓜粉使用量对南瓜面条感官品质的影响

由图 6. 15 可得知，加入的南瓜粉在 20%时，面条的感官评分较高，品质和效果较好。随着南瓜粉使用量的逐步增加，在口感上呈现弹性减弱，粘性下降；在风味上呈现南瓜的气味过重，掩盖了面条原有的清香；在组织状态上呈现粗糙、有裂痕，不紧密、有缺陷。若南瓜粉使用量减少，在口感上呈现弹性和韧度较大，不易于咀嚼；组织形态上呈现过于紧密，粘性偏重，因此加入 20%的南瓜粉最为适宜。

第二，食用碱使用量对南瓜面条感官品质的影响。食用碱使用量对南瓜面条感官

品质的影响，结果见图6.16。

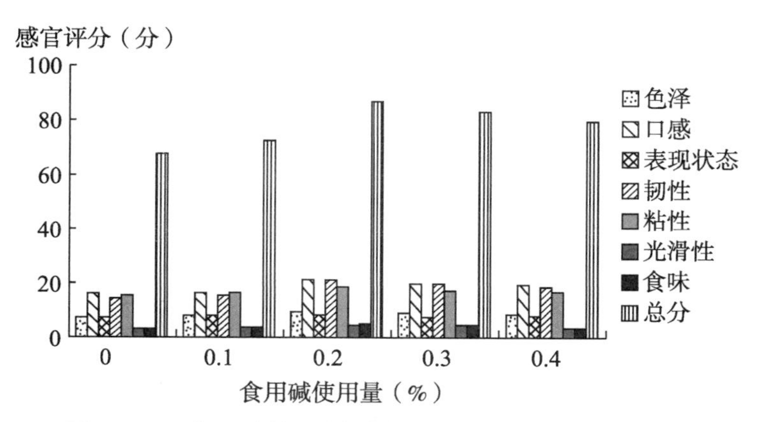

图6.16 食用碱使用量对南瓜面条感官品质的影响

由图6.16可得知，食用碱使用量为0.2%时，南瓜面条的感官评分较高，此时食用碱使用量刚好满足南瓜面条的口感和粘合度的需要，南瓜面条的品质最好。低于0.2%时，南瓜面条的滋味和风味不会有很好的感官品质，即滋味和风味不能达到最佳要求；但随着食用碱的添加，南瓜面条的组织状态会有明显的改变，面条色泽会加深为黄色，面条的韧性会变差，同时爽滑度也会降低。因此食用碱最适宜的使用量为0.2%。

第三，食用盐使用量对南瓜面条感官品质的影响。

由图6.17可得知，食用盐使用量为3%时，南瓜面条的感官评分较高，品质和效果较好。食用盐对南瓜面条的口感、风味、粘性等有显著影响。低于3%时南瓜面条的滋味和风味就不会有很好的感官品质，即滋味和风味不能达到最佳要求；高于3%时，南瓜面条的口感、风味明显改变，口感较差，因此食用盐最适宜的使用量为3%。

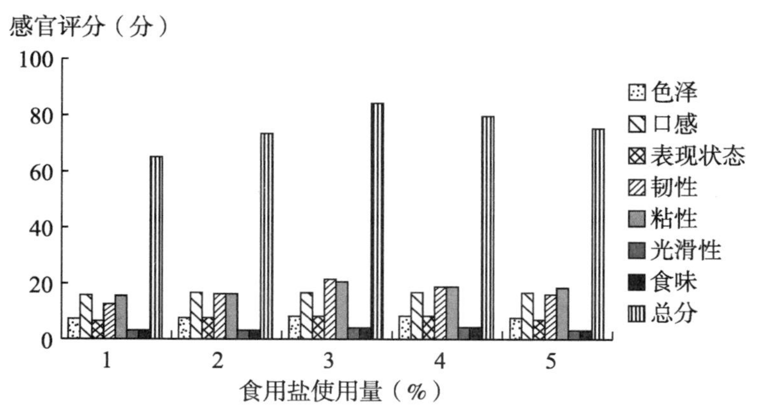

图6.17 食用盐使用量对南瓜面条感官品质的影响

第四，水使用量对南瓜面条感官品质的影响。水使用量对南瓜面条的影响也较为显著：一方面，水作为面条加工生产中不可缺少的原料之一，在和面过程中，水能调节面团的湿度，便于压片，所以不同的加水量也会对面条的感官品质造成很大的影响；另一方面，在蒸煮面条时，水又是传热介质。水使用量对南瓜面条感官品质的影响，结果见图6.18。

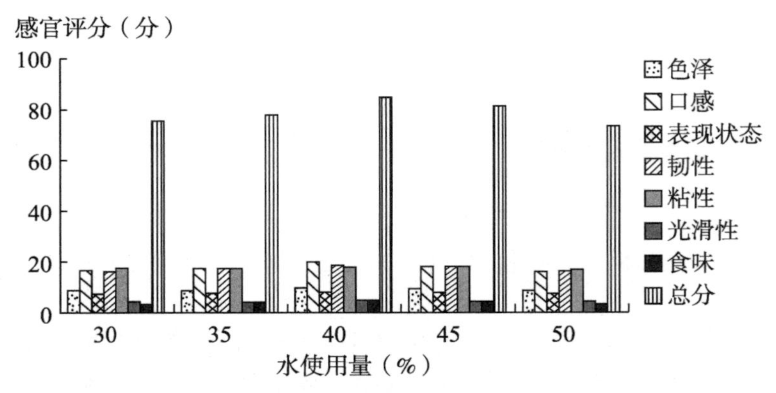

图6.18　水使用量对南瓜面条感官品质的影响

由图6.18可知，水使用量为40%时，南瓜面条的感官评分较高，感官品质和效果较好。水对面条的口感、风味、韧性、粘性等都有显著影响，水使用量少就会影响面条的感官评分；相反，水使用过量多会降低面条的硬度、咀嚼性，从而导致不佳的感官品质。

2. 正交试验结果与分析

在以上单因素试验的基础上，进行南瓜粉使用量（A）、食用碱使用量（B）、食用盐使用量（C）以及水使用量（D）的正交试验因素与水平设计，结果得出产品的最佳配方为：$A_2B_3C_2D_2$（见表6.13）。

表6.13　正交试验及结果分析

试验组织	因素				感官评分（分）
	A（南瓜粉使用量/%）	B（食用碱使用量/%）	C（食用盐使用量/%）	D（水使用量/%）	
1	1	1	1	1	77
2	1	2	2	2	80
3	1	3	3	3	76
4	2	1	2	3	79
5	2	2	3	1	83

续表

试验组织	因素				感官评分（分）
	A（南瓜粉使用量/%）	B（食用碱使用量/%）	C（食用盐使用量/%）	D（水使用量/%）	
6	2	3	1	2	87
7	3	1	3	2	81
8	3	2	1	3	78
9	3	3	2	1	86
K_1	233	237	242	246	
K_2	249	241	245	248	
K_3	244	249	240	233	
k_1	77.667	79.000	80.667	82.000	
k_2	83.000	80.333	81.667	82.667	
k_3	81.3667	83.000	80.000	77.667	
极差 R	5.333	4.000	1.667	5.000	
主次顺序	$A>D>B>C$				
最优水平	A_2	B_3	C_2	D_2	

南瓜面条的正交试验结果其最佳配方为$A_2B_3C_2D_2$，进一步与单因素试验中感官评价中最为理想的一组$A_2B_2C_2D_2$进行感官评价比较，其结果如表 6.14 所示。

由表 6.14 可知，验证组合$A_2B_3C_2D_2$优于$A_2B_2C_2D_2$，得到最佳配方$A_2B_3C_2D_2$的综合感官评分为 93 分。

表 6.14 南瓜面条的验证试验

试验组合	感官评分（分）
$A_2B_2C_2D_2$	87
$A_2B_3C_2D_2$	93

3. 南瓜面条的主要感官指标

本部分通过对南瓜面条各个主要影响因素进行探究，并以南瓜面条的感官评价和色泽为指标，以最佳配方制成的南瓜面条呈浅橙黄色、切条一致、滑爽、入口细腻、有弹性、适口、无异味，南瓜面条南瓜味浓郁、光滑、无断裂、柔软适中。同时只有感官评价和色泽两个指标都达到最佳水平，才能使研制的南瓜面条品质最优。

（三）讨论

1. 在面团调制过程中，水以及水温对南瓜面条成品感官品质的影响

水是面条制作过程中必不可少的原料。要将面粉、南瓜粉、食用碱以及食用盐进行粉体干混，并加水进行搅拌、揉制，使小麦中的淀粉、蛋白质吸水膨胀形成面筋，从而使面条产生弹性和延伸性。因此，在面粉中加水量的多少，对面条品质有着重要作用。

水温对于面团的成形具有一定的影响，本试验中采取的水温是 30°C，在正式试验之前进行了几次预试验，目的就是确认调制面团的最适温度。温度过低，调制面团时，面团不易于成形、粘结；相反，温度过高则会有反作用产生，因为温度过高使得试验者难以操作，比较烫手，也不利于面团的成形。因此，在制作面条的过程中，水温要严格控制，以适时添加为宜，在试验中需保持恒定的水温，不至于影响试验的结果。

2. 在南瓜面条熟制过程中，食用盐、食用碱对面条感官品质的影响

众所周知，食用盐的主要成分是氯化钠，是无色透明的立方晶体，具有防腐杀菌、调节原料的质感、增加原料的脆嫩度等功能。

在制作南瓜面条时，加入一定数量的食用盐，可以使面筋组织收敛，增加面团的延伸性、弹性和强度，减少断条率，因此食用盐的使用量多少对面条的品质有重要的影响。

在南瓜面条中加入一定数量的食用碱，可改变面团中面筋组织结构，起到收敛作用，从而产生强化效果；与面粉中的类黄酮色素反应后，使其出现淡黄色外观。此外，食用碱可以中和面条的酸度，延长面条的保存期。过量添加食用碱会使面筋收敛过度而失去其特有的弹性而破坏面条的品质。

（四）结论

本部分通过对南瓜面条的单因素试验和正交试验，以面条的感官评价为指标，探究了以南瓜粉使用量、食用碱使用量、食用盐使用量以及水使用量对南瓜面条品质的影响，得出了影响南瓜面条因素的最优组合工艺参数，也就是最佳配方为$A_2B_3C_2D_2$。以这样的配方制成的南瓜面条呈浅橙黄色、切条一致、滑爽、有弹性、南瓜香味浓郁、无断裂、柔软适中。总之，南瓜面条作为优质的功能保健型食品必将有着广阔的发展前景。

二、花生荞面豆制作

本部分通过单因素试验和正交试验，对花生荞面豆中花生粉与荞面粉、椒盐、水使用量及油炸温度、油炸时间的影响进行感官品质检验。研究结果表明，对花生荞面豆感官评价影响的主要因素为：花生粉与荞面粉使用量>油炸温度>油炸时间>水使用量>椒盐使用量；花生荞面豆的最佳配方按每克蚕豆计，花生粉使用量 10%、荞面粉使用

20%、水使用量40%、椒盐使用量2%，油炸温度160℃，油炸时间6min。

蚕豆、花生、荞麦富含各类营养成分，且利于人体消化吸收。本书对花生荞面豆品质的影响因素——花生粉与荞面粉、水、椒盐的使用量及油炸温度、油炸时间等进行单因素试验和正交试验研究，以探索花生荞面豆的最佳制作工艺，为花生荞面豆的工业化生产及推广提供科学依据。

（一）材料、设备与方法

1. 材料、设备

（1）**试验材料**

蚕豆、花生粉、荞面粉、椒盐、大豆油、纯净水等均购于内蒙古临河市食品有限公司。

（2）**试验设备**

DY-500电加热油炸机：山东诸城市同泰食品机械厂；AL204精密电子天平：梅特勒-托利多仪器有限公司；干燥箱：上海跃进医疗器械厂；BCD-246WTM美的冰箱：美的集团股份有限公司；市售酸价试纸、过氧化值试纸；烧杯等。

2. 方法

（1）**工艺流程及操作要点**

第一，工艺流程。

花生荞面粉糊状物制备的工艺流程：花生粉与荞面粉→混合→调味→加水→调成均匀糊状物→待用；花生荞面豆制作的工艺流程：蚕豆→除杂→浸泡→预处理→冷却→加入糊状物中→捞出油炸→放置冷却→感官评价。

第二，操作要点。

复合粉制备：花生粉和荞面粉按配方的量称好进行干混，花生粉与荞面粉混合一定要均匀。调味：加入椒盐后要保证混合均匀，充分溶解。加水溶解：将备用的复合粉先加少量水溶解，搅拌均匀，再加合适的水。浸泡：蚕豆在室温下浸泡的时间一般要达到24h左右。预处理：将浸泡好的蚕豆进行开口处理。冷却：放入冰箱冷冻2h后取出进行制作。加入糊状物：一定要保证蚕豆整体附着的糊状物均匀完整。油炸：严格按照试验要求的油炸温度、油炸时间进行操作。

（2）**花生荞面豆单因素试验设计**

第一，花生粉与荞面粉使用量及配比对花生荞面豆感官品质的影响。

以每克的蚕豆为标准来规范其他原料的使用量，水使用量0.4g，椒盐使用量0.02g，油炸温度160℃，油炸时间6min，复合粉（即两种粉）使用量的比例分别为0.1g、0.2g、0.3g、0.4g、0.5g，按照相应步骤制作花生荞面豆，依据感官评价和口味，确定最适混合粉使用量。

第二，椒盐使用量对花生荞面豆感官品质的影响。

以每克的蚕豆为标准来规范其他原料的使用量，复合粉使用量0.3g，水使用量0.4g，油炸温度160℃，油炸时间6min，椒盐使用量的比例分别为0.01g、0.015g、0.02g、0.025g、0.03g，按照相应步骤制作花生荞面豆，依据感官评价和口味，确定最适椒盐的添加量。

第三，水使用量对花生荞面豆感官品质的影响。

以每克的蚕豆为标准来规范其他原料的使用量，复合粉使用量0.3g，椒盐使用量0.02g，油炸温度160℃，油炸时间6min，水使用量的比例分别为0.2g、0.3g、0.4g、0.5g、0.6g，按照相应步骤制作花生荞面豆，依据感官评价和口味，确定最适水的添加量。

第四，油炸温度对花生荞面豆感官品质的影响。

以每克的蚕豆为标准来规范其他原料的使用量，水使用量0.4g，复合粉使用量0.3g，椒盐使用量0.02g，然后利用油炸机控制油温分别为140℃、150℃、160℃、170℃、180℃，进行油炸工艺，时间为6min，按照相应步骤制作花生荞面豆，依据感官评价和口味，确定最适油炸温度。

第五，油炸时间对花生荞面豆感官品质的影响。

以每克的蚕豆为标准来规范其他原料的使用量，水使用量0.4g，复合粉使用量0.3g，椒盐使用量0.02g，油炸温度160℃，利用油炸机将油炸时间分别控制为4min、5min、6min、7min、8min，然后按照相应步骤制作花生荞面豆，依据感官评价和口味，确定最适油炸时间。

(3) 正交试验因素与水平设计

影响花生荞面豆制作的各种原料中，以上述复合粉使用量、椒盐使用量、水使用量、油炸温度、油炸时间五种因素对结果影响作用比较显著，故设计五因素四水平的正交试验，对成品进行综合感官评价，来确定花生荞面豆的最佳配方，正交试验因素与水平设计见表6.15。

表6.15　正交试验因素与水平设计

水平	因素				
	A（复合粉使用量/g）	B（油炸温度/℃）	C（油炸时间/min）	D（水使用量/g）	E（椒盐使用量/g）
1	0.1	150	4	0.2	0.01
2	0.2	160	5	0.3	0.015
3	0.3	170	6	0.4	0.02
4	0.4	180	7	0.5	0.025

(4) 花生荞面豆的感官评价

花生荞面豆主要评价产品的色泽、酥脆度、风味、组织状态。评价方法是将制作好的花生荞面豆放置在室温下冷却，抽取各组花生荞面豆样品，编号后分别放入小碟子中，邀请10位熟悉感官评价的同行，分别对花生荞面豆的上述四项指标进行感官评价，感官评分标准如表6.16所示，四项指标满分共100分。评价过后，运用Excel数据处理软件和正交设计助手软件对本试验数据进行处理和分析，并分析和对比每组试验的各项感官评价分数和总分。

表6.16 花生荞面豆的感官评分标准

项目	评分标准		
	17~25分	8~16分	0~7分
色泽（25分）	呈金黄色，均匀一致	呈浅黄色，基本一致	焦黄，严重不均匀
酥脆度（25分）	酥脆可口	酥性一般，较脆	不酥脆，有颗粒感
风味（25分）	咀嚼浓香，口味浓厚	咀嚼较香，口味一般	咀嚼无香味，口味淡
组织状态（25分）	质地酥松，有蜂窝状	较为酥松，蜂窝状较明显	不酥松，无蜂窝状

（二）结果与分析

1. 单因素试验结果与分析

（1）花生粉与荞面粉使用量及配比对花生荞面豆感官品质的影响

花生粉与荞面粉使用量及配比是影响花生荞面豆感官品质的重要因素之一，花生粉与荞面粉在预试验中得到的最佳配比为1∶2，而复合粉使用量则要根据感官品质来进行评价（见图6.19）。

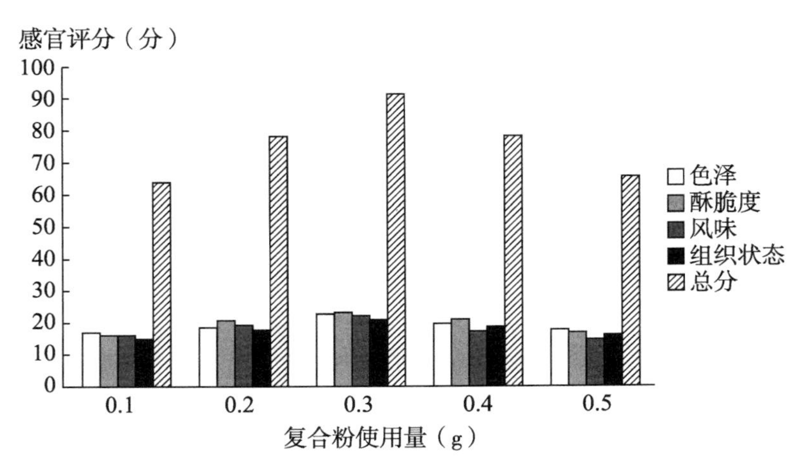

图6.19 复合粉使用量对花生荞面豆感官品质的影响

由图6.19可知，复合粉使用量在0.3g时，即花生粉0.1g、荞面粉0.2g，花生荞面豆的感官评分较高，感官品质较好。复合粉使用量的逐步增加，口感上酥脆度降低、硬度过大，风味粗糙、有颗粒感，组织状态不酥松。若复合粉使用量减少，在口感上呈现酥脆度下降，风味上呈现香味较淡，组织形态上呈现无蜂窝状、不成形，因此选择加入 0.3g 的复合粉量为最佳使用量。

（2）椒盐使用量对花生荞面豆感官品质的影响

椒盐对花生荞面豆的感官品质影响最为突出的方面是风味，椒盐使用量对花生荞面豆感官评价的影响如图 6.20 所示。

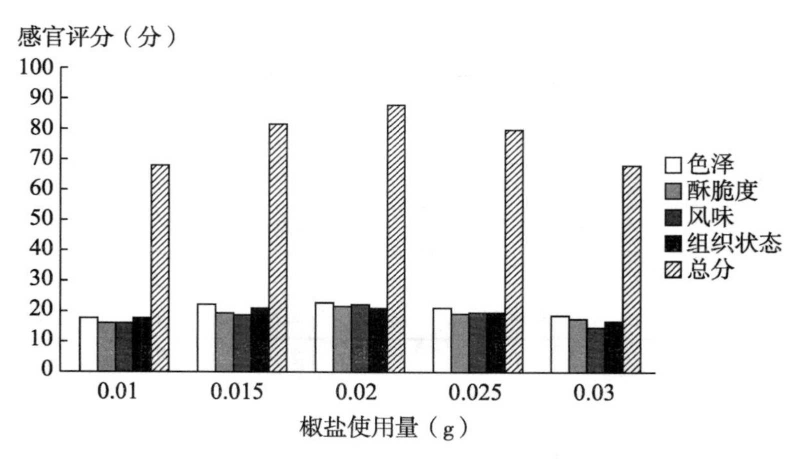

图 6.20　椒盐使用量对花生荞面豆感官品质的影响

由图 6.20 可知，椒盐使用量为 0.02g 时，花生荞面豆的感官评分较高，感官品质和效果较好。椒盐使用量的增加会导致花生荞面豆口感降低，特别是风味严重下降，另外在花生表面形成的椒盐给人的视觉感官较差，影响食欲。

（3）水使用量对花生荞面豆感官品质的影响

水对改变花生荞面豆的感官品质有着极其重要的作用，水使用量对花生荞面豆感官品质的影响如图 6.21 所示。

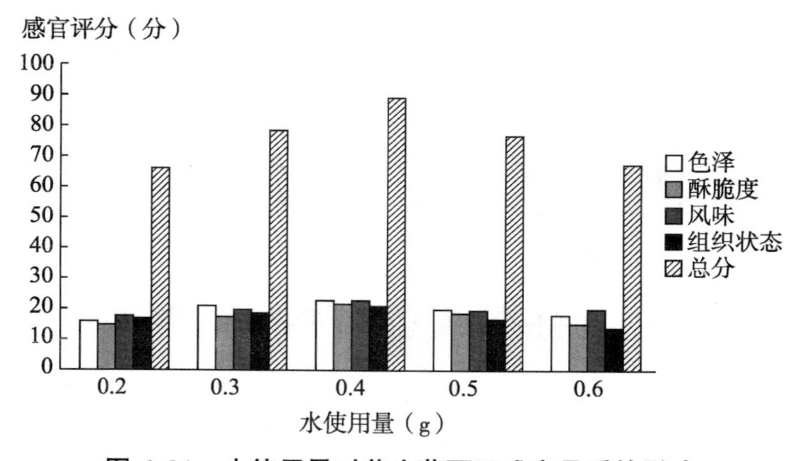

图 6.21　水使用量对花生荞面豆感官品质的影响

由图 6.21 可知，水使用量为 0.4g 时，花生荞面豆的感官评分较高，感官品质和效果较好。但水使用量的增加，会导致花生荞面豆口感上酥脆度降低，特别是复合粉糊状物过稀，难以在蚕豆表面成形，且组织状态较差，风味下降。

（4）油炸温度对花生荞面豆感官品质的影响

油炸温度不仅影响着成品的外观形态，更影响着成品的感官品质。其中，对花生荞面豆的口感、风味这两项重要评价标准的影响尤为突出。油炸温度对花生荞面豆感官品质的影响如图 6.22 所示。

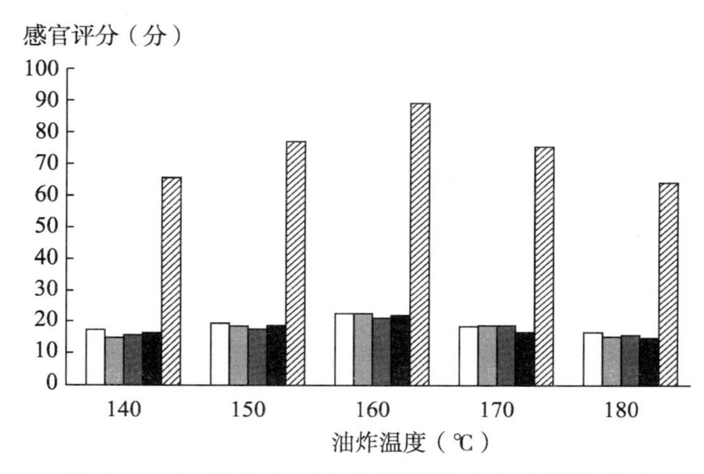

图 6.22 油炸温度对花生荞面豆感官品质的影响

由图 6.22 可得知，当油炸温度为 160℃时，花生荞面豆的感官评分较高，感官品质和效果较好。但油炸温度的升高，会导致花生荞面豆色泽暗淡，出现焦黄，口感上酥脆度降低，特别是复合粉糊状物的性质改变很大，组织状态不酥松、无蜂窝状，且风味因此明显下降，甚至略微出现苦涩味和焦煳味。

（5）油炸时间对花生荞面豆感官品质的影响

油炸时间对花生荞面豆的影响也较为显著：一方面，油炸时间对花生荞面豆的色泽、酥脆度、组织状态都有明显影响变化；另一方面，油炸时间是花生荞面豆风味的重要影响因素。油炸时间对花生荞面豆感官品质的影响见图 6.23。

由图 6.23 可知，当油炸时间为 6min 时，花生荞面豆的感官评分较高，感官品质和效果较好。但油炸时间的增长，会导致花生荞面豆色泽深沉，出现焦黄，口感上酥脆度降低、粗糙，特别是硬度会增加，组织状态破裂、无蜂窝状，且风味明显下降，无浓香。

2. 正交试验结果与分析

在以上单因素试验的基础上，以花生荞面豆的感官品质作为考察指标进行正交试验，其试验结果见表 6.17。从表 6.17 可以看出，对花生荞面豆感官品质影响因素主次

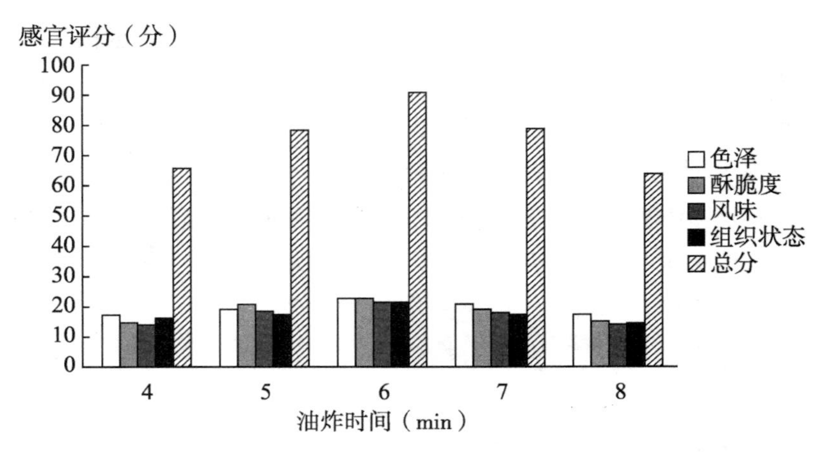

图 6.23　油炸时间对花生荞面豆感官品质的影响

顺序为：$A>B>C>D>E$，说明复合粉使用量对花生荞面豆品质的影响最大，最佳配方为$A_3B_2C_3D_2E_3$。表 6.18 是方差分析表，从中可以得出复合粉使用量对花生荞面豆的影响最大。

表 6.17　正交试验及结果分析

序号	因素					
	A（复合粉使用量/g）	B（油炸温度/℃）	C（油炸/时间/min）	D（水使用量/g）	E（椒盐使用量/g）	感官评分（分）
1	1	1	1	1	1	82
2	1	2	2	2	2	83
3	1	3	3	3	3	81
4	2	4	4	4	4	80
5	2	1	2	3	4	82
6	2	2	1	4	3	85
7	2	3	4	1	2	83
8	2	4	3	2	1	84
9	3	1	3	4	2	87
10	3	2	4	3	1	90
11	3	3	1	2	4	86
12	3	4	2	1	3	85
13	4	1	4	2	3	86
14	4	2	3	1	4	83
15	4	3	2	4	1	80

续 表

序号	因素					
	A（复合粉使用量/g）	B（油炸温度/℃）	C（油炸/时间/min）	D（水使用量/g）	E（椒盐使用量/g）	感官评分（分）
16	4	4	1	3	2	83
均值 1	81.500	84.250	84.000	83.250	84.000	
均值 2	83.500	85.250	82.500	84.750	84.000	
均值 3	87.000	82.500	84.750	84.000	84.250	
均值 4	83.000	83.000	84.250	83.000	82.750	
极差 R	5.500	2.750	2.250	1.750	1.500	
主次顺序	$C>A>B=D$					
最优水平	A_3	B_2	C_3	D_2	E_3	

表 6.18 正交试验的方差分析

因素	偏差平方和	自由度	F 值	$F_{(0.05)}$ 显著水平
A	37.500	3	3.307	3.290
B	10.500	3	0.664	
C	7.500	3	0.491	
D	3.500	3	0.350	
E	1.500	3	0.257	

因为最佳配方的组合并未出现在正交试验中，所以验证在该组合条件下的感官评价，并与正交试验中感官评价较理想的一组$A_3B_2C_4D_3E_1$进行比较，结果如表 6.19 所示。由验证试验结果可知，最佳配方为$A_3B_2C_3D_2E_3$。

表 6.19 花生荞面豆的验证试验

试验组合	感官评分（分）
$A_3B_2C_3D_2E_3$	92
$A_3B_2C_4D_3E_1$	90

3. 花生荞面豆的主要质量指标

（1）**感官指标**

由单因素试验和正交试验的结果可知花生荞面豆的最佳配方的感官评分是 92 分，用这种配比制作的花生荞面豆呈金黄色、均匀一致，酥脆可口、咀嚼浓香、口味浓厚，质地酥松、有蜂窝状，咸淡适口。

（2）理化指标

对于花生荞面豆中过氧化值和酸价的含量，按照GB 16565—2003《中华人民共和国国家油炸小食品卫生标准》进行比对。经过酸价试纸、过氧化值试纸测定和计算得到花生荞面豆的最佳配方下的过氧化值为0.21，小于国家标准0.25；酸价为0.24，小于国家标准3.0，因此符合健康食用的理化指标。

（三）讨论

1. 蚕豆、花生粉、荞面粉、大豆油品质对成品感官品质的影响

在花生荞面豆制作的过程中，首先，各种原料本身的品质对成品的品质有重要影响，选取上等的原料效果更好。其次，在制作过程中，两种粉的混合与溶解可能也影响着后续工艺的操作，两种粉的混合尽量均匀，溶解时要多加搅拌，确保溶解完全。在进行油炸工艺时，熟练准确地掌握油炸温度和油炸时间是非常必要的，因为这两个因素对成品的品质效果影响非常大。综合以上的因素，选取上等的原料、严格按照最佳配方和操作步骤制作都能够有效地提高花生荞面豆的品质。

2. 在花生荞面豆制作的过程中，复合粉醒发时间对成品感官品质的影响

在确定了花生荞面豆的最佳配方后，将复合粉加水充分溶解后置于室温下醒发，醒发时间分别为10min、15min、20min、25min、30min。在最后的花生荞面豆成品的感官评价中差异很小，所以基本可以认为复合粉的醒发时间对花生荞面豆的品质影响不大。当然，如果在复合粉中加入酵母粉或者其他物质，可能对花生荞面豆的感官品质造成影响，这一点有待继续研究。

3. 在花生荞面豆制作的过程中，油炸环境对成品感官品质的影响

油脂在空气中会被氧气氧化，特别是在油脂加热的过程中，显得更为明显。油脂在被氧化之后，会发生氧化酸败、酶促褐变等氧化反应，这会严重影响油脂的品质，从而影响到花生荞面豆的品质，甚至会产生一些对身体有害的物质。因此，一方面选择合适的油炸环境是很重要的，另一方面真空油炸技术也显得很有必要。真空油炸的第一个优点主要体现在可以很好地保存原料本身所具有的香味；第二个优点体现在降低油脂的氧化、聚合、热分解反应，使油脂的劣化程度大大降低；第三个优点是生产出的产品松脆感更佳，保存时间更长。

（四）结论

本部分通过对花生荞面豆的单因素试验和正交试验，以花生荞面豆的综合感官评价为指标，探究了以花生粉与荞面粉1：2混合的复合粉使用量、油炸温度、油炸时间、水使用量、椒盐使用量五个因素对花生荞面豆品质的影响，得出了影响因素的最优组合工艺参数，也就是最佳的工艺组合，即每克蚕豆，复合粉使用量0.3g、油炸温度160℃、油炸时间6min、水使用量0.4g、椒盐使用量0.02g。以这样的配方制成的花

生荞面豆呈金黄色、均匀一致，酥脆可口、咀嚼浓香，口味浓厚、质地酥松、有蜂窝状，咸淡适口，且综合感官评价达到最佳水平，品质最优。

三、糯玉米加工

糯玉米又称蜡质玉米、粘玉米，最早起源于我国，是玉米属九个亚种之一。现代研究表明糯玉米含有人体所必需的蛋白质、脂肪、氨基酸及微量元素。与普通玉米相比，因其具有甜、粘、香风味，适口性好、易于咀嚼和消化吸收的独特特点而备受消费者的欢迎。现代食品营养学研究表明，常食糯玉米有利于防止血管硬化，降低血液中的胆固醇含量，还可以防治肠道疾病和癌症的发生，保健效果好，是老弱病人和婴幼儿的良好食品。

随着人们生活水平的提高，解决主食材料单一、原料细多粗少、膳食营养不全的问题已迫在眉睫，在烹调过程中增补玉米原料是提高膳食营养的有效途径。糯玉米营养丰富，采收期较长，蒸煮后籽粒透明、柔软清香、甜黏适口，冷却后不易返生变硬。用糯玉米替代糯米加工糕点、汤圆等糯性食品，不仅可以降低成本，而且综合营养成分高于糯米食品。关于糯玉米应用于膳食烹饪方面的研究，特别是将烹饪与营养相结合的研究在国内外鲜见报道。本试验以新鲜糯玉米籽粒为原料，结合其营养价值及保健功能，再辅以其他原料，对其进行加工，以期为基于营养保健功能的糯玉米制作工艺进行研究，为糯玉米食品的开发提供研究基础和方法依据。

（一）材料与方法

1. 材料

鲜糯玉米籽粒：品种为凤糯 2146，采自安徽科技学院玉米育种基地，采收后于-40℃冷冻 24h，后取出于-20℃贮藏备用；卡拉胶：天津市北方天医化学试剂厂；羧甲基纤维素钠（CMC-Na）：上海山浦化工有限公司；黑芝麻、核桃仁、绵白糖、色拉油、面粉、酵母粉、鸡蛋、糯米、糯米粉、红枣购于好又多超市。

2. 仪器与设备

YP3001N 型电子天平：上海精密科学仪器有限公司；FDM-Z70-5 型浆渣自分离磨浆机：镇江新区纪庄兴发电机厂；SFG-02（A）电热恒温鼓风干燥箱：黄石市恒丰医疗器械有限公司；C21-SK2101 型电磁炉：广东美的生活电器制造公司；JFSD-70 实验室粉碎磨：上海市嘉定粮油检测仪器厂；汤锅、平底锅、锅铲、面盆、碗、盘子、筷子：皆为普通厨房用具。

3. 试验方法

（1）**糯玉米汤圆的制作工艺**

第一，材料预处理。

从冰箱（-20℃）中取出糯玉米，放置冷水中浸泡 20min，待解冻后剥出糯玉米粒。称取60g剥好的糯玉米粒，去杂清洗。再将糯玉米粒用冷水浸泡12~36h，使之完全润透后用磨浆机将泡过的糯玉米粒磨成液体浆，复磨，将磨得的浆液倒入用纱布制作的袋子中过滤，干燥完全后备用。称取60g黑芝麻，去杂清洗，炒熟备用。

第二，工艺流程。

糯玉米汤圆的工艺流程为：材料预处理→馅料制备→和面→汤圆成型→煮制。

第三，糯玉米汤圆制作工艺操作要点。

将经过预处理的黑芝麻中加入30g核桃仁和20g绵白糖，用磨粉机磨粉制馅。在磨好的混合馅料中加入3.5g色拉油和20ml水，搅拌均匀。称取不同比例的糯米粉和糯玉米粉混合粉225g，置于干燥洁净的面盆中，再加入0.15g卡拉胶和0.15g羧甲基纤维素钠混合物，混合均匀。加入170ml沸水，和面。将面团分成7.5g的粉团，并将粉团揉搓至细腻无硬斑。在粉团的中央嵌一个小窝，放入1.5~2.5g的馅心。收口、搓圆、揉光。煮一锅开水，把汤圆慢慢放入锅内，同时用勺将其朝同一方向略作搅动，防止粘锅。旺火煮片刻，待汤圆浮起后，迅速改用小火慢煮。煮制过程中，每烧开一次锅应同时加入适量的冷水，使锅内的汤圆保持似滚非滚的状态。开锅2~3次后，再小火煮沸，便可出锅食用。

第四，糯玉米汤圆的正交试验设计。

根据以上糯玉米汤圆的烹饪工艺流程，发现糯玉米的浸泡时间、糯玉米粉与糯米粉的比例及馅料含量对汤圆的品质影响较大。故本试验就糯玉米的浸泡时间（12h、24h、36h），糯玉米粉与糯米粉的比例（1∶2、1∶3、1∶4），馅料含量（15%、20%、25%）对产品的影响进行研究，通过正交试验设计，运用感官评价方法，找出糯玉米汤圆的最佳工艺参数。

（2）糯玉米保健粥的制作工艺

第一，材料预处理。

取干红枣15枚左右，洗净备用。从冰箱中取出糯玉米，放置冷水中浸泡20min，待解冻后剥出糯玉米粒。称取100g剥好的糯玉米粒，去杂清洗。将红枣和糯玉米粒放入锅中，加水400ml，将锅置于电磁炉上，温度调至110℃煮10min。称取糯米150g，洗净备用。

第二，工艺流程。

材料预处理→红枣及糯玉米粒的预煮→煮制。

第三，糯玉米保健粥烹饪工艺操作要点。

将上述备好的材料放入锅中，加水500~1000ml。置于电磁炉上130℃煮10~20min，待沸腾后将温度调至110℃，小火熬制5~20min。再加入30g绵白糖，将温度降至100℃保温。

第四，工艺参数试验设计。

参考以上糯玉米保健粥的烹饪工艺流程，采用单因素试验，针对糯玉米与糯米的比例（1：0、1：0.5、1：1、1：1.5、1：2），料液比（1：1、1：2、1：3、1：4、1：5），煮制时间分别为：30min、10min+20min（注：煮制时间都被分为两段，先是大火煮沸，然后是小火熬制）、20min+10min、15min+15min、15min+20min 进行试验，确定糯玉米保健粥烹饪工艺的最佳参数。

（3）**糯玉米饼的制作工艺**

第一，材料预处理。

从冰箱中取出糯玉米，放置冷水中浸泡 20min，待解冻后剥出糯玉米粒。称取 300g 去杂清洗。再将糯玉米粒用冷水浸泡 24h，使之完全润透后用磨浆机将泡过的糯玉米粒磨成液体浆，复磨，将磨得的浆液倒入用纱布制作的袋子中过滤，干燥完全后备用。鸡蛋搅匀备用。

第二，工艺流程。

材料预处理→和面→醒面→烙制。

第三，糯玉米饼烹饪工艺操作要点。

称取糯玉米粉 150g 和面粉 75g，倒入面粉盆中混合均匀。称取干酵母 5~10g，倒入 40ml30~35℃水中，待完全溶化后，倒入面粉盆。加入搅匀过的鸡蛋并用筷子搅拌面粉至黏稠状。将粉盆放置在 45℃恒温箱中 40~80min，使玉米面团充分发酵。平底锅放置电子炉上，温度调到 110℃。锅热后，在锅底刷一层色拉油。称取 50g 发酵好的玉米面团，置于锅内，摊成厚度约为 0.6cm 的圆形。等面糊底烙干成型了，将糯玉米饼翻面，烙 15s 左右。再将糯玉米饼翻过来加热，翻 6~8 次之后即可取出食用。

第四，工艺参数试验设计。

参考以上糯玉米饼的烹饪工艺流程，试验针对糯玉米粉与面粉的比例（1：1、1：2、2：1）、干酵母用量（2%、3%、4%）、醒发时间（45min、60min、75min）进行正交试验。

4. 感官评价标准

每次成品出来后，请具有工艺专业背景的教师共 5 名进行评价并评分（见表 6.20）。每道糯玉米菜肴都设定了 10 项评价指标，每项指标满分 10 分。

表 6.20 感官评价项目及评分标准

制品	项目		评分标准
糯玉米汤圆	色泽	颜色	颜色不均匀，杂色多（0~3 分）；颜色较均匀（4~6 分）；颜色非常均匀，明显看出有黄色（7~10 分）
		光泽	灰暗，无光泽（0~3 分）；较光泽（4~6 分）；均匀清亮（7~10 分）
	风味	汤圆香气	汤圆无香气或略感香气（0~3 分）；能较明显闻到香气（4~6 分）；香气均匀，扑鼻（7~10 分）

续 表

制品	项目		评分标准
		不良风味	存在多种刺激性气味（0~3 分）；能感受到不良风味存在（4~6 分）；几乎无不良风味存在（7~10 分） 入口后无香气（0~3 分）；能感受到香气，但不明显（4~6 分）；馅料香气纯正，吃后满口余香（7~10 分）
		焦糊味	焦糊味明显、刺鼻（0~3 分）；细尝能感受到焦糊味（4~6 分）；几乎不存在焦糊气味（7~10 分）
	质地	均匀度	面皮不均匀，甚至有结团现象（0~3 分）；较均匀（4~6 分）；非常均匀（7~10 分）
		弹性	很硬，无弹性（0~3 分）；较有弹性（4~6 分）；面皮非常有弹性（7~10 分）
		细腻度	粗糙，不细腻（0~3 分）；较细腻（4~6 分）；细腻爽口（7~10 分）
		凝结度	面皮不凝结，易散块（0~3 分）；凝结度较高（4~6 分）；凝结度非常好（7~10 分）
糯玉米保健粥	色泽	颜色	较多杂色（0~3 分）；颜色较均匀（4~6 分）；颜色清澈，鲜亮（7~10 分）
		光泽	无光泽（0~3 分）；较光泽（4~6 分）；均匀光亮（7~10 分）
		透明度	浑浊（0~3 分）；较透明（4~6 分）；圆润透明（7~10 分）
	风味	玉米香气	入口感觉不到香气（0~3 分）；能感受到香气，但不明显（4~6 分）；能明显闻出玉米特有香气（7~10 分）
		甜味	不甜（0~3 分）；有甜味，但甜度不适中（4~6）；甜度适中（7~10 分）
		不良风味	存在多种刺激性气味（0~3 分）；能感受到不良风味存在（4~6 分）；几乎无不良风味存在（7~10 分）
	质地	黏度	粥过稀或过稠（0~3 分）；稍微有点稀（4~6 分）；粘度适当（7~10 分）
		玉米硬度	过于坚硬（0~3 分）；稍感坚硬（4~6 分）；硬度适中（7~10 分）
		枣硬度	过于坚硬（0~3 分）；稍感坚硬（4~6 分）；硬度适中（7~10 分）
		细腻度	粗糙，不细腻（0~3 分）；较细腻（4~6 分）；细腻爽口（7~10 分）
糯玉米饼	色泽	颜色	杂色多（0~3 分）；较为均匀的黄色（4~6 分）；均匀的金黄色（7~10 分）
		光泽	无光泽（0~3 分）；较光泽（4~6 分）；均匀光亮（7~10 分）
	风味	玉米香气	闻不到香气（0~3 分）；入口可感受到香味（4~6 分）；能明显闻出玉米香气（7~10 分）
		甜度	不甜（0~3 分）；有甜味，但甜度不适中（4~6）；甜度适中（7~10 分）
		焦糊味	焦糊味明显，刺鼻（0~3 分）；细尝能感受到焦糊味（4~6 分）；几乎不存在焦糊气味（7~10 分）
		鸡蛋香味	闻不到（0~3 分）；能闻到，但不浓郁（6~10 分）；鸡蛋香味浓郁（7~10 分）

续 表

制品	项目		评分标准
	质地	脆度	太过坚韧（0~3 分）；脆度一般（6~10 分）；松酥易碎（7~10 分）
		细腻度	非常粗糙（0~3 分）；较细腻（4~6 分）；细腻爽口（7~10 分）
		凝结度	面团不凝结，过于松散（0~3 分）；凝结度较高（4~6 分）；凝结度非常好（7~10 分）
		硬度	硬，不便食用（0~3 分）；稍感坚硬（4~6 分）；适中（7~10 分）

（二）结果与分析

1. 糯玉米汤圆制作工艺试验的结果分析

糯玉米颗粒进行湿磨打浆之前要进行浸泡处理，此过程中糯玉米会损失一部分营养物质，进而影响到制作的糯玉米汤圆的风味；试验中制作的汤圆是以糯米粉为皮料的，加入糯玉米粉后会使其结构凝结状况发生变化，易松散开裂，煮制中易混汤，因此糯玉米粉的添加量对汤圆的影响较大；馅料越多，制作的汤圆口味越浓郁，但馅料过多不仅会提高产品成本，也会使产品失去玉米的特有香味。糯玉米汤圆制作工艺条件正交试验因素与水平见表 6.21，正交试验结果见表 6.22。

表 6.21　糯玉米汤圆制作工艺条件正交试验因素与水平

水平	因素		
	A（糯玉米的浸泡时间/h）	B（馅料含量/%）	C（糯玉米粉与糯米粉的比例）
1	12	15	1：2
2	24	20	1：3
3	36	25	1：4

表 6.22　糯玉米汤圆制作工艺的正交试验结果

试验号	因素			感官评分（分）			总评分（分）
	A（糯玉米的浸泡时间/h）	B（馅料含量/%）	C（糯玉米粉与糯米粉的比例）	色泽	风味	质地	
1	1	1	1	15	31	32	78
2	1	2	2	13	34	32	79
3	1	3	3	17	33	34	84
4	2	1	2	16	36	35	87
5	2	2	3	18	35	31	84
6	2	3	1	14	32	36	82
7	3	1	3	16	34	33	83

续 表

试验号	因素			感官评分（分）			总评分（分）
	A（糯玉米的浸泡时间/h）	B（馅料含量/g）	C（糯玉米粉与糯米粉的比例）	色泽	风味	质地	
8	3	2	1	15	33	35	83
9	3	3	2	18	35	31	84
K_1	241	248	243				
K_2	253	246	250				
K_3	250	250	254				
均值 1	80.33	82.67	81.00				
均值 2	84.33	82.00	83.33				
均值 3	83.33	83.33	84.67				
极差 R	4.00	1.33	3.67				
主次顺序	$A>C>B$						
最优水平	A_2	B_3	C_3				

表 6.22 的正交试验结果表明以上三个因素对产品感官评分的影响大小依次为 $A>B>C$，即糯玉米的浸泡时间>馅料含量>糯玉米粉与糯米粉的比例。但正交试验极差优化分析发现最优水平组合为$A_2B_3C_3$。与$A_2B_1C_2$进行感官评分比较试验，试验结果如表 6.23 所示。

表 6.23　两种不同配方的感官评分

组合	色泽（分）	质地（分）	风味（分）	总评分（分）
$A_2B_1C_2$	16	36	35	87
$A_2B_3C_3$	17	37	35	89

由表 6.23 可以看出，$A_2B_3C_3$组总评分较高，表明在糯玉米汤圆制作过程中，先将糯玉米浸泡 24h，然后将糯玉米粉与糯米粉按 1∶4 混合，再包入总重 25%的馅料后再经蒸煮出来的糯玉米汤圆具有最佳色泽、风味和质地。

2. 糯玉米保健粥烹饪工艺的试验结果分析

（1）**不同糯玉米与糯米的比例对感官品质的影响**

糯玉米与糯米的比例对糯玉米保健粥的感官品质影响较大。对不同糯玉米和糯米的比例进行的单因素试验结果如图 6.24 所示。图 6.24 表明在糯玉米保健粥的烹饪加工中糯玉米与糯米的最佳比例为 1∶1.5。

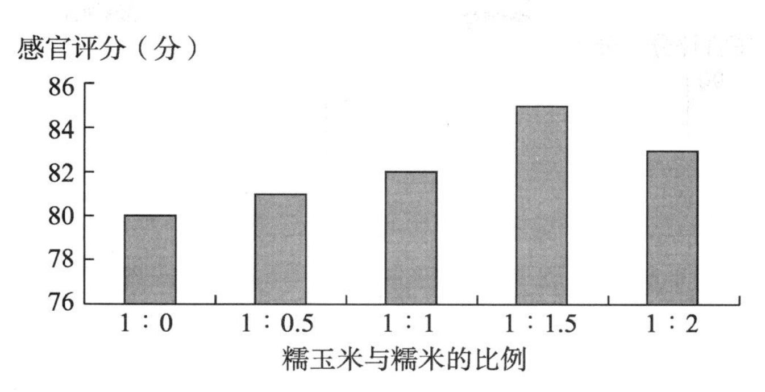

图 6.24 不同糯玉米与糯米的比例对感官品质的影响

（2）不同料液比对感官品质的影响

加水量直接影响保健粥的口感和感官品质。加水量越少，粥越黏稠，味也越浓郁，但水太少粥易糊锅。为确定出最佳料液比，现针对不同料液比对糯玉米保健粥感官品质的影响进行单因素试验。试验结果如图 6.25 所示。从图 6.25 中可看出，在糯玉米保健粥的烹饪加工中的最佳料液比为 1：3。

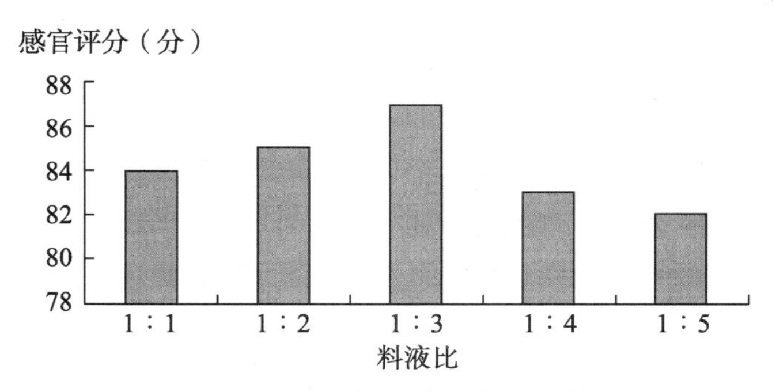

图 6.25 不同料液比对感官品质的影响

（3）不同煮制时间对感官品质的影响

糯玉米保健粥的煮制分大火和小火两个阶段。先大火煮沸，使糯玉米和糯米中的淀粉迅速老化；再小火慢熬，使保健粥更加黏稠，味道更加浓郁。不同煮制时间下的感官评价结果见图 6.26。由图 6.26 可以看出，在糯玉米保健粥的制作过程中，最佳煮制方式应分为两个阶段：先大火煮 20min，再小火熬 10min。

3. 糯玉米饼制作工艺正交试验的结果分析

糯玉米饼制作过程中糯玉米粉的添加量对产品感官品质影响较大。添加越多，口味越粗糙；添加太少，又会使产品营养保健功能下降。同时，在糯玉米饼制作过程中都需经历醒发阶段，而干酵母的用量和醒发时间对最终醒发结果都有较大影响。故本次试验对糯玉米饼制作工艺流程中的三个主要因素（糯玉米粉与面粉的比例、干酵母用量、醒发时间）进行正交试验，糯玉米饼制作工艺条件正交试验因素与水平见表

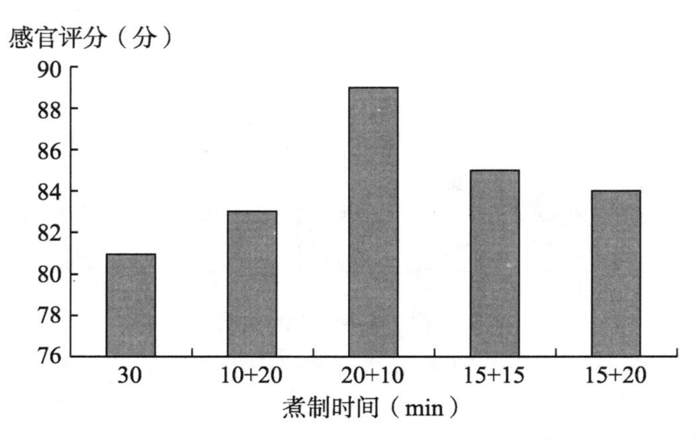

图 6.26　不同煮制时间对感官品质的影响

6.24，正交试验结果见表 6.25。

表 6.24　糯玉米饼制作工艺条件正交试验因素与水平

水平	因素		
	A（糯玉米粉与面粉的比例）	B（干酵母用量/%）	C（醒发时间/min）
1	1∶1	2	45
2	1∶2	3	60
3	2∶1	4	75

表 6.25　糯玉米饼制作工艺的正交试验结果

试验号	因素			感官评分（分）			总评分（分）
	A（糯玉米粉与面粉的比例）	B（干酵母用量/%）	C（醒发时间/min）	色泽	风味	质地	
1	1	1	1	17	33	31	81
2	1	2	2	16	31	32	79
3	1	3	3	13	35	34	82
4	2	1	2	16	36	36	88
5	2	2	3	14	29	33	76
6	2	3	1	15	31	36	82
7	3	1	3	13	36	33	82
8	3	2	1	16	35	35	86
9	3	3	2	18	34	31	83
K_1	242	251	249				
K_2	246	241	250				

续 表

试验号	因素			感官评分（分）			总评分（分）
	A（糯玉米粉与面粉的比例）	B（干酵母用量/%）	C（醒发时间/min）	色泽	风味	质地	
K_3	251	245	240				
均值 1	80.67	83.67	83.00				
均值 2	82.00	80.33	83.33				
均值 3	83.67	81.67	80.00				
极差 R	3.00	3.34	3.33				
主次顺序	$B>C>A$						
最优水平	A_3	B_1	C_2				

根据正交试验结果，各因素对糯玉米饼感官品质的影响顺序为 $B>C>A$，即干酵母用量>醒发时间>糯玉米粉与面粉的比例。但正交试验极差优化分析发现最优水平组合为$A_3B_1C_2$，与$A_2B_1C_2$进行感官评分比较试验，结果如表 6.26 所示。

表 6.26 两种不同配方的感官评分

组合	色泽（分）	质地（分）	风味（分）	总评分（分）
$A_2B_1C_2$	16	36	36	88
$A_3B_1C_2$	17	38	36	91

由表 6.26 可以看出，$A_3B_1C_2$组感官评分最高，表明在糯玉米饼烹饪加工过程中，当糯玉米粉与面粉按 2∶1 混合，干酵母用量为 2%，醒发时间控制在约 60min 时制成的糯玉米饼具有最佳色泽、风味和质地。

（三）结论

糯玉米汤圆的最佳制作工艺条件为：先将糯玉米浸泡 24h，然后将糯玉米粉与糯米粉按 1∶4 混合，再包入总重 25%的馅料后经蒸煮而成。由此制得的汤圆色泽浅黄均匀、光泽清亮，玉米风味浓郁，细腻爽滑、质地均匀、有弹性，且馅料滋味纯正、回味持久。

糯玉米保健粥的最佳制作工艺条件为：取糯玉米与糯米按 1∶1.5 的比例，加入 3 倍于固形物的水，再分两次依次 20min、10min 煮制而成。由此制得的糯玉米保健粥色泽均匀清澈鲜亮、米粒圆润透明，风味良好、玉米香气突出，甜度适口，玉米、红枣硬度适中。

糯玉米饼的最佳制作工艺条件为：取糯玉米粉与面粉按 2∶1 混合，干酵母用量为 2%，醒发时间控制在约 60min，再经烙制而成。由此制得的糯玉米饼色泽金黄均匀、光鲜油亮，玉米风味突出、蛋香浓郁，米饼面团凝结度好、质地酥松、细腻爽口、软硬适中。

四、鸡蛋面条制作

面条，这已有四千多年历史的主食在历史长河中演变得越来越精彩。起初，面条的生产范围局限于家庭和饭店经营，不被科研人员所重视。随着挂面和方便面的兴起，面条工业化进展得到了加速，也吸引了国内外研究者对面条品质深入研究，各种验证性试验使面条品质得到提高，种类得到了丰富。如今面条依然在人们日常生活中扮演着重要的角色，商家对面条市场的不断探索，使得不同品种的面条被研发出来。面条不仅有了色彩上的不同，还提高了营养价值，并可增添食疗作用。特色面条使人们对美味、营养、健康三重需求获得了满足。在丰富多样的面条市场里，鸡蛋面条是最常见的品种，在家庭面条制作中同样深受青睐。它有以下几个优点：制作简单，只需要面粉和鸡蛋，加上适量的水揉成团后擀制切条；烹调快捷，面条放入水已沸腾的铁锅内，煮至内部无硬芯便可；口感劲道，面条蛋白质含量提高，面筋结构更好地形成，使面制品更有嚼劲。本试验研究了被人们忽略的家常手擀面，并在其中添加了魔芋粉优化面条品质，得出鸡蛋面条的最佳工艺配方。

鸡蛋是理想的营养库，含有人体所需的大部分营养。将鸡蛋代替一部分水加入面条制作中，不仅弥补了面条中赖氨酸含量的不足，还可以改善面条内部的组织结构，保留自身风味物质，口感更加爽滑劲道。鸡蛋又可分为蛋黄和蛋白，在本质上有着显著的区别。《本草纲目》记载：蛋白性质较寒，可以缓解盛夏带来的体内燥热，也可治肝火导致的眼红充血；蛋黄性质温和，食之有补血功效，适合产后孕妇，而且对腹泻不适者有止泻作用。因而本文把蛋液种类作为一种影响因素进行研究。魔芋中的营养物质种类丰富，淀粉含量达35%，蛋白质含量达3%，还有各类维生素以及钾、磷、硒等矿物质元素。因为魔芋中葡甘露聚糖脂肪含量低、纤维素含量高、热量数值低，所以有消除饥饿感并控制体重的功效。魔芋是不能直接食用的，其块茎需经过多个程序加工制作成粉末，以去除魔芋自身的毒素。魔芋粉作为增稠剂加入面条中，分子结构中的亲水基团使蛋白质的网络结构处于最佳水合状态。魔芋面条更加耐煮，口感劲道、出品率高，汤色澄清，综合品质得到提升。

（一）材料、仪器与方法

1. 材料、仪器

（1）材料

主料：雪花粉（凤宝粮油集团有限公司）、鸡蛋（凤阳县北门菜市场购买）。

辅料：食盐（凤阳县华运超市购买）、魔芋粉（食品级）。

（2）仪器

PL6001-L 电子天平：梅特勒—托利多（上海）有限公司。

C21-H3306 电磁炉：青岛海尔集团。

2. 方法

（1）鲜切面的基本配方

面粉量为 100g，鲜蛋液的添加量 15%，水的添加量 29%，盐的添加量 1.5%。

（2）工艺流程

鸡蛋→打散→蛋液

↓

面粉→和面→醒发→擀制→切条→制品

↑

水、盐

（3）鸡蛋面条制作要点

第一，原辅料预处理。

购买新鲜的鸡蛋，试验前，将鸡蛋外壳清洗干净，去除外壳上的污垢和尘土。然后将蛋壳磕破，蛋液流入碗中搅打均匀。试验用的面粉避免放在潮湿的地方，试验时需进行过筛处理，防止结团的面粉颗粒影响成品口感。

第二，面团调制。

用天平称取 100g 面粉，并称取好定量的辅料。室温下在面粉和魔芋粉的混合物中加入一定量的蛋液充分搅拌，再倒入水和盐的混合液搅拌。面团的配料用手揉制 3~5min，形成表面光滑的面团。

第三，醒发。

所谓的醒发，就是自然成熟的意思，是指面团在自然条件下推进自身品质的成熟。将揉制好的面团盖上保鲜膜或者湿布静置大约 20min，面粉粒子内部被水分很好地浸透，使其面筋网络更好地形成，充分舒展了面筋，增强面条的口感。

第四，擀制、切条。

在光滑平坦的桌面上撒上一些干粉，然后将醒发好的面团放在上面，用手压成圆饼状。取一根较长的擀面杖，洗净烘干后表面也抹上干粉，将面团擀成厚薄一致的大圆片，厚度控制在 1~2mm。再把圆片折叠起来，为防止面皮之间粘连，还需在面皮间撒上一层薄面。使用彻底干燥的利刀，均匀地下刀将面皮切成粗细一致的条状，宽窄 3mm 左右。在切好的面条上撒些干粉，再轻轻地拨动面条，使面条都沾到干粉互相不粘连，把面条提起抖掉多余的粉末，置于一旁备用。

第五，煮制。

用电磁炉将冷水烧至沸腾，把切好的面条放入锅中煮制 2~3min，成熟后捞起装盘。

（4）鸡蛋面条品质评价方法

第一，感官评价。

在制得的面条成品中选取 50 根，放入装有 500ml 沸水的电磁炉中，在 100℃中煮制 3min 后，立即用漏勺将面条捞出，在凉自来水中浸水 10s，然后淋水 3min，再装入碗中，由 10 位熟悉感官评价知识的同学组成品评小组，对鸡蛋面条的品质进行评分。分值计算方法：从外观、食味、口感这三个方面对产品进行合理评分。每个产品由感官评价小组 10 位成员同时评分，评分时，各成员彼此分开，禁止相互间讨论，以保证试验结果的客观性和准确性。将记录分数去掉最高分和最低分，感官评分标准表见表 6.27。

表 6.27 鸡蛋面条感官评分标准表

项目	分值（分）	评分标准
外观（30 分）	15	色泽：半成品颜色洁白或乳白为（11~15 分）；亮度一般为（7~10 分）；色发灰、暗淡，亮度差为（1~6 分）
	15	表观状态：视觉感官里面条表面粗糙度。表面结构细密、光滑为（11~15 分）；中间为（7~10 分）；表面粗糙、膨胀、变形严重为（1~6 分）
食味（10 分）	10	香气：具有鸡蛋香味和麦香（8~10 分）；基本无异味（5~7 分）；有异味、蛋腥味为（1~4 分）
口感（60 分）	20	弹韧性：牙齿切割面条时，力度大小。有咬劲、富有弹性为（16~20 分）；一般为（10~15 分）；咬劲差、弹性不足为（1~9 分）
	10	光滑性：舌头感知面条表面状态。光滑为（8~10 分）；一般为（5~7 分）；光滑程度差为（1~4 分）
	15	粘性：咀嚼爽口、不会黏牙（11~15 分），有些粘、比较爽口（7~10 分），粘度大（1~6 分）
	15	适口性：面条软硬度刚好，易咀嚼为（11~15 分）；稍偏硬或软（7~10 分）；太硬或太软（1~6 分）

第二，断条率。

在电磁炉内倒入 500ml 的水，加热至热水沸腾后加入制作所得的 50 根面条。调节电磁炉温度，使水温保持微沸状态，面条内部硬芯消失，此时是最佳煮制温度，将其细心挑出查看断条数，数量记为 b，其中断条的面条数占总面条数的百分率就是熟断条率。

$$熟断条率=b/50\times100\%$$

3. 试验设计

（1）单因素试验水平设计

第一，水的添加量对鸡蛋面条感官品质的影响。

称取 100g 面粉，蛋液的添加量为 15%，盐的添加量为 1.5%，魔芋粉的添加量为

0.4%，以水的添加量23%、26%、29%、32%、35%为研究对象，以上百分比是以面粉的添加量为基准。按照花生荞面豆制作的工艺流程及操作要点制作鸡蛋面条，再根据花生荞面豆的感官评分标准对鸡蛋面条感官品质进行评价。

第二，蛋液的添加量对鸡蛋面条品质的影响。

称取面粉100g，盐的添加量为1.5%，魔芋粉的添加量为0.4%，水的添加量为29%，以蛋液的添加量5%、10%、15%、20%、25%为研究对象。按照花生荞面豆制作的工艺流程及操作要点制作鸡蛋面条，再根据花生荞面豆的感官评分标准对鸡蛋面条感官品质进行评价。

第三，盐的添加量对鸡蛋面条感官品质的影响。

称取面粉100g，蛋液的添加量15%，水的添加量29%，魔芋粉的添加量0.4%，以盐的添加量1.0%、1.5%、2.0%、2.5%、3.0%为研究对象。按照花生荞面豆制作的工艺流程及操作要点制作鸡蛋面条，再根据花生荞面豆的感官评分标准对鸡蛋面条感官品质进行评价。

第四，魔芋粉的添加量对鸡蛋面条感官品质的影响。

称取面粉100g，蛋液的添加量15%，水的添加量29%，盐的添加量2%，以魔芋粉的添加量0%、0.2%、0.4%、0.6%、0.8%为研究对象。按照花生荞面豆制作的工艺流程及操作要点制作鸡蛋面条，再根据花生荞面豆的感官评分标准对鸡蛋面条感官品质进行评价。

第五，蛋液的种类对鸡蛋面条感官品质的影响。

称取面粉100g，盐的添加量为2%，水的添加量为29%，魔芋粉的添加量为0.4%，选取蛋清液、蛋黄液、鲜蛋液三种不同蛋液作为变量，蛋液的添加量设置为15%。按照花生荞面豆制作的工艺流程及操作要点制作鸡蛋面条，再根据花生荞面豆的感官评分标准对鸡蛋面条感官品质进行评价。

第六，和面时间对鸡蛋面条感官品质的影响。

称取面粉100g，盐的添加量为2%，水的添加量为29%，魔芋粉的添加量为0.6%，蛋液的添加量15%，以和面时间3min、6min、9min、12min、15min为变量。按照花生荞面豆制作的工艺流程及操作要点制作鸡蛋面条，再根据花生荞面豆的感官评分标准对鸡蛋面条感官品质进行评价。

第七，醒发时间对鸡蛋面条感官品质的影响。

称取面粉100g，盐的添加量为2%，水的添加量为29%，魔芋粉的添加量为0.6%，蛋液的添加量为15%，以面条的醒发时间5min、10min、15min、20min、25min为变量，以鸡蛋面条醒发时间按照花生荞面豆制作的工艺流程及操作要点制作鸡蛋面条，再根据花生荞面豆的感官评分标准对鸡蛋面条感官品质进行评价。

第八，煮制温度对鸡蛋面条感官品质的影响。

称取面粉100g，盐的添加量为2%，水的添加量为29%，魔芋粉的添加量为0.6%，蛋液的添加量为15%，以煮制时电磁炉设置的温度80℃、100℃、120℃、140℃、160℃为变量，按照花生荞面豆制作的工艺流程及操作要点制作鸡蛋面条，再根据花生荞面豆的感官评分标准对鸡蛋面条感官品质进行评价。

第九，煮制时间对鸡蛋面条感官品质的影响。

称取面粉100g，盐的添加量为2%，水的添加量为29%，魔芋粉的添加量为0.6%，蛋液的添加量为15%，以煮制时间3min、5min、7min、9min、11min为变量，按照花生荞面豆制作的工艺流程及操作要点制作鸡蛋面条，再根据花生荞面豆的感官评分标准对鸡蛋面条感官品质进行评价。

(2) 正交试验因素与水平设计

第一，鸡蛋面条最优配方的确定。

根据单因素试验结果，结合实践经验，设计L9（3^4）正交试验，确定鸡蛋面条的最优配方（见表6.28）。

表6.28　鸡蛋面条配方正交试验因素与水平

水平	因素			
	A（水的添加量/%）	B（蛋液的添加量/%）	C（盐的添加量/%）	D（魔芋粉的添加量/%）
1	26	10	1.5	0.2
2	29	15	2.0	0.4
3	32	20	2.5	0.6

第二，鸡蛋面条最优工艺的确定。根据单因素试验结果，结合实践经验，设计L9（3^4）正交试验，确定鸡蛋面条的最优工艺条件（见表6.29）。

表6.29　鸡蛋面条工艺条件正交试验因素与水平

水平	因素			
	A（和面时间/min）	B（醒发时间/min）	C（煮制温度/℃）	D（煮制时间/min）
1	6	15	100	3
2	9	20	120	5
3	12	25	140	7

(二) 结果与分析

1. 单因素试验结果与分析

(1) 水的添加量对鸡蛋面条感官品质的影响

水量的控制是面条制作的关键因素，水可以作为溶解盐等可溶性辅料的溶剂；更是提供了充足的水分，让淀粉吸水润湿，使干面粉变成可塑性湿面团；让蛋白质吸水膨胀粘结，面条才产生了的延伸性和弹粘性。水量过少，面粉中淀粉吸水不充分，面团颗粒太碎，不易揉成团，内部干燥，面筋网络结构形成较差，擀制出来的面皮表面粗糙，口感硬，弹性差，耗能增加；水量过多，面团粘手，不便擀皮，需要撒上更多的干粉防止粘黏，面团内部更加稀软，切条后，面条容易拉细变形；食用时口感软滑、弹性差，没有劲道。只有适宜的水量才可以保证面条成品的表面光滑、硬度适中、弹性十足。由表 6.30 就可以知道：水的添加量在 29%，加水量适宜，面条感官评分最好。在鸡蛋面条配方正交试验中，以水的添加量 26%、29%、32%这三个水平进行正交试验。

水的添加量对鸡蛋面条断条率有一定的影响，如图 6.27 所示：在添加水的量为 29%时，鸡蛋面条断条率达到最低，为 8%。继续增加水的量，所制得的面条较软，烧煮过程中易断裂，使得断条率增加，不利于制出高质量面条。

表 6.30 水的添加量对鸡蛋面条感官品质的影响

水的添加量	色泽（15 分）	表观（15 分）	香气（10 分）	弹韧性（20 分）	粘性（15 分）	光滑性（10 分）	适口性（15 分）	总评分（分）
23%	10	7	8	16	12	6	9	68
26%	10	9	8	17	12	7	11	74
29%	10	12	8	18	12	8	13	81
32%	10	12	8	18	10	8	12	78
35%	10	12	8	17	9	9	11	76

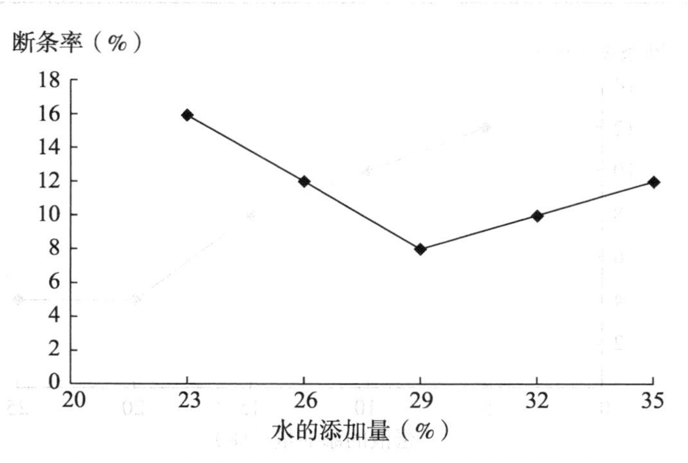

图 6.27 水的添加量对鸡蛋面条断条率的影响

（2）蛋液的添加量对鸡蛋面条感官品质的影响

通过预试验，将蛋液的添加量控制在25%以下，分为五个水平进行试验分析。由表6.31可以看出，当蛋液的添加量小于15%时，面条的感官评分随着蛋液的添加量的增加而提高。因为蛋液的添加使面团中蛋白质的含量增加，蛋白质微粒吸水膨胀，微粒互相粘结，更有利于在面团中形成良好的网状结构。而且蛋液可以充当面团制作中的一部分水，使得面粉吸水充分。当蛋液的添加量大于15%时，面条弹性较好，但是硬度增加，口感变差，面条的品质下降。只有在蛋液的添加量为15%时，弹韧性良好，硬度适中，面条口感最好，感官评分最高。其次是蛋液的添加量为20%时。选择蛋液的添加量10%、15%、20%去进行鸡蛋面条配方正交试验，实现鸡蛋面条配方优化。

根据上文鸡蛋面条感官品质评价方法中断条率的试验方法，计算在蛋液的添加量为5%、10%、15%、20%、25%这五个水平下鸡蛋面条的断条率。由图6.28可以看出，随着蛋液的添加，鸡蛋面条的断条率一直呈下降趋势，而在蛋液的添加量为20%时，断条率最低达到4%。而在感官评分最高时，蛋液的添加量是15%，此时鸡蛋面条断条率是8%，概率偏高，需要进一步优化配方。

表6.31　蛋液的添加量对鸡蛋面条感官品质的影响

蛋液的添加量	色泽（15分）	表观（15分）	香气（10分）	弹韧性（20分）	粘性（15分）	光滑性（10分）	适口性（15分）	总评分（分）
5%	8	8	6	12	9	5	9	57
10%	8	10	7	16	10	6	11	68
15%	10	12	8	18	12	8	13	81
20%	11	13	8	18	10	8	12	80
25%	11	12	9	19	9	7	11	78

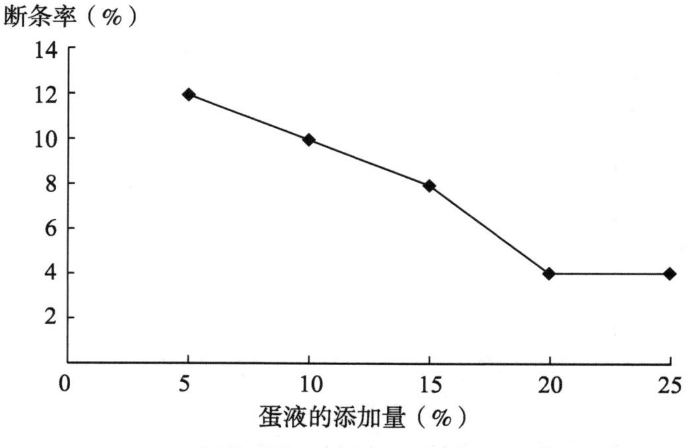

图6.28　蛋液的添加量对鸡蛋面条断条率的影响

(3) 盐的添加量对鸡蛋面条感官品质的影响

食盐是面条制作常用的辅料，它有一定的调味作用，可以减少面粉中的苦涩气味，也可以降低蛋液所带来的蛋腥味。食盐的加入使面条中的蛋白质由于渗透压的作用，析出一部分水，从而沉淀凝固，收敛了面筋组织，使得面团质地紧密。相比预试验中，加过食盐的面条比不加盐的面条表观更加光滑，吃起来有嚼劲、不粘牙，并且面条熟断条率减低。但是盐的添加量不是越多越好，过多的盐会让面条的韧性降低。由表6.32可直观看出，在加盐量为2%时，面条感官评分最高，继续添加反而影响了面条口感。选择加盐量1.5%、2%、2.5%进行鸡蛋面条配方正交试验分析。

从图6.29可知，随着食盐量的增加，鸡蛋面条的断条率从10%下降到2%，面条品质得到了优化，但是仍需要进一步改善。

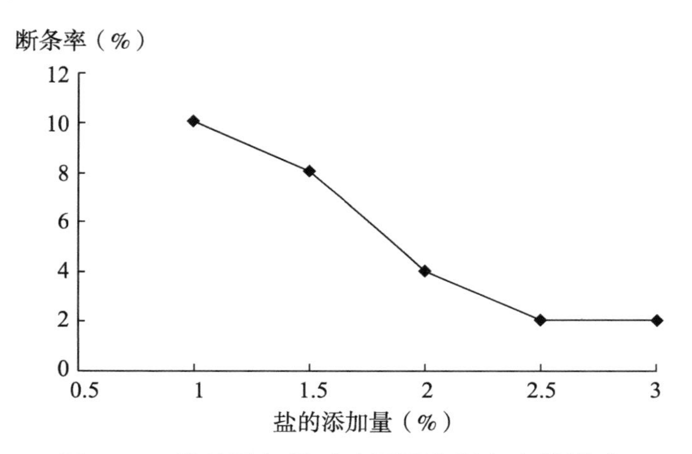

图6.29 盐的添加量对鸡蛋面条断条率的影响

表6.32 盐的添加量对鸡蛋面条感官品质的影响

盐的添加量	色泽（15分）	表观（15分）	香气（10分）	弹韧性（20分）	粘性（15分）	光滑性（10分）	适口性（15分）	总评分（分）
1.0%	10	11	7	16	10	9	12	75
1.5%	10	12	8	18	12	8	13	81
2.0%	11	12	8	18	12	9	14	84
2.5%	11	12	8	18	12	10	12	83
3.0%	11	11	7	17	12	10	11	79

(4) 魔芋粉的添加量对面条感官品质的影响

魔芋粉对面条的适口性和韧性影响较大，对其他参数影响较小，由表6.33可以看出，面条感官品质先是逐渐增长，到达高峰时，随着魔芋粉的增加感官评分呈下降趋势。魔芋粉有很好的吸水性，吸水膨胀后，体积最高可增加到自身100倍。所以在面条制作中，加入魔芋粉可以提高面条的出品率，使面条弹韧性增加；魔芋粉加入过多，

面条硬度太大，适口性不好；魔芋粉吸水过多，使得面粉吸水不充分，容易在面团中形成干粉颗粒，影响面团感官品质。以添加量0.2%、0.4%、0.6%作为鸡蛋面条配方正交试验中魔芋粉添加量的三个水平。

魔芋粉对鸡蛋面条断条率的影响也比较显著。随着魔芋粉含量的增加，鸡蛋面条断条情况明显改善；当魔芋粉添加到0.6%时，鸡蛋面条的断条率最低，数值为2%，面条品质已经属于较高的水平（见图6.30）。

表6.33　魔芋粉的添加量对鸡蛋面条感官品质的影响

魔芋粉的添加量	色泽（15分）	表观（15分）	香气（10分）	弹韧性（20分）	粘性（15分）	光滑性（10分）	适口性（15分）	总评分（分）
0%	10	10	8	16	11	8	11	74
0.2%	10	12	8	18	12	8	13	81
0.4%	11	12	8	18	12	9	14	84
0.6%	12	11	8	17	11	10	13	82
0.8%	12	10	8	16	11	10	12	79

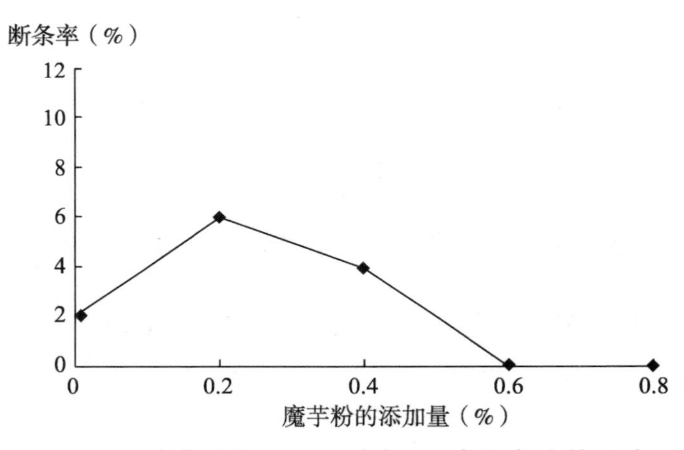

图6.30　魔芋粉的添加量对鸡蛋面条断条率的影响

（5）蛋液的种类对面条感官品质的影响

蛋清中的蛋白质含量不如蛋黄中的蛋白质高，但水分含量略高。因为只选用了蛋清液，制出的面条色泽洁白，质感相对于同百分含量的蛋液做出的面条要软些，擀制时筋性较低，伸展性较好。气味中蛋腥味少，主要是面粉清苦的气味。鸡蛋中的营养物质主要存在于蛋黄中，面条的色泽因为蛋黄中核黄素、胡萝卜素、叶黄素而加深，蛋腥味随之而来；所制的面条筋力相对较高，面团表面光滑，显现浅黄色，但是蛋黄液含量较少，色泽不明显；煮制后面汤浑浊，有不良气味。面条有嚼劲，弹性、韧性佳。蛋液是对鸡蛋的充分利用，但是通过表6.34看出，蛋液在口感上更得大众认可。

所以选择蛋液进行鸡蛋面条配方正交试验。

蛋液的种类对鸡蛋面条断条率的影响程度不高，蛋清液中蛋白质和其他营养成分含量低，水分含量较高，制的面条弹性弱，较软粘，易导致断条。由图 6.31 可以看出，用蛋黄液和鲜蛋液制作鸡蛋面条效果比蛋清液好。

表 6.34　蛋液的种类对鸡蛋面条感官品质的影响

蛋液的种类	色泽（15 分）	表观（15 分）	香气（10 分）	弹韧性（20 分）	粘性（15 分）	光滑性（10 分）	适口性（15 分）	总评分（分）
蛋清液	10	11	7	16	11	9	12	76
蛋黄液	11	10	8	18	12	9	13	81
鲜蛋液	11	12	8	18	12	9	14	84

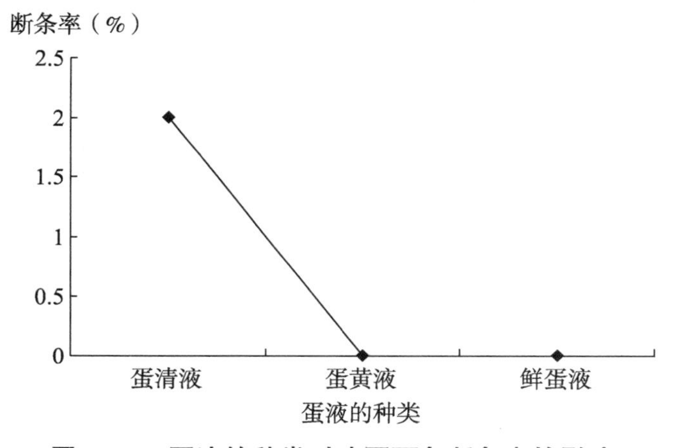

图 6.31　蛋液的种类对鸡蛋面条断条率的影响

（6）和面时间对鸡蛋面条感官品质的影响

为保证面粉和水充分接触，需要通过人力反复揉制面团，在和面过程中面团性质产生变化，而面团也在此过程中得到了更好的筋性。揉制得不充分，面团内部会留有面粉颗粒；揉制得太久，会使面团筋性减弱。如图 6.32 所示，随着和面时间的增加，鸡蛋面条感官评分先升高后降低。3min 到 9min 之间，随着时间的增加，面条感官评分呈上升趋势，在 9min 时达到峰值。在 9min 之后，感官评分呈下降趋势。选择和面时间 6min、9min、12min 进行下面的鸡蛋面条工艺条件正交试验。

（7）醒发时间对鸡蛋面条感官品质的影响

面团揉匀后需要盖上湿布或保鲜膜，并放在一边静置。这是为了让面团内部的水分得到更好地渗透，面筋网络得到舒展。面团醒发后制得的面条口感更好。20min 之前，醒发时间增加使鸡蛋面品质得到提升；20min 之后，面团醒发时间增加，鸡蛋面品质下降；而在醒发时间为 20min 时，感官评分达到峰值。选择醒发时间 15min、20min、

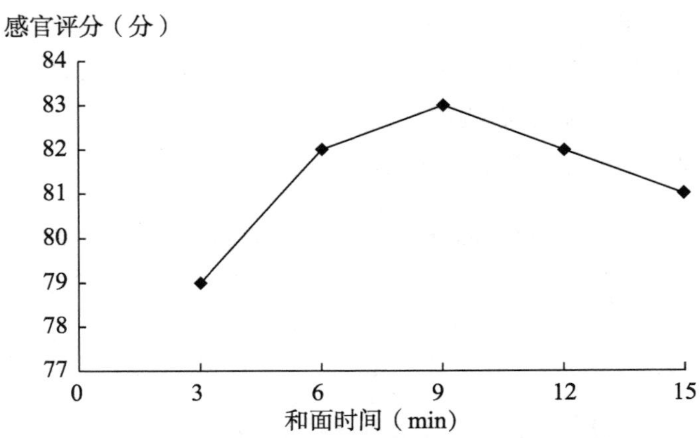

图 6.32　和面时间对鸡蛋面条感官品质的影响

25min 进行下面的鸡蛋面条工艺条件正交试验。

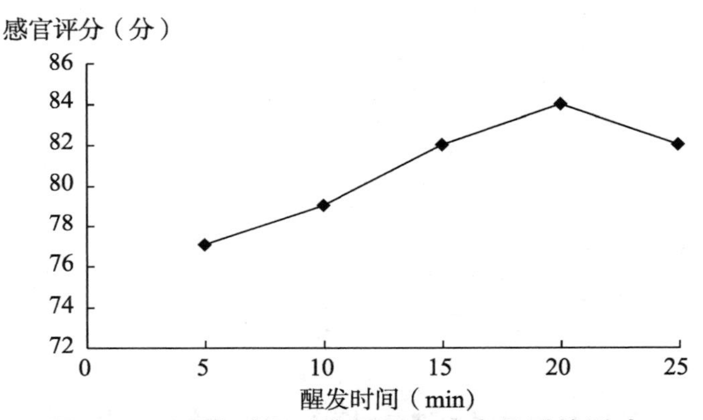

图 6.33　醒发时间对鸡蛋面条感官品质的影响

（8）煮制温度对鸡蛋面条感官品质的影响（见图 6.34）

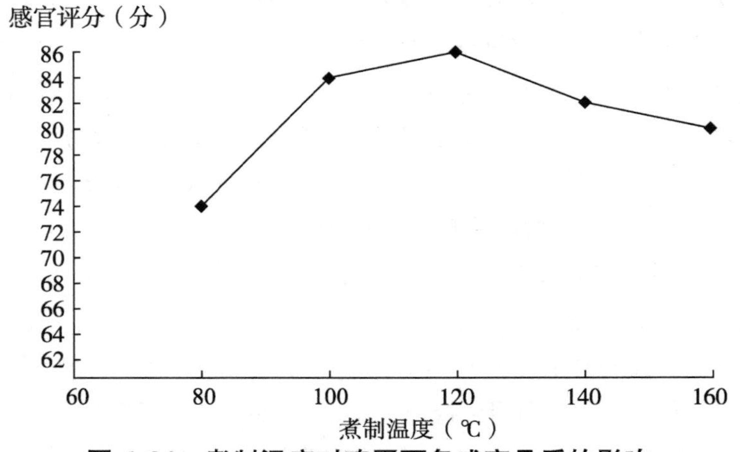

图 6.34　煮制温度对鸡蛋面条感官品质的影响

(9) 煮制时间对鸡蛋面条感官品质的影响

煮制时间太短，面条夹生，难以食用；或是面条硬度大，适口性不好。煮制太长，面条被热水泡得太软，没有弹性，粘性增加，适口性差。在煮制时间为 5min 的时候，是这五个水平里感官评分最高的。超过 7min，鸡蛋面条口感变差，导致感官评分降低。选择煮制时间 3min、5min、7min 进行下面的鸡蛋面条工艺条件正交试验。

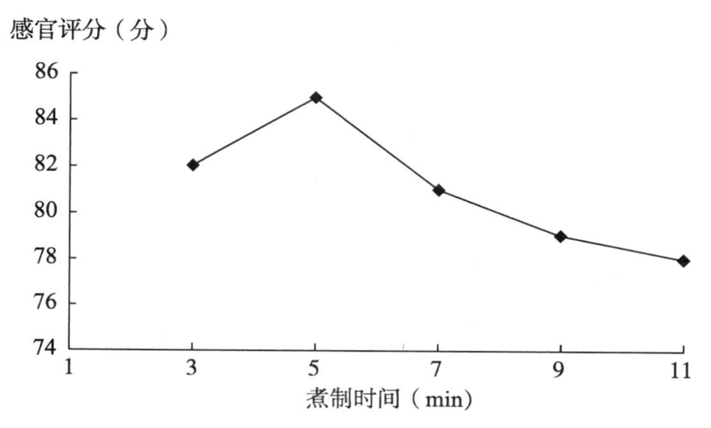

图 6.35 煮制时间对鸡蛋面条感官品质的影响

2. 正交试验结果与分析

(1) 鸡蛋面条最优配方的确定

试验考察了蛋液的添加量、水的添加量、魔芋粉的添加量、盐的添加量等单因素对鸡蛋面条品质的影响，然后以蛋液的添加量（10%、15%、20%）、水的添加量（26%、29%、32%）、魔芋粉的添加量（0.2%、0.4%、0.6%）、盐的添加量（1.5%、2.0%、2.5%）为正交因素，设计 L9（3^4）正交试验，最终试验结果见表 6.35。

表 6.35 鸡蛋面条配方正交试验结果分析

试验组号	因素				感官评分（分）
	A（水的添加量/%）	B（蛋液的添加量/%）	C（盐的添加量/%）	D（魔芋粉的添加量/%）	
1	1	1	1	1	65
2	1	2	2	2	71
3	1	3	3	3	70
4	2	1	2	3	81
5	2	2	3	1	85
6	2	3	1	2	82

续 表

试验组号	因素				感官评分（分）
	A（水的添加量/%）	B（蛋液的添加量/%）	C（盐的添加量/%）	D（魔芋粉的添加量/%）	
7	3	1	3	2	73
8	3	2	1	3	78
9	3	3	2	1	74
K_1	253	251	249	224	
K_2	261	260	259	226	
K_3	253	256	259	229	
均值 1	68.667	73.000	75.000	74.667	
均值 2	82.667	78.000	75.333	75.333	
均值 3	75.000	75.333	76.000	76.333	
极差 R	14.000	5.000	1.000	1.666	
主次顺序	$B>A>D>C$				
最优水平	A_2	B_2	C_3	D_3	

由表 6.35 可知，对鸡蛋面条感官品质影响的配方主次因素为：水的添加量>蛋液的添加量>盐的添加量>魔芋粉的添加量。

正交试验结果表明最优的方案是 $A_2B_2C_3D_3$，但是感官评分最高的是 $A_2B_2C_3D_1$，以这两个配方制作鸡蛋面条再进行评价分析（见表 6.36）。样品 $A_2B_2C_3D_3$ 感官评分 88 分，明显比样品 $A_2B_2C_3D_1$ 感官评分要高。在此条件下制作的鸡蛋面条口感爽滑劲道，色泽洁白，表面光滑，断条率为 0。

表 6.36　验证试验结果

样品	色泽（15 分）	表观状态（15 分）	食味（10 分）	弹韧性（20 分）	粘性（15 分）	光滑性（10 分）	适口性（15 分）	综合评分（分）
$A_2B_2C_3D_1$	13	13	9	18	11	10	11	85
$A_2B_2C_3D_3$	14	14	9	18	12	10	11	88

（2）鸡蛋面条最优工艺的确定

试验考察了和面时间、醒发时间、煮制温度、煮制时间单因素对鸡蛋面条品质的影响，然后以和面时间（6min、9min、12min）、醒发时间（15min、20min、25min）、煮制温度（100℃、120℃、140℃）、煮制时间（3min、5min、7min）为正交因素，设计 L9（3^4）正交试验，最终试验结果见表 6.37。由表 6.37 可知，对鸡蛋面条品质影响的工艺因素主次为：煮制温度>和面时间>醒发时间>煮制时间。正交试验结果表明最优工艺条件是$A_3B_2C_2D_2$，但是感官评分最高的是$A_1B_2C_2D_2$，以这两个条件制作鸡蛋面条在进行评价分析。

表 6.37　鸡蛋面条工艺条件正交试验结果分析表

试验组号	因素				感官评分（分）
	A（和面时间/min）	B（醒发时间/min）	C（煮制温度/℃）	D（煮制时间/min）	
1	1	1	1	1	64
2	1	2	2	2	82
3	1	3	3	3	69
4	2	1	2	3	78
5	2	2	3	1	76
6	2	3	1	2	74
7	3	1	3	2	77
8	3	2	1	3	76
9	3	3	2	1	78
K_1	215	219	214	218	
K_2	228	235	238	236	
K_3	231	221	222	223	
均值 1	71.667	73.000	71.333	72.667	
均值 2	76.000	78.333	79.333	77.667	
均值 3	77.000	73.667	74.000	74.333	
极差 R	5.333	5.000	8.000	5.000	
主次顺序	$C>A>B>D$				
最优水平	A_3	B_2	C_2	D_2	

样品$A_3B_2C_2D_2$感官评分 87 分，明显比样品$A_1B_2C_2D_2$感官评分要高（见表 6.38）。

表 6.38　验证试验结果

样品	色泽（15 分）	表观状态（15 分）	食味（10 分）	弹韧性（20 分）	粘性（15 分）	光滑性（10 分）	适口性（15 分）	总评分（分）
$A_3B_2C_2D_2$	13	13	9	18	12	10	12	87
$A_1B_2C_2D_2$	13	12	9	17	11	9	11	82

（三）讨论

1. 影响鸡蛋面外观的主要因素

蛋黄中存在叶黄素和玉米黄素，当面粉中蛋液的添加量足够多的时候，面团会呈现浅黄色，但是切成条煮制之后颜色消失，面条颜色洁白，所以色泽上面没有对面条产生影响的因素。再者就是评价面条表面光滑度和形态固性，面条在制作过程中添加的水分含量较少，不足以将其揉捏成团，表面粗糙，静置后稍有改观，但是由于蛋白质吸水不足，面筋胀润度差，内部面筋网络结构难以形成，通过反复擀压，面皮也能表现得光滑整齐，边缘却参差开裂。将面皮切成条状，面条质地较硬，风干后或者煮制时都容易出现断裂现象。水量加入太多，则面团软塌粘手，不能作为手擀面所需要的面团生胚，需要再次加入面粉，降低面团的含水量，提高面团的硬度，擀皮剪切时才不会粘黏。适当的水量可以很大程度地改善面条的外观。而蛋液和盐的加入，收敛了面筋组织，更显得面团外观光滑、质地结实。通过分析得出，在面条的制作过程中，水分含量直接影响面条外观，次要因素是蛋液、盐的添加量。

2. 影响鸡蛋面气味的主要因素

从单因素试验可以看出蛋液的添加是影响鸡蛋面条气味的主要因素。小麦粉加水制作成团后，有种苦涩的气味，但是随着蛋液的添加，煮制后的面条增加了一种蛋腥味，会降低食用者的食欲。

3. 影响鸡蛋面条口感的因素

蛋液的添加量、水的添加量、盐的添加量以及魔芋粉的添加量都影响着面条食用的口感，蛋液增加了面条蛋白质含量，而蛋白质的含量与煮熟面条硬度弹性呈正相关；水量的适量添加，使得蛋白质吸水充分，形成完善的面筋网络；盐的添加可收敛面筋组织，盐水更是具有很好的渗透作用，加快面粉吸水成形；魔芋粉作为良好的增稠剂，可以使面条弹性、韧性提高。在鸡蛋面条制作工艺的试验中发现：不恰当的工艺因素会很大程度地影响成品口感。

而工艺条件影响因素中，和面时间、醒发时间、煮制温度、煮制时间直接影响着成品的口感。手工揉制面团，赋予面团较好的弹性；醒发过程使得面团内部自然熟化，面条品质提高；用高温在较短的时间内让面条成熟，可以保证面条形态完好、粘度适中、口感好。

4. 影响鸡蛋面条断条率的因素

蛋液和盐的添加有助于改善面条品质，减少断条现象。水量和魔芋粉的增加，先是对面条有改善作用，过多地加入也将导致面条品质下降，断条数增加。同时适当地加大火力控制煮制时间也对面条断条率有所改善。

（四）结论

试验在传统手擀面基础上加入了增稠剂魔芋粉，对面条品质进行改进，设定五个影响因素对面条的配方进行探究，多次试验得出数据。根据数据分析得出：蛋液的添加量15%，水的添加量29%、盐的添加量2.5%、魔芋粉的添加量0.6%，此配方做出的面条口感好、出品率高，断条数少，耐煮。另设四组单因素试验研究面条制作的工艺条件。试验结果可知，和面时间 12min、醒发时间 20min、煮制温度 120℃、煮制时间 5min，此制作工艺条件最佳。

五、菠菜麻花制作

麻花是一种食品，是由两三条长条面拧在一起，油炸而成。麻花是中国的传统美食，是一种非常具有中国特色的健康食品。麻花的名气响遍全国，其中以天津生产的大麻花、山西稷山的油酥麻花、湖北崇阳的小麻花为主要代表。麻花的制作方法简单：把两条长状的面条拧在一起，用油炸熟即可。成品麻花色泽金黄、香气扑鼻、甘甜酥脆、油而不腻，是一种非常好的休闲食品。而伴随着中国食品企业的快速发展，越来越多新的元素被逐渐添加到麻花的制作过程当中，其中不仅有机械化和科学化的生产，更多的则是对麻花制作工艺的创新，这些元素的加入在一定程度上丰富了麻花的品种，更增加了麻花的营养价值。

菠菜原产伊朗，如今在中国被普遍栽培，是常见的蔬菜。菠菜又名波斯菜、赤根菜、鹦鹉菜等，属藜科菠菜属，一年生草本植物。植物高可达 1 米，根圆锥状，带红色，较少为白色，叶戟形至卵形，鲜绿色，全缘或有少数牙齿状裂片。菠菜的种类很多，按种子形态可分为有刺种与无刺种两个变种。菠菜叶面积大，组织柔嫩，对水分要求较高。水分充足，生长旺盛时肉厚，产量高，品质好。在高温长日照及干旱的条件下，营养生长受抑制，加速生殖生长，容易未熟抽薹。菠菜有“营养模范生”之称，它富含类胡萝卜素、维生素 C、维生素 K、矿物质（钙质、铁质等）、辅酶 Q10 等多种营养素。

传统麻花的制作非常简单，而用菠菜汁代替水进行生产的过程并不能按照原先的制作工艺进行，需要运用全新的生产工艺。因为目前还没有关于菠菜麻花的制作方法，所以只能根据原有的工艺进行探索与试验，以试验结果来确定菠菜麻花的最佳制作工艺。本文就是一篇关于在加入了菠菜汁的新元素对原有麻花制作工艺的改进以及对新产品麻花制作工艺的探索论文。

（一）材料与方法

1. 原料与用具

（1）原料

面粉、菠菜、泡打粉、糖、油、盐：采购于凤阳县好又多超市。

（2）用具

案板：DHB-08-18，重庆顶好不锈钢设备有限公司；炉灶 JZ12T. 2-QL300；美的集团；刀：C40164，双枪竹木科技股份有限公司；漏勺：Y-9730，安徽天添塑业有限公司；电子天平：JE502 型，上海浦春计量仪器有限公司；量筒：100ml 塑料量杯，沧县盛达塑料包装制品厂；榨汁机：飞利浦（PHILIPS）HR1883/70。

2. 方法

（1）**工艺流程与操作要点**

菠菜汁的制作工艺流程：菠菜→清洗→去根→榨取成汁→过滤、备用。

菠菜麻花的制作工艺流程：面粉、泡打粉、油、盐→加菠菜汁→调制面团→制剂→成型→油炸→成品。

主要通过上述的试验流程研究了菠菜麻花的最佳制作工艺，改进加工过程中存在的问题，通过上面的流程制菠菜麻花，整体思路是根据试验的内容不断优化试验方案，为后续的试验做准备工作。

操作要点：

榨取菠菜汁的要点：要选取新鲜的菠菜，把菠菜清洗干净去除根部，放在榨汁机中榨汁，然后再用滤网过滤以后待用。

面团揉制的要点：试验中涉及四种不同的面团，各种面团要求面粉、菠菜汁等原料的加入量要一样。保证试验的单一变量，然后各种面团再根据死面、发面、烫面、混合面的特性进行操作。

菠菜麻花生胚的制作：各个麻花的制作要求无论大小、重量（20g）、长度（30cm）都一致，避免其他因素在炸制麻花时影响麻花品质。

炸制时的操作要点：进行麻花炸制时，要时刻保持油温的恒定，不断搅动，让麻花受热均匀。

（2）**菠菜麻花制作的单因素试验水平设计**

第一，面团对菠菜麻花感官品质的影响。

固定面粉为250g，等量添加泡打粉5g、油5g、盐10g、菠菜汁150ml，分四组试验，其制作的面团分别为死面、发面、烫面、混合面（以上三种面团按照1∶1∶1的比例组合而成的250g的混合面团），然后按照制作工艺流程制作菠菜麻花，放在油温为160℃的油里炸制成熟，炸制时间为5min，依据成品麻花的感官品质评价为指标，确定适宜菠菜麻花的最佳面团。

第二，菠菜汁的添加量对菠菜麻花感官品质的影响。

固定面粉为250g，等量添加泡打粉5g、油5g、盐10g，把新鲜的菠菜按照菠菜汁的制作流程制取菠菜汁待用，分五组试验，一次分别添加菠菜汁140ml、145ml、150ml、155ml、160ml。按照制作工艺制菠菜麻花，然后在油温为160℃的油里进行炸制，炸制时间为5min，根据成品的感官品质评价为指标，确定菠菜汁的最佳添加量。

第三，醒发时间对菠菜麻花感官品质的影响。

固定面粉为250g，等量添加泡打粉5g、油5g、盐10g、菠菜汁150ml，制作混合面团，放在28℃的温度下进行醒发，分为五组试验，依次醒发10min、20min、30min、40min、50min，然后按照制作工艺流程制菠菜麻花，根据成品麻花的品质评价为指标，确定面团的最佳醒发时间。

第四，炸制油温对菠菜麻花感官品质的影响。

固定面粉为250g，等量添加泡打粉5g、油5g、盐10g、菠菜汁150ml，然后将面粉制混合面团，按照制作工艺流程制菠菜麻花，将制好的菠菜麻花等量分为五组，分别放在油温为150℃、155℃、160℃、165℃、170℃的油里炸制成熟，炸制时间为5min，根据成品的感官品质评价为指标，确定菠菜麻花的最佳炸制温度。

第五，炸制时间对菠菜麻花感官品质的影响。

固定面粉为250g，等量添加泡打粉5g、油5g、盐10g、菠菜汁150ml，用250g面粉制作混合面团，按照制作工艺流程制菠菜麻花，将制好的麻花放在油温为160℃的油里炸制成熟，当炸制时间分别为3min、4min、5min、6min、7min的时候分五次等量捞出菠菜麻花，根据成品的感官品质评价为指标，确定炸制菠菜麻花的最佳时间。

（3）正交试验因素与水平设计

根据查阅的资料可知，影响菠菜麻花感官品质的主要因素为菠菜汁的添加量、醒发时间、炸制油温、炸制时间。故设计四因素三水平的正交试验，对成品进行综合感官品质评价，来确定菠菜麻花的最佳制作工艺，因素水平见表6.39。

表6.39 正交试验因素与水平设计

水平	因素			
	A（菠菜汁的添加量/ml）	B（炸制油温/℃）	C（炸制时间/min）	D（醒发时间/min）
1	145	155	4	30
2	150	160	5	40
3	155	165	6	50

（4）菠菜麻花的感官评价

菠菜麻花的感官评价主要从色泽、涨发度、组织状态、香味、酥脆性等方面进行。评价方法是将炸制好的菠菜麻花在室温下放置，等麻花达到室温的温度，从各组样本中抽取样品，分组编号，放在盘子中，邀请10位具有专业知识的同学进行感官评价，评价指标为上述五种，感官评分标准如表6.40所示，五项指标共计100分。评价过后，运用Excel数据处理软件和正交设计助手软件对评价结果进行处理和分析，并分析和对比每组试验的感官品质。

表6.40 菠菜麻花的感官评分标准

项目	评分标准		
	15~20分	10~14分	0~9分
色泽（20分）	呈翠绿色，均匀一致，无焦生现象	呈墨绿色，基本一致	翠绿墨绿相间，颜色分布不均匀

续 表

项目	评分标准		
	15~20 分	10~14 分	0~9 分
酥脆性（20 分）	酥脆性很好，易咀嚼	外表酥脆，内部较软	入口太硬，咀嚼费力
涨发度（20 分）	成品饱满光滑	成品饱满度一般，表面不光滑	成品没有饱满度
香味（20 分）	气味正常，有油炸类食物的芳香	有轻微的哈喇味	碳焦味，有非常重的油脂气味
组织状态（20 分）	形状规则，相互间紧密接触，无散架情况	形状不规则，有略微的散架状况	多数麻花散架

本书主要以试验现象为主要参考对象，其中菠菜汁的添加量会极大程度上影响面团的硬度以及面团的延展性，而炸制油温会极大程度上影响菠菜麻花的酥脆性和色泽。因此，在试验过程中，我们采取菠菜汁逐步添加来控制菠菜汁的添加量，以较低的油温（160℃）进行炸制，这样在一定程度上会保护菠菜的色泽，也避免了高油温对麻花酥脆性的影响。

（二）结果与分析

1. 单因素试验与分析

（1）**面团对菠菜麻花感官品质的影响**

面团是影响菠菜麻花感官品质的主要因素之一，不同的面团有不同的特性。死面具有很好的延展性，发面具有很好的涨发度，烫面具有很好的可塑性，而混合面团是融合了以上三种面团的特性，可以更好地提升菠菜麻花的感官品质。面团对菠菜麻花感官品质的影响试验结果如图 6. 36 所示。

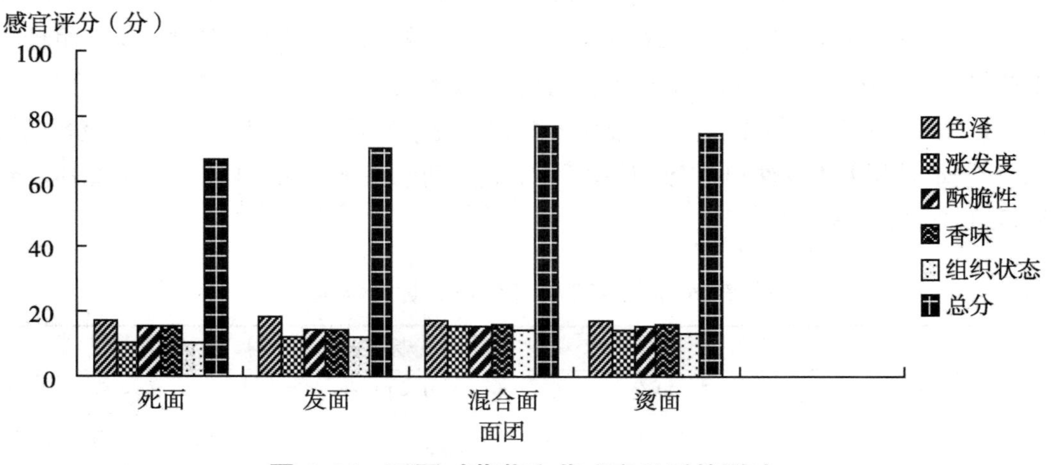

图 6. 36　面团对菠菜麻花感官品质的影响

由图6.36可知，使用混合面团制的菠菜麻花的感官评分最高，即菠菜麻花的感官品质最好。根据图6.36可知，各种面团在色泽、香味两个方面的特性都无差异，主要差异表现在麻花的酥脆性、组织状态和涨发度。死面面团组织状态一般，而其酥脆性和涨发度都比较差；发面面团组织状态和酥脆性一般，其涨发度非常好；烫面面团组织状态很好，酥脆性和涨发度一般。混合面团综合了以上三种面团的特性，由图标可知，其在五项指标的评价分数都非常高，因此混合面团是制作菠菜麻花的最佳面团。

（2）菠菜汁的添加量对菠菜麻花感官品质的影响

菠菜汁的添加量是影响菠菜麻花感官品质的主要因素之一，菠菜汁的添加量首先影响面团的形成。菠菜汁添加过少会直接导致面团不能成型，表面不光滑，这样的面团会很大程度上降低菠菜麻花的感官品质。而菠菜汁添加过量则会导致面团太软，不易成型，用这样的面团做出的麻花，成品会散开，散开的麻花则不能称之为麻花。菠菜汁的添加量对菠菜麻花的影响，试验结果如图6.37所示。

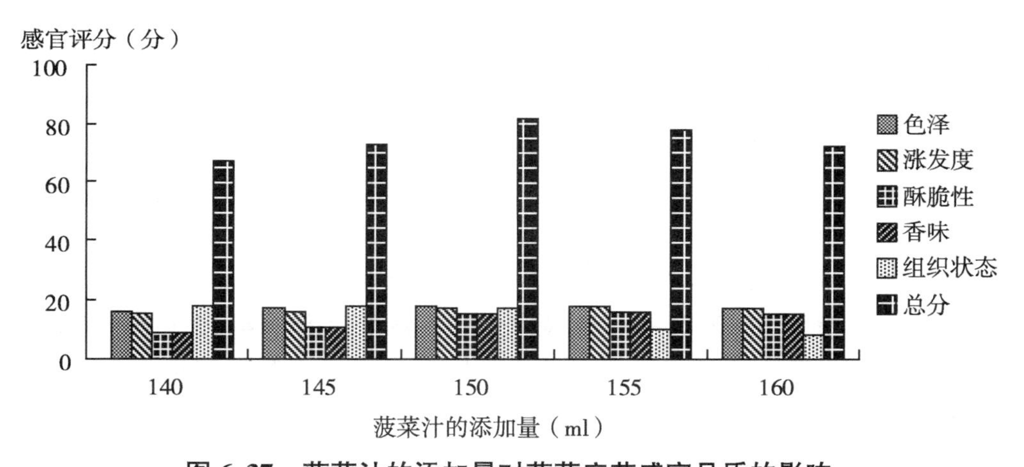

图6.37　菠菜汁的添加量对菠菜麻花感官品质的影响

由图6.37可知，当菠菜汁的添加量为150ml时，菠菜麻花感官评分最高，菠菜麻花品质最好。当菠菜汁的添加量低于150ml时，菠菜麻花表现出来的特性为香味一般，色泽略浅，而麻花的组织状态、酥脆性、涨发度都比较差；当菠菜汁的添加量高于150ml时，菠菜麻花表现出来的特性为色泽较深，散发香味，酥脆性和涨发度一般，其组织形态非常差。由图6.37可知，只有当菠菜汁的添加量为150ml时，各项指标显示的特性都很好，因此当面粉固定为250g时，菠菜汁的最佳添加量为150ml。

（3）醒发时间对菠菜麻花感官品质的影响

醒发时间是影响菠菜麻花的主要因素之一，其主要影响面团的膨胀度。醒发时间短，面团醒发不起来，相当于死面，这样的面团直接影响成品的涨发度；醒发时间过长，面团会有味道，直接影响成品的香味和涨发度。试验表明：醒发时间为 40min 时，面团醒发完毕，能膨胀为原先的 2 倍大小。醒发时间对菠菜麻花感官品质的影响如图 6. 38 所示。

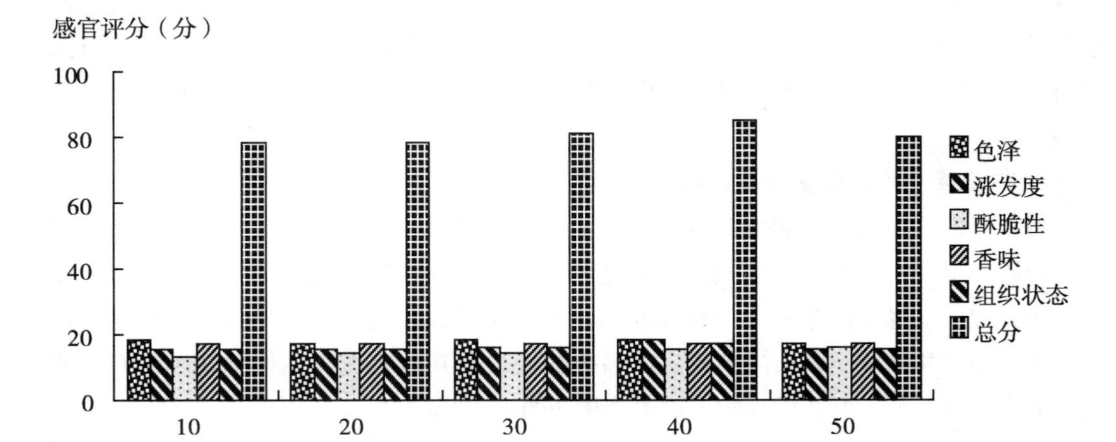

图 6. 38　醒发时间对菠菜麻花感官品质的影响

由图 6. 38 可知，当醒发时间为 40min 时菠菜麻花的感官评分最高，即菠菜麻花的品质最好。当醒发时间为 10min 时，面团没有醒发，菠菜麻花的酥脆性较差；当醒发时间为 20min 时，面团略微醒发，菠菜麻花的酥脆性略微增加；当醒发时间为 30min 时，面团进一步醒发，菠菜麻花的酥脆性一般；当醒发时间为 40min 时，菠菜麻花的酥脆性很好；当醒发时间为 50min 时，醒发过度，菠菜麻花的酥脆性很好，但是菠菜麻花的味道改变，有略微的酸味，因此菠菜麻花最佳的醒发时间为 40min。

（4）炸制油温对菠菜麻花感官品质的影响

油温是影响菠菜麻花感官品质的主要因素之一，其主要影响菠菜麻花的色泽、香味以及酥脆性。油温过低，菠菜汁的颜色变化不大，香味一般，麻花外表酥脆，内部较软；油温过高，菠菜汁的色素会被氧化变色，香味变异，麻花的酥脆性表现为较硬。油温为 160℃时，温度不高不低，能一定程度上保护菠菜汁的色素，还能保证菠菜汁的酥脆性（见图 6. 39）。

由图 6. 39 可知，炸制油温为 160℃时菠菜麻花感官评分最高，即菠菜麻花品质最好。根据图 6. 39 来看，当炸制油温低于 160℃时，菠菜麻花的色泽评分较好，香味一般，其酥脆性较差；当炸制油温高于 160℃时，菠菜麻花的色泽变差，香味评分变低，酥脆性变差，整体呈下滑趋势。当油温为 160℃时，无论色泽、香味，还是酥脆性，都保持着较高的评分，因此菠菜麻花的最佳炸制油温为 160℃。

（5）炸制时间对菠菜麻花感官品质的影响

炸制时间是影响菠菜麻花感官品质的主要因素之一。在恒定的油温里，炸制时间

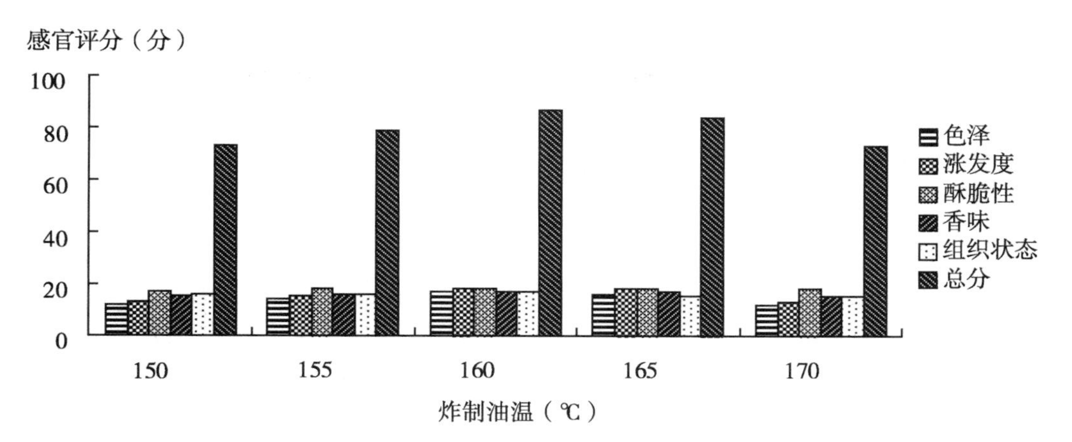

图 6.39 炸制油温对菠菜麻花感官品质的影响

短，菠菜麻花内部有可能不熟，外部酥脆，内部会较软；炸制时间过长，麻花的酥脆性会变差，口感较硬。炸制时间对麻花色泽以及香味的影响不是很大，所以炸制时间主要控制在对菠菜麻花酥脆性影响较小的范围内。炸制时间对菠菜麻花感官品质的影响试验结果如图 6.40 所示。

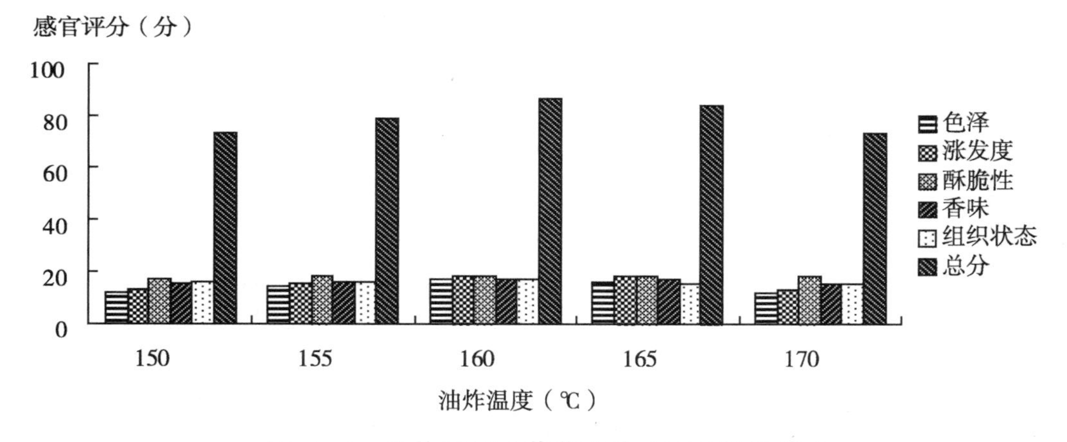

图 6.40 油炸时间对菠菜麻花感官品质的影响

如图 6.40 所示，菠菜麻花的炸制时间为 5min 时，菠菜麻花的感官评分最高，即菠菜麻花的品质最好。根据图 6.40 可以看出，当炸制时间低于 5min 时，菠菜麻花表现为香味、色泽以及酥脆性的特性呈上升趋势；当炸制时间高于 5min 时，菠菜麻花表现为香味、色泽以及酥脆性的特性呈下降趋势。从菠菜麻花感官评价分数的整体走势上可以看出，当炸制时间为 5min 时，菠菜麻花的整体感官评分最高，因此菠菜麻花的最佳炸制时间为 5min。

2. 正交试验结果与分析

在上述单因素试验的基础上，确定了菠菜汁的添加量、醒发时间、炸制油温和炸制时间四个因素的正交试验因素水平表，以菠菜麻花的综合感官评分为指标进行正交试验，试验结果见表6.41。

表6.41 正交试验及结果分析

试验组号	因素				感官评分（分）
	A（菠菜汁的添加量/ml）	B（炸制油温/℃）	C（炸制时间/min）	D（醒发时间/min）	
1	1	1	1	1	86
2	1	2	2	2	85
3	1	3	3	3	85
4	2	1	2	3	88
5	2	2	3	1	89
6	2	3	1	2	87
7	3	1	3	2	87
8	3	2	1	3	85
9	3	3	2	1	86
均值1	85.333	87.000	86.000	87.000	
均值2	88.000	86.333	86.333	86.333	
均值3	86.000	86.000	87.000	86.000	
极差R	2.667	1.000	1.000	1.000	
主次顺序	$A>B>C>D$				
最优水平	A_2	B_1	C_3	D_1	

从表6.41可知，菠菜麻花的最佳配方为：$A_2B_1C_3D_1$。但最佳配方的组合并未出现在正交试验中，所以需要验证在该组合条件下的感官评价试验，并与正交试验中感官评价比较理想的$A_2B_2C_2D_2$组合进行比较，结果如表6.42所示。

表6.42 菠菜麻花的验证试验

试验组合	感官评分（分）
$A_2B_1C_3D_1$	92
$A_2B_2C_2D_2$	90

由此验证结果可知，组合$A_2B_1C_3D_1$要优于组合$A_2B_2C_2D_2$，并且得到由最佳配方制的菠菜麻花的感官评分为92分。

3. 菠菜麻花的主要质量指标

（1）**原料指标**

原料的采购地点选择在当地的好又多超市，有着严格的选料控制，保证其绿色无污染，并且菠菜的新鲜度非常高。面粉使用的是通过食品安全检验过关的产品。炸制时选择的是符合 QS 认证的大豆油。

（2）**感官指标**

由单因素试验和正交试验的结果可知菠菜麻花最佳配方的感官评分为 92 分，用这个最佳配方制的菠菜麻花的感官指标为：色泽翠绿，均匀一致；软硬适口，酥脆，油而不腻；麻花形状规则，并伴有香味。

（三）讨论

菠菜麻花是一种创新产品，其在传统制作工艺上的更改，使得创新后的产品营养更加丰富。该产品的创新以试验数据以及一些参考文献为支持，立足于传统麻花，因此该产品从配方到制作工艺都可能存在一些不足。以下是对可能存在的问题的讨论：

1. 原料中菠菜汁替换成菠菜叶对菠菜麻花感官品质的影响

麻花的制作过程中，将本来要添加的菠菜汁替换成菠菜叶。在操作过程中，菠菜叶相对于菠菜汁操作简单许多，减免了许多步骤，在一定程度上降低了成本，但是用菠菜叶制作的菠菜麻花，成品色泽混乱，表面不光滑，严重影响菠菜麻花的感官品质，所以试验中选取了对成品感官品质影响小、成本大的菠菜汁为原料进行操作。

2. 添加其他风味的调味料对菠菜麻花感官品质的影响

在试验中菠菜麻花中添加的调味料为盐，而事实上可以根据个人口味的不同，改变调味料的添加。调味料的添加基本上只是影响菠菜麻花的口感，但一些特殊的调味料可能影响菠菜麻花其他的特性，例如糖。如果调味料改为糖，那么一定程度上糖会影响到菠菜麻花的醒发状况，最后对菠菜麻花感官评价时会对试验结果有影响，因此本试验选取了对试验结果影响小，又能被广大群众所接受的调味料。

（四）总结

单因素试验和正交试验，对试验成品进行感官评价，并据感官评价的结果，确定了菠菜麻花最佳面团的使用、菠菜汁的添加量、醒发时间、油炸温度以及油炸时间。得出了菠菜麻花的最佳配方：面粉 250g、菠菜汁 150ml、泡打粉 5g、油 5g、盐 10g。最佳制作工艺为：使用混合面团醒发 40min，在 160℃的油温里炸制 5min。根据试验得出的最佳配方和工艺所制的菠菜麻花的感官现象为色泽翠绿、分布均匀，有油炸食物的芳香、油而不腻，质地酥脆，麻花的形状规则、紧密分布。成品的感官评价分数为最高，达到了最优水平。

练习题

1. 简述油炸温度对感官品质的影响。
2. 简述椒盐使用量对花生荞面豆感官品质的影响。
3. 糯玉米饼的最佳制作工艺条件是什么?
4. 甲鱼汤煲制的最佳工艺参数是什么?
5. 简述卤制温度对卤制效果的影响。
6. 简述调味品对香肠感官品质的影响。
7. 简述炸制时间对菠菜麻花感官品质的影响。
8. 影响鸡蛋面条口感的因素是什么?

附　录

发明专利：一种风味馒头及其制备方法

摘要：本发明公开一种风味馒头及其制作方法，包含下列质量份原料：面粉500份，白芝麻酱45~50份，花生米15~20份，白糖18~23份，活性酵母8~10份；制作步骤如下：1. 将芝麻酱与水按质量比1：（4~5）混合调匀制成芝麻酱混合液；2. 将花生米用烤箱烤熟，晾凉后粉碎制成花生粉；3. 将面粉、花生粉、白糖、活性酵母混合搅拌均匀后，加入芝麻酱混合液和成面团，面团醒发后制作馒头，将馒头先放入蒸笼内蒸熟，然后在馒头表面刷一层鸡蛋蜂蜜混合液，再放入烤箱内烘烤，最后真空包装。本发明增加了芝麻酱中特有的钙、镁、铁、锌、维生素B、维生素E、不饱和脂肪酸等营养成分，营养更加丰富；先蒸后烘，延长了产品的保质期。

一、权利要求书

1. 一种风味馒头，其特征在于，包含下列质量份原料：面粉500份，白芝麻酱45~50份，花生15~20份，白糖18~23份，活性酵母8~10份。

2. 一种权利要求1所述风味馒头的制备方法，其特征在于，包括以下步骤：

（1）将芝麻酱与水按质量比1：（4~5）混合调匀制成芝麻酱混合液，待用；（2）将花生米用烤箱烤熟，晾凉后粉碎制成花生粉，待用；（3）将面粉、花生粉、白糖、活性酵母混合搅拌均匀后，加入芝麻酱混合液和成面团，待面团醒发后制作馒头，将馒头先放入蒸笼内蒸14~16分钟取出，然后放入烤箱内60~80℃烘烤20~22分钟，冷却后真空包装。

3. 根据权利要求2所述一种风味馒头的制备方法，其特征在于：馒头自蒸笼取出后，在馒头表面刷一层鸡蛋蜂蜜混合液，然后放入烤箱60~80℃烘烤20~22分钟，冷却后真空包装。

4. 根据权利要求3所述一种风味馒头的制备方法，其特征在于：所述鸡蛋蜂蜜混合液是由水、蜂蜜和鸡蛋按质量比2：2：3混合搅拌均匀制得。

二、说明书

技术领域：

本发明涉及食品加工技术领域，特别是一种风味馒头及其制备方法。

背景技术：

馒头是中国的传统面食，味道可口，质地松软，易于消化，是人们餐桌上的主食之一。目前的馒头品种基本上还是单一面粉馒头或多种面粉杂粮馒头，品种与功效都相对比较单调，对于那些功效显著的粮食作物如何有机地融入馒头制作工艺中，使其既具备馒头特性，又赋予食疗功能，开发的力度还远远不够，使得现有品种的馒头食疗功效不够显著。

芝麻酱，也叫麻酱，是把芝麻炒熟、磨碎而制成的酱，有独特的香味。它富含蛋白质、氨基酸及多种维生素、矿物质（如丰富的钙、铁等矿物质）、卵磷脂、油脂等。常吃芝麻酱对骨骼、牙齿的发育都大有益处，对调整偏食、厌食有积极的作用，还能纠正和预防缺铁性贫血、防止头发过早变白或脱落和润肠通便、增加皮肤弹性等作用，是人们喜食的营养健康食品之一，但其使用范围目前仅限于涂覆在食物上或搅拌于食物表面用于调味，却没有考虑将其作为生产食物的原料，通过一定的加工手段使其融入主料中，制成特有风味的食物。

如何将食疗功效显著的芝麻酱与传统馒头制作工艺有机地结合在一起，开发出营养、口感俱佳的风味馒头是本发明需要解决的问题。

发明内容：

本发明的目的在于提供一种营养丰富、食疗功效显著且保质期长的风味馒头及其制作方法。

本发明是通过以下技术方案予以实现的，一种风味馒头，其特征在于，包含下列质量份原料：面粉 500 份，白芝麻酱 45~50 份，花生 15~20 份，白糖 18~23 份，活性酵母 8~10 份。

一种风味馒头的制备方法，包括以下步骤：(1) 将芝麻酱与水按质量比 1：(4~5) 混合调匀制成芝麻酱混合液，待用；(2) 将花生米用烤箱烤熟，晾凉后粉碎制成花生粉，待用；(3) 将面粉、花生粉、白糖、活性酵母混合搅拌均匀后，加入芝麻酱混合液和成面团，待面团醒发后制作馒头，将馒头先放入蒸笼内蒸 14~16 分钟取出，然后放入烤箱内 60~80℃烘烤 20~22 分钟，冷却后真空包装。

本发明的进一步技术特征是，馒头自蒸笼取出后，在馒头表面刷一层鸡蛋蜂蜜混合液，然后放入烤箱 60~80℃烘烤 20~22 分钟，冷却后真空包装。

所述鸡蛋蜂蜜混合液是由水、蜂蜜和鸡蛋液按质量比 2：2：3 混合搅拌均匀制得。

本发明的有益效果：

1. 本发明中的芝麻酱具有良好的食疗作用，芝麻味甘，性平，有补中益气、润五脏、补肺气、止心惊、填髓之功效，防止头发过早变白或脱落；可用于治疗肝肾虚损、眩晕、肠燥便秘、贫血等症；具有调整偏食厌食、润肠通便、防癌的作用，还可增加皮肤弹性，令肌肤柔嫩健康。

2. 试验中发现，在原料中添加花生粉对芝麻酱的口味有很好的补充作用，增强了馒头的回味感。

3. 本发明在传统馒头的基础上增加了芝麻酱中特有的钙、镁、铁、锌、维生素B、维生素E、不饱和脂肪酸等营养成分，营养更加丰富。

4. 本发明采用了与传统馒头不一样的制作工艺，传统馒头采用热蒸汽蒸熟，馒头的水分含量较大，保质期比较短；本发明是采用先汽蒸、再烘烤的方式，延长了馒头的保质期，在馒头表面刷一层鸡蛋蜂蜜混合液之后再烘烤，可以提高馒头的表面色泽度和口感。

具体实施方式：

实施例1：

（1）将45g芝麻酱与210g水混合调匀制成芝麻酱混合液，待用；（2）将15g花生米用烤箱烤熟，晾凉后粉碎制成花生粉，待用；（3）将水、蜂蜜和鸡蛋按质量比2∶2∶3混合搅拌均匀制得鸡蛋蜂蜜混合液，待用；（4）取500g高筋小麦面粉、15g花生粉、9g活性酵母、20g白糖混合搅拌均匀后，加入步骤（1）的芝麻酱混和液和成面团，将面团放入醒发箱内，温度保持在33~38℃、湿度保持在78%~84%，待面团醒发后制作馒头，将馒头先放入蒸笼内蒸15分钟取出，在馒头表面刷一层鸡蛋蜂蜜混合液，然后放入烤箱80℃烘烤20分钟，冷却后真空包装。

实施例2：

（1）将50g芝麻酱与220g水混和调匀制成芝麻酱混和液，待用；（2）将20g花生米用烤箱烤熟，晾凉后粉碎制成花生粉，待用；（3）将水、蜂蜜和鸡蛋按质量比2∶2∶3混合搅拌均匀制得鸡蛋蜂蜜混合液，待用；（4）取500g高筋小麦面粉、20g花生粉、10g活性酵母、23g白糖混合搅拌均匀后，加入步骤（1）的芝麻酱混合液和成面团，将面团放入醒发箱内，温度保持在33~38℃、湿度保持在78%~84%，待面团醒发后制作馒头，将馒头先放入蒸笼内蒸14分钟取出，在馒头表面刷一层鸡蛋蜂蜜混合液，然后放入烤箱60℃烘烤22分钟，冷却后真空包装。

实施例3：

（1）将48g芝麻酱与215g水混合调匀制成芝麻酱混合液，待用；（2）将18g花生米用烤箱烤熟，晾凉后粉碎制成花生粉，待用（3）将水、蜂蜜和鸡蛋按质量比2∶2∶3混合搅拌均匀制得鸡蛋蜂蜜混合液，待用；（4）取500g高筋小麦面粉、18g花生粉、8g活性酵母、18g白糖混合搅拌均匀后，加入步骤（1）的芝麻酱混合液和成面团，将面团放入醒发箱内，温度保持在33~38℃、湿度保持在78%~84%，待面团醒发后制作馒头，将馒头先放入蒸笼内蒸16分钟取出，在馒头表面刷一层鸡蛋蜂蜜混合液，然后放入烤箱70℃烘烤21分钟，冷却后真空包装。

上述实施例作为本发明的较佳实施方式，详细说明了发明的技术构思和实施要点，并非是对本发明的保护范围进行限制，凡根据本发明精神实质所做的任何简单修改及等效结构变换或修饰，均应涵盖在本发明的保护范围之内。

发明专利：一种金银花软糕及其制作方法

摘要：本发明公开一种金银花软糕，是由下列原料加工而成，按总质量份数为100计，各原料的质量份数分别为：糯米粉75~80份，干金银花苞3~5份，白糖8~12份，蜂蜜2~4份，藕粉5份，所述干金银花苞的含水量为10%~14%；本发明将金银花作为原料应用到固体食品制作中，丰富食品的营养性、功能性和多样性，充分发挥金银花的医用价值，产品形成独特的风味，为金银花进一步标准化工业应用提供参考。

一、权利要求书

1. 一种金银花软糕，其特征在于，是由下列原料加工而成，按总质量份数为100计，各原料的质量份数分别为：糯米粉75~80份，干金银花苞3~5份，白糖8~12份，蜂蜜2~4份，藕粉5份。

2. 根据权利要求1所述的一种金银花软糕，其特征在于，所述干金银花苞的含水量为10%~14%。

3. 一种金银花软糕的制作方法，包括以下步骤：

（1）将配比量的糯米粉按照7∶3分成两份，其中3成的那份糯米粉放入烤箱经180~200℃烤成棕黄色，晾凉后与7成的那份糯米粉拌均匀，待用；（2）将配比量的干金银花苞洗净后放入烤箱经180~220℃烘烤至焦黄色，粉碎，过150目筛，待用；（3）将配比量的白糖炒至拔丝状态后倒在干净的铁板上晾凉，经-20℃冷冻5小时以上，粉碎后待用；（4）将配比量的藕粉放入烤箱经150~180℃烘烤至淡黄色待用；（5）将上述处理好的糯米粉、金银花粉、糖粉混合搅拌均匀，加入凉开水制成稠糊状，放入盛器入蒸箱在0.12MPa、100~105℃蒸熟后，取出晾凉，将配比量的蜂蜜涂刷于表面，防止水分流失，切块后，表面裹一层上述处理好的藕粉，防止相互粘连。

4. 根据权利要求3所述一种金银花软糕的制作方法，其特征在于，步骤（5）完成后选择真空包装和微波灭菌，8~12℃储藏。

二、说明书

技术领域：

本发明涉及食品及加工领域，特别是一种加入金银花作为原料的软质糕点及其制作方法。

背景技术：

金银花，又叫“忍冬”，为忍冬科多年生半常绿缠绕木质藤本植物。据《本草纲目》记载：忍冬花初开为白色，后转为黄色，因此得名“金银花”。金银花性甘寒、气芳香，甘寒清热而不伤胃，芳香透达又可祛邪，自古被誉为清热解毒的良药。金银花既能宣散风热，还善清解血毒，用于各种热性病，如身热、发疹、发斑、热毒疮痈、咽喉肿痛等证，均效果显著。

金银花作为药用比较常见，将金银花用于食品中的开发为数不多，主要集中在凉茶等饮品类方面，经广泛检索，尚未发现有以金银花作为原料制作固态食品的研究和相关报道。

发明内容：

本发明提供一种金银花软糕及其制作方法，其目的在于将金银花的应用范围扩大到固体食品制作中，增加糕点种类，并赋予糕点独特的医用价值，丰富食品的营养性、功能性和多样性。

本发明的目的是通过以下技术方案予以实现的，一种金银花软糕，其特征在于，是由下列原料加工而成，按总质量份数为 100 计，各原料的质量份数分别为：糯米粉 75~80 份，干金银花苞 3~5 份，白糖 8~12 份，蜂蜜 2~4 份，藕粉 5 份。

所述干金银花苞的含水量为 10%~14%。

一种金银花软糕的制作方法，其特征在于，包括以下步骤：

（1）将配比量的糯米粉按照 7：3 分成两份，其中 3 成的那份糯米粉放入烤箱经 180~200℃烤成棕黄色，晾凉后与 7 成的那份糯米粉拌均匀，待用；（2）将配比量的干金银花苞洗净后放入烤箱经 180~220℃烘烤至焦黄色，粉碎，过 150 目筛，待用；（3）将配比量的白糖炒至拔丝状态后倒在干净的铁板上晾凉，经-20℃冷冻 5 小时以上，粉碎后待用；（4）将配比量的藕粉放入烤箱经 150~180℃烘烤至淡黄色待用；（5）将上述处理好的糯米粉、金银花粉、糖粉混合搅拌均匀，加入凉开水制成稠糊状，放入盛器入蒸箱在 0. 12MPa（绝对压力）、100~105℃蒸熟后，取出晾凉，将配比量的蜂蜜涂刷于表面，防止水分流失，切块后，表面裹一层上述处理好的藕粉，防止相互粘连。

进一步地，步骤（5）完成后选择真空包装和微波灭菌，8~12℃储藏。

本发明的有益效果：

1. 本发明中的金银花用高温进行烘烤后不但鞣质、绿原酸、总糖、可溶性糖含量均有所提高，钙、铁、镁离子煎出量增高，锌、钠离子煎出量降低；同时口味降低，增加了焦煳味的口感；进一步提高金银花的医用功效。

2. 本发明中的白糖味甘、性平，归脾、肺经；有润肺生津、止咳、和中益肺、舒缓肝气、滋阴、调味、除口臭、解盐卤毒之功效。白糖经炒后，甜度有所降低，但增加了清火、解毒、润肺的功效。

3. 本发明中的蜂蜜，具有调补脾胃、缓急止痛、润肺止咳、润肠通便、润肤生肌、解毒等功能，可以起到养颜和提高人体免疫力的作用。

4. 本发明中的藕粉由凉变温，补五脏、和脾胃、益血补气，藕粉既易于消化，又有生津清热、养胃补阴、健脾益气、养血止血之功效。

5. 本发明中的糯米粉经烘烤后降低了粘度，增加了风味，其性也由凉变温，补五脏、和脾胃、益血补气，易于消化吸收。

6. 本发明以金银花作为主要辅料添加在糯米食品中，开发出一种医用价值高、营养丰富、风味独特的功能性食品，为金银花进一步标准化工业应用提供参考。

具体实施方式：

实施例 1：

原料的质量份数配比：按总质量份数为 100 计算，其中，糯米粉 75 份，干金银花苞 5 份，白糖 12 份，蜂蜜 3 份，藕粉 5 份；其中，干金银花苞的含水量为 14%。

将配比量的糯米粉按照 7∶3 分成两份，其中 3 成的那份糯米粉放入烤箱经 180℃ 烤成棕黄色，晾凉后与 7 成的那份糯米粉拌均匀，待用；将配比量的干金银花苞晾干后放入烤箱，用 180℃ 的温度烤至焦黄色，粉碎后过 150 目筛，待用；将配比量的白糖加少许清水放入炒锅，炒至拔丝状倒出，摊在干净的铁板上冷却后放入 -20℃ 的冰柜中冷冻 5 小时以上，取出粉碎成糖粉，待用；将配比量的藕粉放入烤箱，用 150℃ 的温度烤至淡黄色，待用；将上述处理后的糯米粉、炒糖粉、金银花粉加适量的水混合均匀成稠糊状，倒入宽阔口盘中放入蒸箱，用 0.10MPa 压力、温度 105℃ 蒸熟取出，晾凉后切小块，并在其表面刷蜂蜜裹一层淡黄色的藕粉，最后进行真空充气包装和微波灭菌，8~12℃ 储藏。

实施例 2：

原料的质量份数配比：按总质量份数为 100 计算，其中，糯米粉 80 份，干金银花苞 3 份，白糖 8 份，蜂蜜 4 份，藕粉 5 份；其中，干金银花苞的含水量为 10%。

将配比量的糯米粉按照 7∶3 分成两份，其中 3 成的那份糯米粉放入烤箱经 200℃ 烤成棕黄色，晾凉后与 7 成的那份糯米粉拌均匀，待用；将配比量的干金银花苞晾干后放入烤箱，用 220℃ 的温度烤至焦黄色，粉碎后过 150 目筛，待用；将配比量的白糖加少许清水放入炒锅，炒至拔丝状倒出，摊在干净的铁板上冷却后放入 -20℃ 的冰柜中冷冻 5 小时以上，取出粉碎成糖粉，待用；将配比量的藕粉放入烤箱，用 180℃ 的温度烤至淡黄色，待用；将上述处理后的糯米粉、炒糖粉、金银花粉加适量的水混合均匀成稠糊状，倒入宽阔口盘中放入蒸箱，用 0.10MPa 压力、温度 100℃ 蒸熟取出，晾凉后切小块，并在其表面刷蜂蜜裹一层淡黄色的藕粉，最后进行真空充气包装和微波灭菌，8~12℃ 储藏。

实施例 3：

原料的质量份数配比：按总质量份数为 100 计算，其中，糯米粉 78 份，干金银花苞 5 份，白糖 10 份，蜂蜜 2 份，藕粉 5 份；其中，干金银花苞的含水量为 12%。

将配比量的糯米粉按照 7∶3 分成两份，其中 3 成的那份糯米粉放入烤箱经 190℃

烤成棕黄色，晾凉后与7成的那份糯米粉拌均匀，待用；将配比量的干金银花苞晾干后放入烤箱，用200℃的温度烤至焦黄色，粉碎后过150目筛，待用；将配比量的白糖加少许清水放入炒锅，炒至拔丝状倒出，摊在干净的铁板上冷却后放入-20℃的冰柜中冷冻5小时以上，取出粉碎成糖粉，待用；将配比量的藕粉放入烤箱，用160℃的温度烤至淡黄色，待用；将上述处理后的糯米粉、炒糖粉、金银花粉加适量的水混合均匀成稠糊状，倒入宽阔口盘中放入蒸箱，用0.10MPa压力、温度100℃蒸熟取出，晾凉后切小块，并在其表面刷蜂蜜裹一层淡黄色的藕粉，最后进行真空充气包装和微波灭菌，8~12℃储藏。

以上所述，仅是本发明的较佳实施例而已，并非对本发明作任何形式上的限制；任何熟悉本领域的技术人员，在不脱离本发明技术方案范围情况下，都可利用上述揭示的方法和技术内容对本发明技术方案做出许多可能的变动和修饰，或修改为等同变化的等效实施例。因此，凡是未脱离本发明技术方案的内容，依据本发明的技术实质对以上实施例所做的任何简单修改、等同替换、等效变化及修饰，均仍属于本发明技术方案保护的范围内。

发明专利：一种风味营养糕点及其制作方法

摘要：本发明公开一种风味营养糕点及其制作方法，是由下列原料加工而成，按总质量份数为100份，各原料的质量份数分别为：糯米粉65~70份，干金银花苞3~5份，白糖8~10份，蜂蜜2~4份，花生12份，绿豆5份。本发明将金银花和花生作为原料应用到固体食品制作中，增加糕点的种类，并赋予糕点独特的医用价值，充分发挥原料的医用价值和营养价值，丰富食品的营养性、功能性和多样性，为金银花和花生进一步标准化工业应用提供参考。

一、权利要求书

1. 一种风味营养糕点，其特征在于，是由下列原料加工而成，按总质量份数为100计，各原料的质量份数分别为：糯米粉65~70份，干金银花苞3~5份，白糖8~10份，蜂蜜2~4份，花生12份，绿豆粉5份。

2. 根据权利要求1所述的一种风味营养糕点，其特征在于，所述干金银花苞的含水量为10%~14%。

3. 一种风味营养糕点的制作方法，包括以下步骤：

（1）将配比量的糯米粉按照7：3分成两份，其中3成的那份糯米粉放入烤箱经180~200℃烤至深黄色，晾凉后与7成的那份糯米粉拌均匀，待用；（2）将配比量的干金银花苞洗净后放瓦片上烘焙至焦黄色，放入陶罐中加入沸水浸泡10分钟，过滤去除花苞取金银花浸泡液，浸泡液澄清冷却后待用；（3）将配比量的白糖炒至拔丝状态后倒在干净的铁板上晾凉，经-20℃冷冻5小时以上，粉碎后待用；（4）将配比量的绿豆粉放入烤箱用160~200℃烘烤至淡黄色待用；（5）花生用20~26℃的清水浸泡24小时至刚刚出芽，中途换两次清水，剥去外皮，清洗并控干水分后放入烤箱用160~200℃烤至淡黄色，定时翻动防止烤糊，烤好后冷却粉碎，过150目筛，待用；（6）将上述处理好的糯米粉、金银花澄清液、糖粉、花生粉加水搅拌均匀成稠糊状，放入蒸盘中，厚度控制在0.8~1cm，然后送入蒸箱在0.10MPa、105℃蒸熟，取出晾凉，将配比量的蜂蜜涂刷于表面，防止水分流失，切块后，表面裹一层上述处理好的绿豆粉，防止相互粘连。

4. 根据权利要求3所述的一种风味营养糕点的制作方法，其特征在于：步骤（6）完成后选择真空包装和微波灭菌，8~12℃储藏。

二、说明书

技术领域：

本发明涉及食品及加工领域，特别是一种风味营养糕点及其制作方法。

背景技术：

花生营养丰富，含有约50%的脂肪和25%的蛋白质，还含有维生素B1、维生素B2、维生素C及维生素E等多种营养成分，有助于防治动脉硬化、高血压、冠心病的作用。花生发芽与绿豆发芽一样是可以食用的，不但降低了脂肪，而且维生素和部分矿物质有所提高，同时也提高了人体对蛋白质的吸收率。花生芽民间一直有食用，以做成泡菜为主，在皖西南特别流行。

金银花，为忍冬科多年生半常绿缠绕木质藤本植物，初开为白色，后转为黄色，故而得名。金银花自古被誉为清热解毒的良药，用于各种身热、发疹、发斑、热毒疮痈、咽喉肿痛等热性病证，效果显著。

经广泛检索，尚未发现有花生和金银花配合在一起共同作为原料来制作固体食品的研究和相关报道。

发明内容：

本发明提供一种营养丰富、风味独特的营养糕点及其制作方法，其目的在于将金银花和花生的应用范围扩大到固体食品制作中，增加糕点的种类，并赋予糕点独特的医用价值，充分发挥原料的医用价值和营养价值，丰富食品的营养性、功能性和多样性。

本发明的目的是通过以下技术方案予以实现的，一种风味营养糕点，其特征在于，是由下列原料加工而成，按总质量份数为100计，各原料的质量份数分别为：糯米粉65~70份，干金银花苞3~5份，白糖8~10份，蜂蜜2~4份，花生12份，绿豆粉5份。

所述干金银花苞的含水量为10%~14%。

一种风味营养糕点的制作方法，包括以下步骤：（1）将配比量的糯米粉按照7：3分成两份，其中3成的那份糯米粉放入烤箱经180~200℃烤至深黄色，晾凉后与7成的那份糯米粉拌均匀，待用；（2）将配比量的干金银花苞洗净后放瓦片上烘焙至焦黄色，放入陶罐中加入沸水浸泡10分钟，过滤去除花苞取金银花浸泡液，浸泡液澄清冷却后待用；（3）将配比量的白糖炒至拔丝状态后倒在干净的铁板上晾凉，经−20℃冷冻5小时以上，粉碎后待用；（4）将配比量的绿豆粉放入烤箱用160~200℃烘烤至淡黄色待用；（5）花生用20~26℃的清水浸泡24小时至刚刚出芽，中途换两次清水，剥去外皮，清洗并控干水分后放入烤箱用160~200℃烤至淡黄色，定时翻动防止烤煳，烤好后冷却粉碎，过150目筛，待用；（6）将上述处理好的糯米粉、金银花澄清液、糖粉、花生粉加水搅拌均匀成稠糊状，放入蒸盘中，厚度控制在0.8~1cm，然后送入蒸箱在0.10MPa（绝对压力）、105℃蒸熟，取出晾凉，将配比量的蜂蜜涂刷于表面，防止水分流失，切块后，表面裹一层上述处理好的绿豆粉，防止相互粘连。

步骤（6）完成后选择真空包装和微波灭菌，8~12℃储藏。

本发明的有益效果：

1. 本发明中的金银花经高温烘焙后提高了鞣质、绿原酸、总糖、可溶性糖的含量，同时降低了苦味，增加了焦糊味的口感，进一步提高金银花的医用功效。

2. 本发明中的白糖经炒后，口味变得更加绵柔，有清火、解毒、润肺之功效。

3. 本发明中的蜂蜜，具有调补脾胃、缓急止痛、润肺止咳、润肠通便、润肤生肌、解毒等功能，可以起到养颜和提高人体免疫力的作用。

4. 本发明中的烤绿豆粉有补五脏、和脾胃、生津清热、健脾益气、养血止血之功效，易于消化吸收。

5. 本发明中的糯米粉经烘烤后降低了黏度，增加了风味，其性也由凉变温，补五脏、和脾胃，益血补气，易于消化吸收。

6. 本发明中的花生发芽后蛋白质水解为氨基酸，易于人体吸收，部分脂肪被转化为热量，脂肪含量降低，白藜芦醇含量提高，保健价值极高。

7. 本发明以花生和金银花作为主要辅料添加在糯米食品中，开发出一种医用价值高、营养丰富、风味独特的功能性食品，为金银花、花生进一步标准化工业应用提供参考。

具体实施方式：

实施例1：

原料的质量份数配比：按总质量份数为100计算，其中，糯米粉70份，干金银花苞3份，白糖8份，蜂蜜2份，花生12份，绿豆粉5份；其中，干金银花苞的含水量为14%。

将配比量的糯米粉按照7：3分成两份，其中3成的那份糯米粉放入烤箱经190℃烤成棕黄色，晾凉后与7成的那份糯米粉拌均匀，待用；将配比量的干金银花苞晾干放在瓦片上烘焙至焦黄色，放入陶罐内加入225克左右的沸水冲泡10分钟，过滤去除花苞，澄清冷却后得金银花浸泡液待用；将配比量的白糖加少许清水放入炒锅，不断搅动加热融化成淡黄色至拔丝状倒出，摊在干净的铁板上冷却后，放入-20℃的冰柜中冷冻5小时以上，取出粉碎成炒糖粉，待用；将配比量的花生用26℃的清水浸泡22小时至刚刚出芽，剥去外皮，清洗并控干水分后放入烤盘，用160℃的温度烤至淡黄色，冷却粉碎，过150目筛，待用；将配比量的绿豆粉放入烤箱，用180℃的温度烤至淡黄色，待用；将上述处理后的糯米粉、糖粉、金银花浸泡液、花生粉加水混合均匀成稠糊状，倒入整盘中，厚度控制在1cm，然后放入蒸箱，用0.10MPa压力、温度105℃蒸熟取出，晾凉后切小块，并在其表面刷蜂蜜裹一层淡黄色的绿豆粉，最后进行真空充气包装和微波灭菌，10℃左右储藏。

实施例2：

原料的质量份数配比：按总质量份数为100计算，其中，糯米粉65份，干金银花苞5份，白糖10份，蜂蜜3份，花生12份，绿豆粉5份；其中，干金银花苞的含水量为10%。

将配比量的糯米粉按照7：3分成两份，其中3成的那份糯米粉放入烤箱经200℃

烤成棕黄色，晾凉后与7成的那份糯米粉拌均匀，待用；将配比量的干金银花苞晾干放在瓦片上烘焙至焦黄色，放入陶罐内加入240克左右的沸水冲泡10分钟，过滤去除花苞，澄清冷却后得金银花浸泡液待用；将配比量的白糖加少许清水放入炒锅，不断搅动加热融化成淡黄色至拔丝状倒出，摊在干净的铁板上冷却后，放入-20℃的冰柜中冷冻5小时以上，取出粉碎成炒糖粉，待用；将配比量的花生用24℃的清水浸泡23小时至刚刚出芽，剥去外皮，清洗并控干水分后放入烤盘，用190℃的温度烤至淡黄色，冷却粉碎，过150目筛，待用；将配比量的绿豆粉放入烤箱，用200℃的温度烤至淡黄色，待用；将上述处理后的糯米粉、炒糖粉、金银花浸泡液、烤花生芽粉混合均匀成稠糊状，倒入整盘中，厚度控制在0.8cm，然后放入蒸箱，用0.10MPa压力、温度105℃蒸熟取出，晾凉后切小块，并在其表面刷蜂蜜粘裹一层淡黄色的烤绿豆粉，最后进行真空充气包装和微波灭菌，8~12℃储藏。

实施例3：

原料的质量份数配比：按总质量份数为100计算，其中，糯米粉67份，干金银花苞4份，白糖8份，蜂蜜4份，花生12份，绿豆粉5份；其中，干金银花苞的含水量为12%。

将配比量的糯米粉按照7：3分成两份，其中3成的那份糯米粉放入烤箱经180℃烤成棕黄色，晾凉后与7成的那份糯米粉拌均匀，待用；将配比量的干金银花苞晾干放在瓦片上烘焙至焦黄色，放入陶罐内加入240克左右的沸水冲泡10分钟，过滤去除花苞，澄清冷却后得金银花浸泡液待用；将配比量的白糖加少许清水放入炒锅，不断搅动加热融化成淡黄色至拔丝状倒出，摊在干净的铁板上冷却后，放入-20℃的冰柜中冷冻5小时以上，取出粉碎成炒糖粉，待用；将配比量的花生用20℃的清水浸泡24小时至刚刚出芽，剥去外皮，清洗并控干水分后放入烤盘，用200℃的温度烤至淡黄色，冷却粉碎，过150目筛，待用；将配比量的绿豆粉放入烤箱，用180℃的温度烤至淡黄色，待用；将上述处理后的糯米粉、糖粉、金银花浸泡液、花生粉加水混合均匀成稠糊状，倒入整盘中，厚度控制在0.8cm，然后放入蒸箱，用0.10MPa压力、温度105℃蒸熟取出，晾凉后切小块，并在其表面刷蜂蜜裹一层淡黄色的绿豆粉，最后进行真空充气包装和微波灭菌，8~12℃储藏。

以上所述，仅是本发明的较佳实施例而已，并非对本发明作任何形式上的限制；任何熟悉本领域的技术人员，在不脱离本发明技术方案范围情况下，都可利用上述揭示的方法和技术内容对本发明技术方案做出许多可能的变动和修饰，或修改为等同变化的等效实施例。因此，凡是未脱离本发明技术方案的内容，依据本发明的技术实质对以上实施例所做的任何简单修改、等同替换、等效变化及修饰，均仍属于本发明技术方案保护的范围内。

发明专利：一种即食苁蓉风味馓子及其制作方法

摘要：本发明公开一种即食苁蓉风味馓子及其制作方法。材料包括：苁蓉、豌豆粉、小麦粉、蒿籽粉、鸡蛋、红枣、枸杞、白砂糖、冰糖、蜂蜜和食盐。制作方法如下：（1）榨汁；（2）调制面团；（3）醒面；（4）馓子成型；（5）煮熟的馓子型面条浸凉、调味；（6）烘烤制得成品馓子。本发明中的一种即食苁蓉风味馓子色泽鲜艳诱人、口感酥脆香甜，集苁蓉、豌豆、蜂蜜、红枣、枸杞等原料的营养价值于一体，是一种美味可口、健康营养的特色食品。

一、权利要求书

材料：

苁蓉、豌豆粉、小麦粉、蒿籽粉、鸡蛋、红枣、枸杞、白砂糖、冰糖、蜂蜜和食盐。

制作方法：

一种即食苁蓉风味馓子的制作方法，其包括如下步骤：（1）榨汁；（2）调制面团；（3）醒面；（4）馓子成型；（5）煮熟的馓子型面条浸凉、调味；（6）烘烤制得成品馓子。

所述步骤（1）榨汁：称取苁蓉1~3份、红枣0.5~1.5份、枸杞0.5~1份，加入30~40℃温水混合榨汁，然后过滤制得营养汁，所述温水与所述苁蓉、所述红枣和所述枸杞总质量的质量比为5：1。

所述步骤（2）调制面团：称取豌豆粉240~260份、小麦粉240~260份、蒿籽粉0.05~0.07份、食盐1~2份、白砂糖30~40份和鸡蛋2~4份，与所述营养汁搅拌混合调制成面团。

所述步骤（3）醒面：所述面团放置20~40分钟，每10分钟揉面一次进行醒面。

所述步骤（4）馓子成型：将醒好的所述面团加工成馓子型面条并将所述馓子型面条煮熟。

所述步骤（5）煮熟的馓子型面条浸凉、调味：将煮熟的所述馓子型面条放入150~200份温度为4~8℃的冷水中浸凉8~10分钟，浸凉后控尽水的所述馓子型面条浸于由蜂蜜4~9份和冰糖30~40份（所述冰糖研粉）调制成的调味汁中调味。

所述步骤（6）烘烤制得成品馓子：调味后的所述馓子型面条放入真空烤箱内，在100~120℃烘烤30~40分钟至淡黄色，制得成品馓子。

以上所述苁蓉为鲜肉苁蓉，所述红枣为鲜红枣，所述枸杞为鲜枸杞。

另外，在所述步骤（5）中，将煮熟的所述馓子型面条放入150~200份温度为4~8℃、质量份数为0.06%~0.1%的食盐水中浸凉8~10分钟。

二、说明书

技术领域：

本发明涉及一种风味馓子及其制作方法，特别是一种即食苁蓉风味馓子及其制作方法。

背景技术：

苁蓉，又名大芸、肉苁蓉、地精、金笋等，属列当科管状花目，主要分布于我国内蒙古、甘肃、青海、新疆等地。苁蓉生于荒漠草原带及荒漠区的湖盆低地、盐化低地、沙地梭梭林中，是寄生于梭梭、红柳根部的寄生植物，素有"沙漠人参"之美誉，具有极高的药用价值。苁蓉入药，由来已久，是我国传统的名贵中药材，也是历代补肾壮阳类处方中使用频度较高的补益药物之一。它甘而性温，咸而质润，具有补阳不燥，温通肾阳补肾虚；补阴不腻，润肠通腹治便秘的特点。据研究，苁蓉含有苯乙醇苷、苷类化合物及多糖成分，在调节神经内分泌系统、祛风湿、增强免疫力、预防心脑血管疾病、抗疲劳和抗衰老、增强体力等方面也具有显著作用。苁蓉具有极高的药用和食用价值，应用范围广泛，因此将苁蓉制作成即食型的馓子，既改善口感、方便食用，又利用了苁蓉的保健功能，对于强身健体、改善亚健康状态具有一定效果。

现有馓子生产中，大多以麦面或米面为原料，营养价值低，而且馓子成型后采用羊油、牛油或植物油炸制的方式制作，制作的馓子脂肪含量较高，与现代低脂饮食观念相悖。

发明内容：

本发明的第一个目的在于提供一种即食苁蓉风味馓子。

本发明的第二个目的在于提供一种即食苁蓉风味馓子的制作方法。

本发明的第一个目的由如下技术方案实施，一种即食苁蓉风味馓子，其包括如下质量份数的组成：苁蓉1~3份、豌豆粉240~260份、小麦粉240~260份、蒿籽粉0.05~0.07份、鸡蛋2~4份、红枣0.5~1.5份、枸杞0.5~1份、白砂糖30~40份、冰糖30~40份、蜂蜜4~9份和食盐1~2份。

进一步的，所述苁蓉为鲜肉苁蓉。

进一步的，所述红枣为鲜红枣。

进一步的，所述枸杞为鲜枸杞。

本发明的第二个目的由如下技术方案实施，一种即食苁蓉风味馓子的制作方法，其包括如下步骤：（1）榨汁；（2）调制面团；（3）醒面；（4）馓子成型；（5）煮熟的馓子型面条浸凉、调味；（6）烘烤制得成品馓子。

所述步骤（1）榨汁：称取苁蓉1~3份、红枣0.5~1.5份、枸杞0.5~1份，加入30~40℃温水混合榨汁，然后过滤制得营养汁，所述温水与所述苁蓉、所述红枣和所述枸杞总质量的质量比为 5∶1。

所述步骤（2）调制面团：称取豌豆粉 240~260 份、小麦粉 240~260 份、蒿籽粉 0.05~0.07 份、食盐 1~2 份、白砂糖 30~40 份和鸡蛋 2~4 份，与所述营养汁搅拌混合调制成面团。

所述步骤（3）醒面：所述面团放置 20~40 分钟，每 10 分钟揉面一次进行醒面。

所述步骤（4）馓子成型：将醒好的所述面团加工成馓子型面条并将所述馓子型面条煮熟。

所述步骤（5）煮熟的馓子型面条浸凉、调味：将煮熟的所述馓子型面条放入 150~200 份温度为 4~8℃的冷水中浸凉 8~10 分钟，浸凉后控尽水的所述馓子型面条浸于由蜂蜜 4~9 份和冰糖 30~40 份（所述冰糖研粉）调制成的调味汁中调味。

所述步骤（6）烘烤制得成品馓子：调味后的所述馓子型面条放入真空烤箱内，在 100~120℃烘烤 30~40 分钟至淡黄色，制得成品馓子。

所述苁蓉为鲜肉苁蓉。所述红枣为鲜红枣。所述枸杞为鲜枸杞。

所述步骤（5）中，将煮熟的所述馓子型面条放 150~200 份温度为 4~8℃、质量份数为 0.06%~0.1%的食盐水中浸凉 8~10 分钟。

本发明的优点：

1. 本发明中的一种即食苁蓉风味馓子色泽鲜艳诱人、口感酥脆香甜，集苁蓉、豌豆、蜂蜜、红枣、枸杞等原料的营养价值于一体，是一种美味可口、健康营养的特色食品。

2. 豌豆含有丰富的碳水化合物、铜和胡萝卜素。碳水化合物是构成机体的重要物质，是储存和提供热能、维持大脑功能必需的能源，具有调节脂肪代谢、提供膳食纤维、节约蛋白质等功能；铜是人体健康不可缺少的微量营养元素，对于血液、中枢神经、免疫系统、头发、皮肤、骨骼组织、脑和肝、心等内脏的发育和功能具有重要影响；胡萝卜素具有维持皮肤黏膜层的完整性、促进生长发育、预防先天不足、维护生殖功能以及维持和提高免疫力等功能。

3. 蜂蜜具有调补脾胃、润肺止咳、润肠通便、润肤生肌、解毒等功能，可以起到养颜和提高人体免疫力的作用。

4. 红枣富含环磷酸腺苷，具有补虚益气、养血安神、健脾胃等功效，是人体能量代谢的必需物质，能增强肌力、消除疲劳、扩张血管、增加心肌收缩力、改善心肌营养，对防治心血管疾病有良好的作用。

5. 枸杞子味甘、性平，内含枯可胺 A、甜菜碱及多种维生素、氨基酸，具有滋阴补血、益精明目、降低血压、降低胆固醇、软化血管、降低血糖、保护肝脏、提高人体免疫功能等作用。

6. 本发明中一种即食苁蓉风味馓子的制作，采用将成型的馓子用水煮熟的制作方式代替传统馓子生产中将成型的馓子用油炸熟的制作方式，符合当前倡导的低脂饮食习惯。

具体实施方式：

实施例 1：

一种即食苁蓉风味馓子，其包括如下质量份数的组成：鲜肉苁蓉 3 份、豌豆粉 260 份、小麦粉 240 份、蒿籽粉 0.07 份、鸡蛋 4 份、鲜红枣 1.5 份、鲜枸杞 1 份、白砂糖 40 份、冰糖 30 份、蜂蜜 9 份和食盐 2 份。

利用实施例 1（一种即食苁蓉风味馓子）的配方，制作即食苁蓉风味馓子，其包括如下步骤：(1) 榨汁；(2) 调制面团；(3) 醒面；(4) 馓子成型；(5) 煮熟的馓子型面条浸凉、调味；(6) 烘烤制得成品馓子。

步骤（1）榨汁：称取鲜肉苁蓉 3 份、鲜红枣 1.5 份、鲜枸杞 1 份，加入 40℃温水混合榨汁，然后过滤制得营养汁，温水与鲜苁蓉、鲜红枣和鲜枸杞总质量的质量比为 5 : 1。

步骤（2）调制面团：称取豌豆粉 260 份、小麦粉 240 份、蒿籽粉 0.07 份、食盐 2 份、白砂糖 40 份和鸡蛋 4 份，与所述营养汁搅拌混合调制成面团。

步骤（3）醒面：面团放置 40 分钟，每 10 分钟揉面一次进行醒面。

步骤（4）馓子成型：将醒好的面团加工成馓子型面条并将馓子型面条煮熟。

步骤（5）煮熟的馓子型面条浸凉、调味：将煮熟的馓子型面条放入 200 份温度为 8℃、质量份数为 0.1%的食盐水浸凉 10 分钟，浸凉后控尽水的馓子型面条浸于由蜂蜜 9 份和冰糖 30 份（冰糖研粉）调制成的调味汁中调味。

步骤（6）烘烤制得成品馓子：调味后的馓子型面条放入真空烤箱内，在 100℃烘烤 40 分钟至淡黄色，制得成品馓子。

实施例 2：

一种即食苁蓉风味馓子，其包括如下质量份数的组成：鲜肉苁蓉 2 份、豌豆粉 250 份、小麦粉 250 份、蒿籽粉 0.06 份、鸡蛋 3 份、鲜红枣 1 份、鲜枸杞 1 份、白砂糖 35 份、冰糖 35 份、蜂蜜 7 份和食盐 1.5 份。

利用实施 2（一种即食苁蓉风味馓子）的配方，制作即食苁蓉风味馓子，其包括如下步骤：(1) 榨汁；(2) 调制面团；(3) 醒面；(4) 馓子成型；(5) 煮熟的馓子型面条浸凉、调味；(6) 烘烤制得成品馓子。

步骤（1）榨汁：称取鲜肉苁蓉 2 份、鲜红枣 1 份、鲜枸杞 1 份，加入 35℃温水混合榨汁，然后过滤制得营养汁，温水与鲜苁蓉、鲜红枣和鲜枸杞总质量的质量比为 5 : 1。

步骤（2）调制面团：称取豌豆粉 250 份、小麦粉 250 份、蒿籽粉 0.06 份、食盐 1.5 份、白砂糖 35 份和鸡蛋 3 份，与所述营养汁搅拌混合调制成面团。

步骤（3）醒面：面团放置 30 分钟，每 10 分钟揉面一次进行醒面。

步骤（4）馓子成型：将醒好的面团加工成馓子型面条并将馓子型面条煮熟。

步骤（5）煮熟的馓子型面条浸凉、调味：将煮熟的馓子型面条放入170份温度为6℃、质量份数为0.08%的食盐水浸凉9分钟，浸凉后控尽水的馓子型面条浸于由蜂蜜7份和冰糖35份（冰糖研粉）调制成的调味汁中调味。

步骤（6）烘烤制得成品馓子：调味后的馓子型面条放入真空烤箱内，在110℃烘烤35分钟至淡黄色，制得成品馓子。

实施例3：

一种即食苁蓉风味馓子，其包括如下质量份数的组成：鲜肉苁蓉1份、豌豆粉240份、小麦粉260份、蒿籽粉0.05份、鸡蛋2份、鲜红枣0.5份、鲜枸杞0.5份、白砂糖30份、冰糖40份、蜂蜜4份和食盐1份。

利用实施例3（一种即食苁蓉风味馓子）的配方，制作即食苁蓉风味馓子，其包括如下步骤：(1) 榨汁；(2) 调制面团；(3) 醒面；(4) 馓子成型；(5) 煮熟的馓子型面条浸凉、调味；(6) 烘烤制得成品馓子。

步骤（1）榨汁：称取鲜肉苁蓉1份、鲜红枣0.5份、鲜枸杞0.5份，加入30℃温水混合榨汁，然后过滤制得营养汁，温水与鲜苁蓉、鲜红枣和鲜枸杞总质量的质量比为5∶1。

步骤（2）调制面团：称取豌豆粉240份、小麦粉260份、蒿籽粉0.05份、食盐1份、白砂糖30份和鸡蛋2份，与所述营养汁搅拌混合调制成面团。

步骤（3）醒面：面团放置20分钟，每10分钟揉面一次进行醒面。

步骤（4）馓子成型：将醒好的面团加工成馓子型面条并将馓子型面条煮熟。

步骤（5）煮熟的馓子型面条浸凉、调味：将煮熟的馓子型面条放入150份温度为4℃、质量份数为0.06%的食盐水中浸凉8分钟，浸凉后控尽水的馓子型面条浸于由蜂蜜4份和冰糖40份（冰糖研粉）调制成的调味汁中调味。

步骤（6）烘烤制得成品馓子：调味后的馓子型面条放入真空烤箱内，在100℃烘烤40分钟至淡黄色，制得成品馓子。

实用新型名称：　一种用于营养监测的厨房秤

摘要：本实用新型公开了一种用于营养监测的厨房秤，包括具有营养监测功能的厨房秤本体，其特征在于，厨房秤本体上安装有秤盘，在厨房秤本体的背面设有旋转摆动组件，旋转摆动组件上转动连接有毛刷组件，毛刷组件与秤盘相抵接；旋转摆动组件顶部设有控制器，控制器与旋转摆动组件的电机电连接；在厨房秤本体两侧分别设有收集槽，收集槽朝向厨房秤本体背面的侧壁上设有清理口。优点：毛刷组件在秤盘上来回摆动的同时还能自身周向旋转，使得刷毛将秤盘上黏附的杂物挑起的同时扫除干净，清理更彻底，避免杂物干扰导致称量不准确；杂物掉入两侧的收集槽内，避免周边环境的污染，利用抹布等物品顺着收集槽倾斜的底部通过清理口处理掉杂物，便捷高效。

一、权利要求书

1. 一种用于营养监测的厨房秤，包括具有营养监测功能的厨房秤本体，其特征在于，所述厨房秤本体上安装有秤盘，在所述厨房秤本体的背面设有旋转摆动组件，所述旋转摆动组件上转动连接有毛刷组件，所述毛刷组件与所述秤盘相抵接；所述旋转摆动组件顶部设有控制器，所述控制器与所述旋转摆动组件的电机电连接；在所述厨房秤本体两侧分别设有收集槽，所述收集槽朝向所述厨房秤本体背面的侧壁上设有清理口。

2. 根据权利要求 1 所述的一种用于营养监测的厨房秤，其特征在于：所述旋转摆动组件包括矩形壳体，所述壳体中部设有与所述壳体内壁垂直固定的隔板，所述壳体内部通过隔板分为上部的旋转腔和下部的摆动腔，所述摆动腔内设有转轴、电机，所述转轴一端与所述摆动腔底部旋转连接，所述转轴另一端穿置所述隔板，并置于所述旋转腔内，在所述摆动腔内的所述转轴上套设固定有两个从动锥形齿轮，两个所述从动锥形齿轮对称设置，所述电机与所述摆动腔内壁固定，所述电机的输出轴端部固定有不完全锥齿轮，所述不完全锥齿轮置于两个所述从动锥形齿轮之间且分别与两个所述从动锥形齿轮啮合；在所述旋转腔内的所述转轴上套设有与所述隔板固定的固定锥齿轮，所述旋转腔朝向所述厨房秤本体的侧壁上设有开口。

3. 根据权利要求 2 所述的一种用于营养监测的厨房秤，其特征在于：所述毛刷组件包括刷杆和设置在所述刷杆表面的刷毛，所述刷杆的一端伸入所述开口并垂直穿置在所述转轴上，所述刷杆与所述转轴转动连接，穿置在所述转轴上的所述刷杆端部固定有活动锥齿轮，所述活动锥齿轮与所述固定锥齿轮啮合。

4. 根据权利要求 3 所述的一种用于营养监测的厨房秤，其特征在于：所述收集槽底部至所述清理口为斜向下设置。

二、说明书

技术领域：

本实用新型涉及厨房用具技术领域，具体涉及一种用于营养监测的厨房秤。

背景技术：

厨房秤是用于烹饪时精确计量使用食物原料的量的一种工具。然而，随着社会的发展，人们对于食物健康的需求越来越严格，低脂饮食的同时还要确保营养不缺失，这就使得智能厨房秤应运而生，但是现有的具有营养检测等功能的智能厨房秤在使用过程中易出现如下问题：在每次使用厨房秤称量后，各类食材或多或少地在秤盘上残留残渣等杂物，这样就导致下一次的称量不精确，且人工清理次数多了以后，还增加疲劳度；清理后的杂物掉到周边，污染厨房环境。

实用新型内容：

本实用新型的目的在于提供一种用于营养监测的厨房秤。

本实用新型由如下技术方案实施：

一种用于营养监测的厨房秤，包括具有营养监测功能的厨房秤本体，所述厨房秤本体上安装有秤盘，在所述厨房秤本体的背面设有旋转摆动组件，所述旋转摆动组件上转动连接有毛刷组件，所述毛刷组件与所述秤盘相抵接；所述旋转摆动组件顶部设有控制器，所述控制器与所述旋转摆动组件的电机电连接；在所述厨房秤本体两侧分别设有收集槽，所述收集槽朝向所述厨房秤本体背面的侧壁上设有清理口。

所述旋转摆动组件包括矩形壳体，所述壳体中部设有与所述壳体内壁垂直固定的隔板，所述壳体内部通过隔板分为上部的旋转腔和下部的摆动腔，所述摆动腔内设有转轴、电机，所述转轴一端与所述摆动腔底部旋转连接，所述转轴另一端穿置所述隔板，并置于所述旋转腔内，在所述摆动腔内的所述转轴上套设固定有两个从动锥形齿轮，两个所述从动锥形齿轮对称设置，所述电机与所述摆动腔内壁固定，所述电机的输出轴端部固定有不完全锥齿轮，所述不完全锥齿轮置于两个所述从动锥形齿轮之间且分别与两个所述从动锥形齿轮啮合；在所述旋转腔内的所述转轴上套设有与所述隔板固定的固定锥齿轮，所述旋转腔朝向所述厨房秤本体的侧壁上设有开口。

所述毛刷组件包括刷杆和设置在所述刷杆表面的刷毛，所述刷杆的一端伸入所述开口并垂直穿置在所述转轴上，所述刷杆与所述转轴转动连接，穿置在所述转轴上的所述刷杆端部固定有活动锥齿轮，所述活动锥齿轮与所述固定锥齿轮啮合。

所述收集槽底部至所述清理口为斜向下设置。

本实用新型的优点：通过旋转摆动组件可以带动毛刷组件在秤盘上来回摆动的同时还能自身周向旋转，使得刷毛将秤盘上黏附的杂物挑起的同时扫除干净，清理更彻底，避免杂物干扰导致称量不准确；毛刷组件清扫，避免人工操作，节省人力；杂物掉入两侧的收集槽内，避免周边环境的污染，利用抹布等物品顺着收集槽倾斜的底部通过清理口处理掉杂物，便捷高效。

附图说明：

为了更清楚地说明本实用新型实施例或现有技术中的技术方案，下面将对实施例或现有技术描述中所需要使用的附图作简单的介绍，显而易见，下面描述中的附图仅仅是本实用新型的一些实施例，对于本领域普通技术人员来讲，在不付出创造性劳动的前提下，还可以根据这些附图获得其他的附图。

图1是本实用新型整体结构的示意图；图2是图1的俯视图；图3是图1的左视图；图4是图1中从动锥形齿轮、不完全锥齿轮传动的右视图。

图中：厨房秤本体1、秤盘2、旋转摆动组件3、壳体3.1、隔板3.2、旋转腔3.3、摆动腔3.4、转轴3.5、电机3.6、从动锥形齿轮3.7、不完全锥齿轮3.8、固定锥齿轮3.9、开口3.10、毛刷组件4、刷杆4.1、刷毛4.2、活动锥齿轮4.3、控制器5、收集槽6、清理口7。

具体实施方式：

下面将结合本实用新型实施例中的附图，对本实用新型实施例中的技术方案进行清楚、完整的描述，显然，所描述的实施例仅仅是本实用新型一部分实施例，而不是全部的实施例。基于本实用新型中的实施例，本领域普通技术人员在没有创造性劳动前提下所获得的所有其他实施例，都属于本实用新型保护的范围。

如图1至图4所示，一种用于营养监测的厨房秤，包括具有营养监测功能的厨房秤本体1，厨房秤本体1上安装有秤盘2，在厨房秤本体1的背面设有旋转摆动组件3，旋转摆动组件3包括矩形壳体3.1，壳体3.1中部设有与壳体3.1内壁垂直固定的隔板3.2，壳体3.1内部通过隔板3.2分为上部的旋转腔3.3和下部的摆动腔3.4，摆动腔3.4内设有转轴3.5、电机3.6，转轴3.5一端与摆动腔3.4底部旋转连接，转轴3.5另一端穿置隔板3.2，并置于旋转腔3.3内，在摆动腔3.4内的转轴3.5上套设固定有两个从动锥形齿轮3.7，两个从动锥形齿轮3.7对称设置，电机3.6与摆动腔3.4内壁固定，电机3.6的输出轴端部固定有不完全锥齿轮3.8，不完全锥齿轮3.8置于两个从动锥形齿轮3.7之间且分别与两个从动锥形齿轮3.7啮合，不完全锥齿轮3.8为具有部分齿的锥齿轮，当不完全锥齿轮3.8的齿与其中一个从动锥形齿轮3.7啮合时，不完全锥齿轮3.8不能与另一个从动锥形齿轮3.7啮合，所以在电机3.6的输出轴带动不完全锥齿轮3.8旋转时，不完全锥齿轮3.8会分别带动两个从动锥形齿轮3.7旋转，且两个从动锥形齿轮3.7转动的方向相反，以实现转轴3.5的往复旋转。

在旋转腔3.3内的转轴3.5上套设有与隔板3.2固定的固定锥齿轮3.9，旋转腔

3.3 朝向厨房秤本体 1 的侧壁上开设有开口 3.10。

旋转摆动组件 3 上转动连接有毛刷组件 4，毛刷组件 4 与秤盘 2 相抵接，毛刷组件 4 包括刷杆 4.1 和设置在刷杆 4.1 表面的刷毛 4.2，刷杆 4.1 的一端伸入开口 3.10 并垂直穿置在转轴 3.5 上，转轴 3.5 在往复旋转时，带动刷杆 4.1 转动，使得刷杆 4.1 往复摆动，刷杆 4.1 与转轴 3.5 转动连接，穿置在转轴 3.5 上的刷杆 4.1 端部固定有活动锥齿轮 4.3，活动锥齿轮 4.3 与固定锥齿轮 3.9 啮合，刷杆 4.1 摆动时，带动活动锥齿轮 4.3 在固定锥齿轮 3.9 上滚动，进而使得固定锥齿轮 3.9 通过活动锥齿轮 4.3 带动刷杆 4.1 自身周向转动，刷杆 4.1 在秤盘 2 上来回摆动的同时还能自身周向旋转，刷杆 4.1 来回摆动，通过刷毛 4.2 将秤盘 2 上的杂物扫除干净，刷杆 4.1 自身转动，通过刷毛 4.2 将秤盘 2 上黏附的杂物挑起清理，配合上摆动，清理更彻底，避免杂物干扰导致称量不准确。

旋转摆动组件 3 顶部设有控制器 5，控制器 5 与旋转摆动组件 3 的电机 3.6 电连接，可通过控制器 5（PLC 控制器）控制电机 3.6 的启停。

在厨房秤本体 1 两侧分别设有收集槽 6，收集槽 6 朝向厨房秤本体 1 背面的侧壁上设有清理口 7，收集槽 6 底部至清理口 7 为斜向下设置，清扫的杂物掉入两侧的收集槽 6 内，避免周边环境的污染，利用抹布等物品顺着收集槽 6 倾斜的底部通过清理口 7 处理掉杂物，便捷高效。

工作原理：将厨房秤本体 1 和电机 3.6 与外部电源相接，在秤盘 2 上称量使用一次后，秤盘 2 上存在杂物时，通过控制器 5 启动电机 3.6，电机 3.6 的输出轴带动不完全锥齿轮 3.8 旋转，不完全锥齿轮 3.8 分别带动两个从动锥形齿轮 3.7 旋转，两个从动锥形齿轮 3.7 转动的方向相反，使得转轴 3.5 的往复旋转，转轴 3.5 带动刷杆 4.1 转动，使得刷杆 4.1 往复摆动，刷杆 4.1 摆动时，带动活动锥齿轮 4.3 在固定锥齿轮 3.9 上滚动，进而使得固定锥齿轮 3.9 通过活动锥齿轮 4.3 带动刷杆 4.1 自身周向转动，刷杆 4.1 在秤盘 2 上来回摆动的同时还能自身周向旋转，刷杆 4.1 自身转动，通过刷毛 4.2 将秤盘 2 上黏附的杂物挑起清理，配合上刷杆 4.1 来回摆动，将秤盘 2 上的杂物扫除干净，清理更彻底，避免杂物干扰导致称量不准确；清扫的杂物掉入两侧的收集槽 6 内，避免周边环境的污染，利用抹布等物品顺着收集槽 6 倾斜的底部通过清理口 7 处理掉杂物，便捷高效。

以上所述仅为本实用新型的较佳实施例而已，并不用以限制本实用新型，凡在本实用新型的精神和原则之内，所作的任何修改、等同替换、改进等，均应包含在本实用新型的保护范围之内。

说明书附图

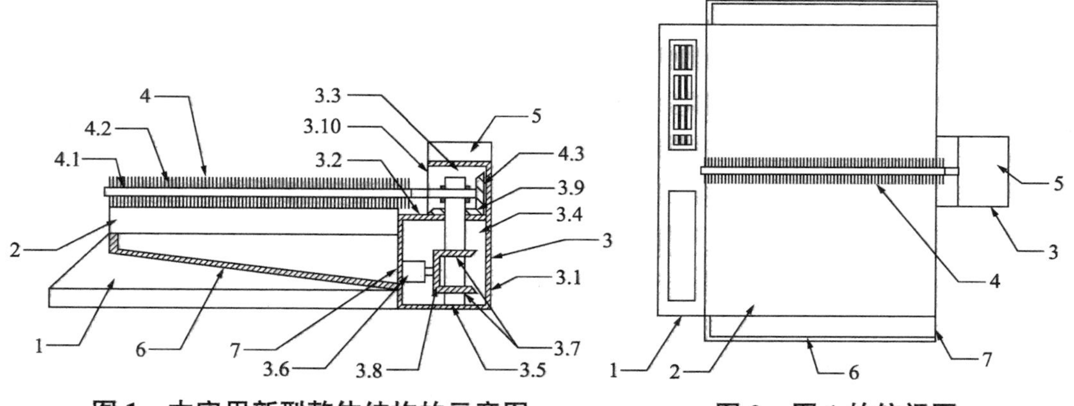

图 1　本实用新型整体结构的示意图

图 2　图 1 的俯视图

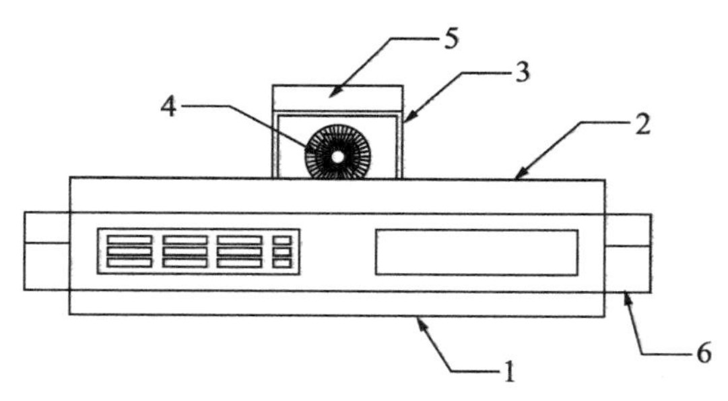

图 3　图 1 的左视图

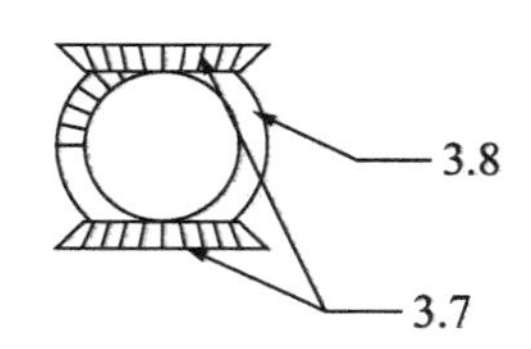

图 4　图 1 中从动锥形齿轮、不完全锥齿轮传动的右视图

实用新型名称：一种可测温厨房用夹具

摘要：本实用新型公开了一种可测温厨房用夹具，包括两个对称设置的握柄，两个握柄的顶端通过转轴转动连接，转轴上套设有扭簧，扭簧的两端分别与握柄固定，每个握柄的底端滑动插入有加长杆，两个加长杆的底端分别固定有对称设置的夹持部，握柄和加长杆截面均为凵型；在握柄上设有温度检测组件，温度检测组件的红外测温仪探头置于两个握柄之间，并朝向夹持部。优点：两个握柄相互靠拢，夹住并捞起食物；红外测温仪的探头实时检测食物或水的温度，方便烹饪者明确配菜或者调料加入其中的时间，利于下一步操作，红外测温仪探头置于两个握柄之间，还能对夹在两个夹持部之间的食物进行温度检测，让人更精准地判断食物成熟程度，便于保留食物营养不流失。

一、权利要求书

1. 一种可测温厨房用夹具，其特征在于，包括两个对称设置的握柄，两个所述握柄的顶端通过转轴转动连接，所述转轴上套设有扭簧，所述扭簧的两端分别与所述握柄固定，每个所述握柄的底端滑动插入有加长杆，两个所述加长杆的底端分别固定有对称设置的夹持部，所述握柄和所述加长杆截面均为凵型；在所述握柄上设有温度检测组件，所述温度检测组件的红外测温仪探头置于两个所述握柄之间，并朝向所述夹持部。

2. 根据权利要求 1 所述的一种可测温厨房用夹具，其特征在于：所述握柄的两侧侧壁上分别设有对称设置的长条孔，所述长条孔一侧间隔连通有多个限位槽，所述加长杆的两侧侧壁上分别设有穿置所述长条孔的中空滑杆，所述滑杆对应所述限位槽一侧的侧壁上设有通孔，所述通孔内滑动设有限位块，所述限位块一侧活动插入所述限位槽内，所述限位块另一侧滑动置于所述滑杆内，所述限位块与所述滑杆远离所述限位槽一侧的侧壁之间设有弹簧，所述弹簧两端分别与所述限位块和所述滑杆远离所述限位槽一侧的侧壁固定。

3. 根据权利要求 1 所述的一种可测温厨房用夹具，其特征在于：所述温度检测组件包括红外测温仪、开关按钮、控制板、显示屏，所述红外测温仪和控制板设置在任一所述握柄内部，所述控制板与所述红外测温仪电连接，所述显示屏置于所述握柄外表面，所述显示屏与所述控制板电连接，用于控制所述红外测温仪启停的所述开关按钮安装在另一个所述握柄外表面。

4. 根据权利要求 1、2 或 3 所述的一种可测温厨房用夹具，其特征在于：两个所述夹持部相对的面上分别设有相互配合的防滑齿。

二、说明书

技术领域：

本实用新型涉及烹饪工具技术领域，具体涉及一种可测温厨房用夹具。

背景技术：

煮制食品虽然比煎炒出来的食物色香味逊色了些许，但是营养素却保留得非常完整，同时极容易被人体所吸收和消化，也杜绝了病原微生物的危害，是公认的健康烹调方式。

食品煮制后通常通过夹子等工具夹持捞出，但现有的夹子结构简单，无法检测锅内水温及食物在烹饪时的温度，导致烹饪者无法准确知道将配菜或者调料加入其中的时间以及食物的熟度，大多都为经验判断，但对经验少的人来说，影响烹饪后食材的味道及营养的保留。

实用新型内容：

本实用新型的目的在于提供一种可测温厨房用夹具。

本实用新型由如下技术方案实施：

一种可测温厨房用夹具，包括两个对称设置的握柄，两个所述握柄的顶端通过转轴转动连接，所述转轴上套设有扭簧，所述扭簧的两端分别与所述握柄固定，每个所述握柄的底端滑动插入有加长杆，两个所述加长杆的底端分别固定有对称设置的夹持部，所述握柄和所述加长杆截面均为凵型；在所述握柄上设有温度检测组件，所述温度检测组件的红外测温仪探头置于两个所述握柄之间，并朝向所述夹持部。

优选的，所述握柄的两侧侧壁上分别设有对称设置的长条孔，所述长条孔一侧间隔连通有多个限位槽，所述加长杆的两侧侧壁上分别设有穿置所述长条孔的中空滑杆，所述滑杆对应所述限位槽一侧的侧壁上设有通孔，所述通孔内滑动设有限位块，所述限位块一侧活动插入所述限位槽内，所述限位块另一侧滑动置于所述滑杆内，所述限位块与所述滑杆远离所述限位槽一侧的侧壁之间设有弹簧，所述弹簧两端分别与所述限位块和所述滑杆远离所述限位槽一侧的侧壁固定。

优选的，所述温度检测组件包括红外测温仪、开关按钮、控制板、显示屏，所述红外测温仪和控制板设置在任一所述握柄内部，所述控制板与所述红外测温仪电连接，所述显示屏置于所述握柄外表面，所述显示屏与所述控制板电连接，用于控制所述红外测温仪启停的所述开关按钮安装在另一个所述握柄外表面。

优选的，两个所述夹持部相对的面上分别设有相互配合的防滑齿。

本实用新型的优点：两个握柄相互靠拢，以实现夹持部夹住食物，并将食物捞起；红外测温仪的探头实时检测食物或水的温度，方便烹饪者明确配菜或者调料加入其中的时间，利于根据温度进行下一步操作，红外测温仪探头置于两个握柄之间，还能对夹在两个夹持部之间的食物进行温度检测，更精准地判断食物成熟程度，便于保留食物营养不流失；通过加长杆调节夹持部到手部的长度，拉长距离，有效防止烹饪过程中高温水溅到手上，提升安全性。

附图说明：

为了更清楚地说明本实用新型实施例或现有技术中的技术方案，下面将对实施例或现有技术描述中所需要使用的附图作简单的介绍，显而易见，下面描述中的附图仅仅是本实用新型的一些实施例，对于本领域普通技术人员来讲，在不付出创造性劳动的前提下，还可以根据这些附图获得其他的附图。

图 1 是本实用新型整体结构的示意图；图 2 是本实用新型握柄收拢的示意图；图 3 是图 2 中 A-A 截面的示意图；图 4 是图 2 中 B 的局部放大示意图；图 5 是图 2 中加长杆伸出的示意图；图 6 是图 5 中 C-C 截面的示意图；图 7 是图 5 中 D 的局部放大示意图。

图中：握柄 1、转轴 2、加长杆 3、夹持部 4、防滑齿 4.1、温度检测组件 5、显示屏 5.4、长条孔 6、限位槽 7、滑杆 8、通孔 9、限位块 10、弹簧 11。

具体实施方式：

下面将结合本实用新型实施例中的附图，对本实用新型实施例中的技术方案进行清楚、完整的描述，显然，所描述的实施例仅仅是本实用新型一部分实施例，而不是全部的实施例。基于本实用新型中的实施例，本领域普通技术人员在没有创造性劳动前提下所获得的所有其他实施例，都属于本实用新型保护的范围。

如图 1 至图 7 所示，一种可测温厨房用夹具，包括两个对称设置的握柄 1，两个握柄 1 的顶端通过转轴 2 转动连接，转轴 2 上套设有扭簧 12，扭簧 12 的两端分别与握柄 1 固定，扭簧 12 的弹力作用起到两个握柄 1 相互收紧夹持食物后，再向两侧分开复位，便于使用，每个握柄 1 的底端滑动插入有加长杆 3，两个加长杆 3 的底端分别固定有对称设置的夹持部 4，两个夹持部 4 相对的面上分别设有相互配合的防滑齿 4.1，夹持更牢固，握柄 1 和加长杆 3 截面均为凵型，握柄 1 和加长杆 3 相对设置，且加长杆 3 置在握柄 1 里面，握柄 1 的两侧侧壁上分别设有对称设置的长条孔 6，长条孔 6 呈矩形，长条孔 6 一侧间隔连通有多个限位槽 7，加长杆 3 的两侧侧壁上分别设有穿置长条孔 6 的中空滑杆 8，滑杆 8 匹配长条孔 6，呈立方体状，滑杆 8 对应限位槽 7 一侧的侧壁上设有通孔 9，通孔 9 内滑动设有限位块 10，限位块 10 一侧活动插入限位槽 7 内，限位块 10 一侧在插入限位槽 7 内的同时，还有部分处在限位槽 7 外面，限位块 10 另一侧滑动置于滑杆 8 内，限位块 10 与滑杆 8 远离限位槽 7 一侧的侧壁之间设有弹簧 11，弹簧 11 两端分别与限位块 10 和滑杆 8 远离限位槽 7 一侧的侧壁固定。

在握柄 1 上设有温度检测组件 5，温度检测组件 5 包括红外测温仪 5.1、开关按钮 5.2、控制板 5.3、显示屏 5.4，红外测温仪 5.1 和控制板 5.3 设置在任一握柄 1 内部，控制板 5. 3 与红外测温仪 5. 1 电连接，控制板 5. 3 用于接收红外测温仪 5. 1 检测的温度，显示屏 5. 4 置于握柄 1 外表面，显示屏 5. 4 与控制板 5. 3 电连接，控制板 5. 3 将接收的红外测温仪 5. 1 检测的温度通过显示屏 5. 4 显示，用于控制红外测温仪 5. 1 启停的开关按钮 5. 2 安装在另一个握柄 1 外表面，通过开关按钮 5. 2 控制红外测温仪 5. 1 的启停，温度检测组件 5 的红外测温仪 5. 1 探头置于两个握柄 1 之间，并朝向夹持部 4，红外测温仪 5. 1 探头可以实时检测食物或水的温度，并且红外测温仪 5. 1 探头置于两个握柄 1 之间，还能对两个夹持部 4 夹住的食物温度进行检测。

工作原理：

本实用新型在使用时，单手（或双手，两手各持一个握柄 1）握住握柄 1，将两个握柄 1 相互靠拢，以实现夹持部 4 夹住食物，松开握柄 1，扭簧 12 的弹力作用将两个握柄 1 分开复位；通过开关按钮 5. 2 控制红外测温仪 5. 1 的启停，开启红外测温仪 5. 1 后，通过控制握柄 1 的指向，进而带动红外测温仪 5. 1 的探头测到被测物上，红外测温仪 5. 1 的探头实时检测食物或水的温度，方便烹饪者明确配菜或者调料加入其中的时间，利于根据温度进行下一步操作，红外测温仪 5. 1 探头置于两个握柄 1 之间，还能对夹在两个夹持部 4 之间的食物进行温度检测，以更精准地判断食物成熟程度，便于保留食物营养不流失。

延长握柄 1 长度时，两指（单手的食指和拇指）分别扣住两个滑杆 8 的同时，将限位块 10 经过通孔 9 按进滑杆 8 内，此时弹簧 11 收缩，限位块 10 从对应的限位槽 7 退出，解除加长杆 3 的锁定，将滑杆 8 在长条孔 6 内上、下滑动，可带动加长杆 3 在握柄 1 下方伸出、收缩，调节整体长度；停在合适长度后，松开限位块 10，受弹簧 11 弹力作用，限位块 10 经过通孔 9 弹出，并插进调整好长度所对应的限位槽 7 内，限位槽 7 卡住限位块 10，防止滑杆 8 在长条孔 6 内滑动，锁定加长杆 3，多个限位槽 7 的设置，满足实际使用情况；通过加长杆 3 调节夹持部 4 到手部的长度，拉长距离，有效防止烹饪过程中高温水溅到手上，提升安全性。

以上所述仅为本实用新型的较佳实施例而已，并不用以限制本实用新型，凡在本实用新型的精神和原则之内，所作的任何修改、等同替换、改进等，均应包含在本实用新型的保护范围之内。

说明书附图：

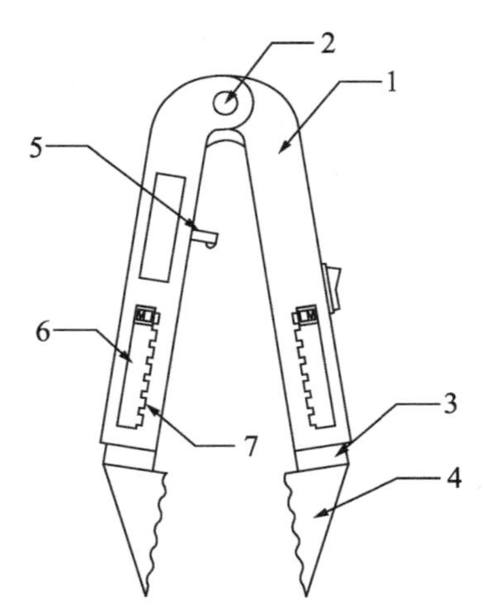

图 1　本实用新型整体结构的示意图

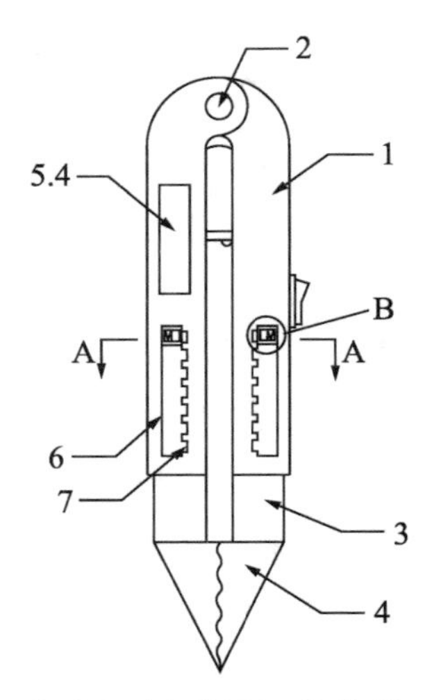

图 2　本实用新型握柄收拢的示意图

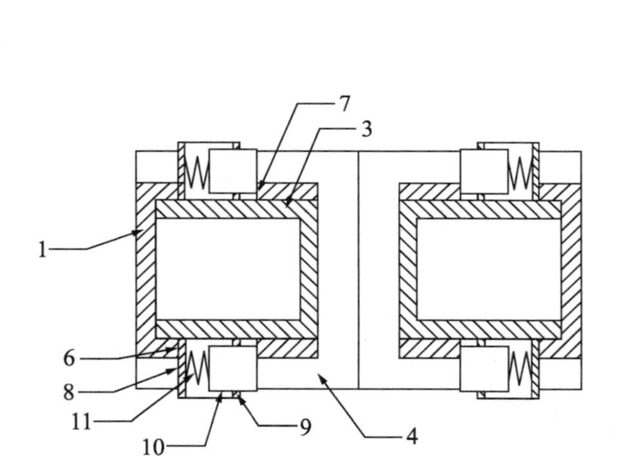

图 3　图 2 中 A–A 截面的示意图

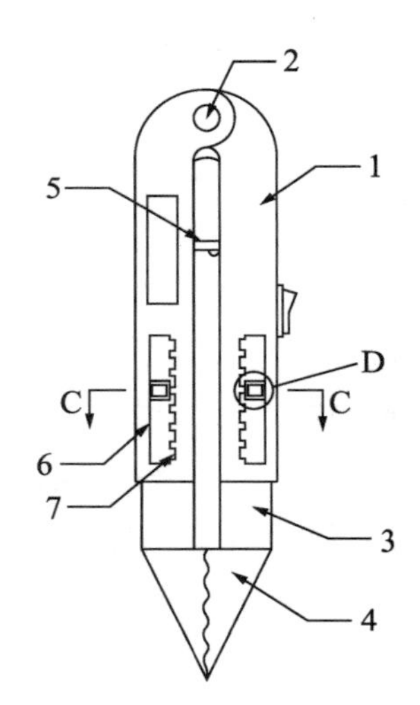

图 4　图 2 中 B 的局部放大示意图

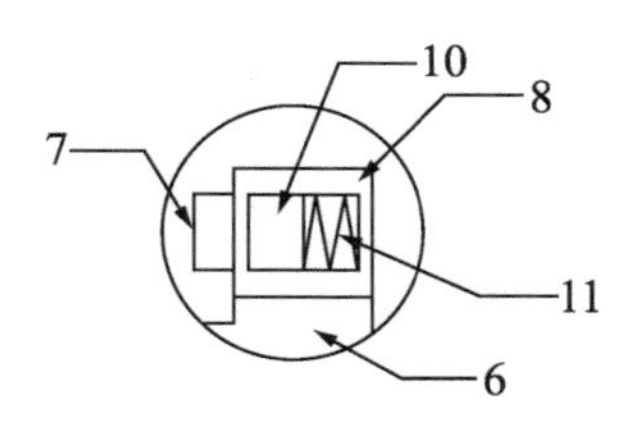

图 5　图 2 中加长杆伸出的示意图

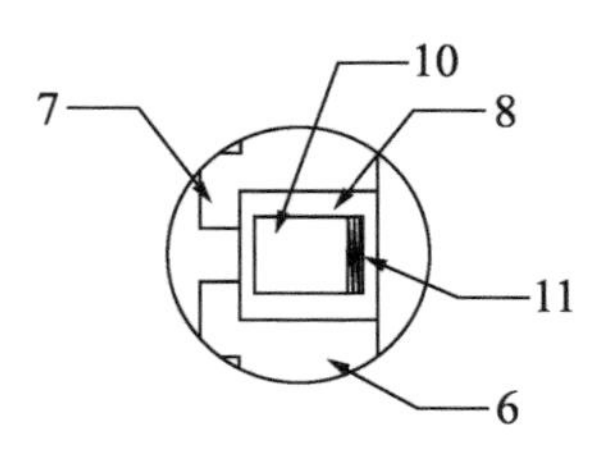

图 6　图 5 中 C–C 截面的示意图

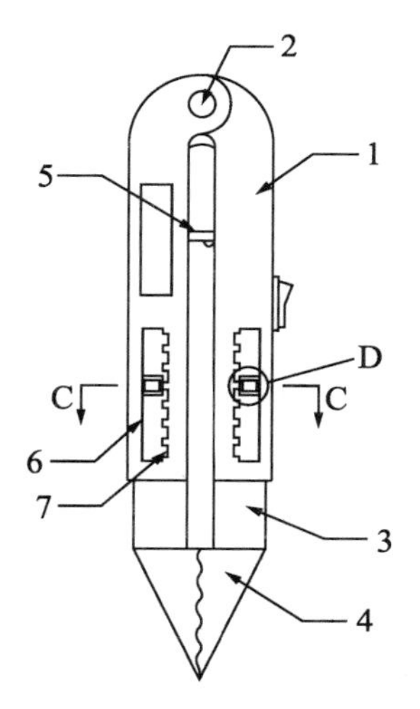

图 7　图 5 中 D 的局部放大示意图

实用新型名称：一种厨房烹饪用的智能配菜装置

摘要：本实用新型公开了一种厨房烹饪用的智能配菜装置，包括支臂、侧板、转动辊、输送带、辅助装置、放置板、减速电机、侧架、导轨、多角度传动装置主体和夹持机构主体。本实用新型通过在输送带底部正下方安装有辅助装置，辅助装置内安装有独立电机，电机驱动固定箱内的顶升机构运动，即可使得顶部刮扫件的升起，刮扫件内的刮板即可接触到输送带底部，配合输送带的运动，对输送带表面的杂质或水渍进行刮落，减少人工的操作，提高了工作的效率。

一、权利要求书

1. 一种厨房烹饪用的智能配菜装置，包括支臂1，所述支臂1顶部与侧板2进行固定，所述侧板2内左右两端设置有转动辊3，所述转动辊3外径表面设置有输送带4。

其特征在于：还包括辅助装置5，所述输送带4底部正下方设置有辅助装置5，所述辅助装置5包括底座5.1、固定箱5.2、驱动电机5.3、凹槽5.4、刮扫件5.5、传动仓5.6和顶升机构5.7。所述底座5.1顶部固定有固定箱5.2，所述固定箱5.2前端中部安装有驱动电机5.3，所述固定箱5.2内上端开设有凹槽5.4，所述凹槽5.4内中部嵌入有刮扫件5.5，所述固定箱5.2内中部开设有传动仓5.6，所述传动仓5.6内中部安装有顶升机构5.7，所述刮扫件5.5顶部与输送带4底部相对应。

2. 根据权利要求1所述一种厨房烹饪用的智能配菜装置，其特征在于：所述侧板2右侧固定有放置板6，所述侧板2背面左端安装有减速电机7，并且减速电机7前端输出轴与侧板2内左端转动辊3相接，所述侧板2背面右端设置有侧架8，所述侧架8内侧上端固定有导轨9，所述导轨9中部安装有多角度传动装置主体10，所述多角度传动装置主体10底部设置有夹持机构主体11。

3. 根据权利要求1所述一种厨房烹饪用的智能配菜装置，其特征在于：所述顶升机构5.7包括凸轮5.7.1)、顶件5.7.2、弹簧5.7.3和导向板5.7.4，所述凸轮5.7.1置于传动仓5.6内中部，所述凸轮5.7.1内中部与驱动电机5.3背面输出轴相接，所述凸轮5.7.1顶部与顶件5.7.2相接，所述顶件5.7.2外径表面下端套接有弹簧5.7.3，所述弹簧5.7.3顶部与导向板5.7.4相抵，所述导向板5.7.4外侧与传动仓5.6进行固定，所述顶件5.7.2顶部依次贯穿导向板5.7.4顶部和凹槽5.4底部与刮扫件5.5相接。

4. 根据权利要求1所述一种厨房烹饪用的智能配菜装置，其特征在于：所述刮扫件5.5包括底件5.5.1、导杆5.5.2、连接螺栓5.5.3、刮板5.5.4、插槽5.5.5和插板5.5.6，所述底件5.5.1底部活动嵌入至凹槽5.4内下端，所述底件5.5.1底部前后两端固定有导杆5.5.2，并且导杆5.5.2底部贯穿凹槽5.4底部插入至传动仓5.6内，所述底件5.5.1内中部开设有插槽5.5.5，所述插槽5.5.5内中部嵌入有插板5.5.6，并且插板5.5.6顶部与刮板5.5.4进行固定，所述插板5.5.6内前后两端与锁入底件5.5.1两侧的连接螺栓5.5.3进行连接。

5. 根据权利要求1所述一种厨房烹饪用的智能配菜装置，其特征在于：所述固定箱5.2背面设置有密封盖，并且固定箱5.2通过螺栓与密封盖进行固定。

6. 根据权利要求3所述一种厨房烹饪用的智能配菜装置，其特征在于：所述凸轮5.7.1左端凸出，并且凸轮5.7.1厚度大于顶件5.7.2底部厚度。

7. 根据权利要求4所述一种厨房烹饪用的智能配菜装置，其特征在于：所述刮板5.5.4顶部左右两侧呈倒角状，并且刮板5.5.4顶部表面光滑。

8. 根据权利要求4所述一种厨房烹饪用的智能配菜装置，其特征在于：所述插板5.5.6前后两端开设有螺孔，并且插板5.5.6前后两端通过螺孔与连接螺栓5.5.3进行螺纹连接。

二、说明书：一种厨房烹饪用的智能配菜装置

技术领域：

本实用新型具体是一种厨房烹饪用的智能配菜装置，涉及厨房智能烹饪相关领域。

背景技术：

烹饪指的是膳食的艺术，是一种复杂而有规律地将食材转化为食物的加工过程，是对食材加工处理，使食物更可口、更好看、更好闻的处理方式与方法，一道美味佳肴，必然色香味、意形养俱佳，不但让人在食用时感到满足，而且能让食物的营养更容易被人体吸收。在现在的厨房烹饪过程中，使用的工具越来越智能，在对于大型厨房，烹饪过程中需要准备较多的食材，在烹饪每道菜时，都需要手动挑选出食材来进行烹饪，较为费力，因此需要用到专用的智能配菜装置，实现自动配菜。

在现有的厨房烹饪用的智能配菜装置使用过程中，需要将配好的食材放置到输送带上，移送到烹饪位置，但在输送的过程中，输送带上容易残留一些食材或者水渍，需要人工手动清理，较为费力，导致工作效率的降低。

实用新型内容：

因此，为了解决上述不足，本实用新型在此提供一种厨房烹饪用的智能配菜装置。

本实用新型是这样实现的，构造一种厨房烹饪用的智能配菜装置，该装置包括支臂，所述支臂顶部与侧板进行固定，所述侧板内左右两端设置有转动辊，所述转动辊外径表面设置有输送带，所述输送带底部正下方设置有辅助装置，所述辅助装置包括底座、固定箱、驱动电机、凹槽、刮扫件、传动仓和顶升机构，所述底座顶部固定有固定箱，所述固定箱前端中部安装有驱动电机，所述固定箱内上端开设有凹槽，所述

凹槽内中部嵌入有刮扫件，所述固定箱内中部开设有传动仓，所述传动仓内中部安装有顶升机构，所述刮扫件顶部与输送带底部相对应。

所述侧板右侧固定有放置板，所述侧板背面左端安装有减速电机，并且减速电机前端输出轴与侧板内左端转动辊相接，所述侧板背面右端设置有侧架，所述侧架内侧上端固定有导轨，所述导轨中部安装有多角度传动装置主体，所述多角度传动装置主体底部设置有夹持机构主体。

所述顶升机构包括凸轮、顶件、弹簧和导向板，所述凸轮置于传动仓内中部，所述凸轮内中部与驱动电机背面输出轴相接，所述凸轮顶部与顶件相接，所述顶件外径表面下端套接有弹簧，所述弹簧顶部与导向板相抵，所述导向板外侧与传动仓进行固定，所述顶件顶部依次贯穿导向板顶部和凹槽底部与刮扫件相接。

所述刮扫件包括底件、导杆、连接螺栓、刮板、插槽和插板，所述底件底部活动嵌入至凹槽内下端，所述底件底部前后两端固定有导杆，并且导杆底部贯穿凹槽底部插入至传动仓内，所述底件内中部开设有插槽，所述插槽内中部嵌入有插板，并且插板顶部与刮板进行固定，所述插板内前后两端与锁入底件两侧的连接螺栓进行连接。

所述固定箱背面设置有密封盖，并且固定箱通过螺栓与密封盖进行固定。

所述凸轮左端凸出，并且凸轮厚度大于顶件底部厚度。

所述刮板顶部左右两侧呈倒角状，并且刮板顶部表面光滑。

所述插板前后两端开设有螺孔，并且插板前后两端通过螺孔与连接螺栓进行螺纹连接。

所述固定箱采用不锈钢材质。

所述凸轮采用合金钢材质。

本实用新型具有如下优点：本实用新型通过改进在此提供一种厨房烹饪用的智能配菜装置，与同类型设备相比，具有如下改进：

本实用新型所述一种厨房烹饪用的智能配菜装置，通过在输送带底部正下方安装有辅助装置，辅助装置内安装有独立电机，电机驱动固定箱内的顶升机构运动，即可使得顶部刮扫件升起，刮扫件内的刮板即可接触到输送带底部，配合输送带的运动，对输送带表面的杂质或水渍进行刮落，减少人工的操作，提高了工作的效率。

附图说明：

图 1 是本实用新型结构示意图；图 2 是本实用新型辅助装置结构示意图；图 3 是本实用新型固定箱内部结构示意图；图 4 是本实用新型刮扫件结构示意图；图 5 是本实用新型刮扫件爆炸结构示意图。

其中，支臂 1、侧板 2、转动辊 3、输送带 4、辅助装置 5、放置板 6、减速电机 7、侧架 8、导轨 9、多角度传动装置主体 10、夹持机构主体 11、底座 51、固定箱 52、驱动电机 53、凹槽 54、刮扫件 55、传动仓 56、顶升机构 57、凸轮 571、顶件 572、弹簧

573、导向板574、底件551、导杆552、连接螺栓553、刮板554、插槽555、插板556。

具体实施方式：

下面将结合附图1~5对本实用新型进行详细说明，对本实用新型实施例中的技术方案进行清楚、完整的描述，显然，所描述的实施例仅仅是本实用新型一部分实施例，而不是全部的实施例。基于本实用新型中的实施例，本领域普通技术人员在没有做出创造性劳动前提下所获得的所有其他实施例，都属于本实用新型保护的范围。

请参阅图1，本实用新型通过改进在此提供一种厨房烹饪用的智能配菜装置，包括支臂1，支臂1顶部与侧板2进行固定，侧板2内左右两端设置有转动辊3，转动辊3外径表面设置有输送带4，输送带4底部正下方设置有辅助装置5，侧板2右侧固定有放置板6，侧板2背面左端安装有减速电机7，并且减速电机7前端输出轴与侧板2内左端转动辊3相接，侧板2背面右端设置有侧架8，侧架8内侧上端固定有导轨9，导轨9中部安装有多角度传动装置主体10，多角度传动装置主体10底部设置有夹持机构主体11。

请参阅图2和图3，本实用新型通过改进在此提供一种厨房烹饪用的智能配菜装置，辅助装置5包括底座5.1、固定箱5.2、驱动电机5.3、凹槽5.4、刮扫件5.5、传动仓5.6和顶升机构5.7。底座5.1顶部固定有固定箱5.2，固定箱5.2前端中部安装有驱动电机5.3，固定箱5.2内上端开设有凹槽5.4，凹槽5.4内中部嵌入有刮扫件5.5，固定箱5.2内中部开设有传动仓5.6，传动仓5.6内中部安装有顶升机构5.7，刮扫件5.5顶部与输送带4底部相对应，固定箱5.2背面设置有密封盖，并且固定箱5.2通过螺栓与密封盖进行固定，方便对固定箱5.2内部进行检查和维修，固定箱5.2采用不锈钢材质，防止长期使用导致锈化。

请参阅图3，本实用新型通过改进在此提供一种厨房烹饪用的智能配菜装置，顶升机构5.7包括凸轮5.7.1、顶件5.7.2、弹簧5.7.3和导向板5.7.4。凸轮5.7.1置于传动仓5.6内中部，凸轮5.7.1内中部与驱动电机5.3背面输出轴相接，凸轮5.7.1顶部与顶件5.7.2相接，顶件5.7.2外径表面下端套接有弹簧5.7.3，弹簧5.7.3顶部与导向板5.7.4相抵，导向板5.7.4外侧与传动仓5.6进行固定，顶件5.7.2顶部依次贯穿导向板5.7.4顶部和凹槽5.4底部与刮扫件5.5相接，凸轮5.7.1左端凸出，并且凸轮5.7.1厚度大于顶件5.7.2底部厚度，顶起稳定，不易脱落，凸轮5.7.1采用合金钢材质，强度高，稳定性强。

请参阅图4和图5，本实用新型通过改进在此提供一种厨房烹饪用的智能配菜装置，刮扫件5.5包括底件5.5.1、导杆5.5.2、连接螺栓5.5.3、刮板5.5.4、插槽5.5.5和插板5.5.6。底件5.5.1底部活动嵌入至凹槽5.4内下端，底件5.5.1底部前后两端固定有导杆 5.5.2，并且导杆 5.5.2 底部贯穿凹槽 5.4 底部插入至传动仓 5.6 内，底件 5.5.1 内中部开设有插槽 5.5.5，插槽 5.5.5 内中部嵌入有插板 5.5.6，并且插板 5.5.6 顶部与刮板 5.5.4 进行固定，插板 5.5.6 内前后两端与锁入底件 5.5.1 两侧的连接螺栓 5.5.3 进行连接，刮板 5.5.4 顶部左右两侧呈倒角状，并且刮板 5.5.4 顶部表面光滑，刮扫效果好，效率高，插板 5.5.6 前后两端开设有螺孔，并且插板 5.5.6 前后两端通过螺孔与连接螺栓 5.5.3 进行螺纹连接，便于对插板 5.5.6 进行锁定。

本实用新型通过改进提供一种厨房烹饪用的智能配菜装置，其工作原理如下：

第一，当需要使用设备时，首先将设备放置到需要使用的位置，所处位置需呈水平，接着通过外部的连接线使其连接到电控设备上，即可为设备工作提供所需的电能，并且能对其进行有效的控制。

第二，然后使用者即可将需要使用到的每种食材装入到放置框内，然后一一摆放到放置板 6 上，若使用者需要进行智能配菜时，由电控设备接收命令，控制多角度传动装置主体 10 进行工作，多角度传动装置主体 10 即可移动夹持机构主体 11 至需要使用到的食材上方，然后启动夹持机构主体 11 对盛放食材的放置框进行夹起，然后将其移动到输送带 4 上。

第三，接着使用者启动减速电机 7 工作，减速电机 7 前端输出轴带动转动辊 3 进行转动，然后转动辊 3 使得输送带 4 运动，对配好的食材移动到左端，完成配菜。

第四，在配菜过程中，输送带 4 上容易残留一些食材或者水渍，需要清理，使用者启动驱动电机 5.3 工作，驱动电机 5.3 背面输出轴带动凸轮 5.7.1 进行转动，凸轮 5.7.1 即可对顶部的顶件 5.7.2 顶起，然后顶部的刮扫件 5.5 在凹槽 5.4 内伸出，刮扫件 5.5 顶部的刮板 5.5.4 即可接触到输送带 4 底部，配合运动中的输送带 4 使得输送带 4 表面的杂质和水渍被刮下。

第五，若需要对刮板 5.5.4 进行清理或者更换时，使用者旋出连接螺栓 5.5.3，然后施加力给刮板 5.5.4，刮板 5.5.4 底部的插板 5.5.6 即可脱离插槽 5.5.5，实现取下。

本实用新型通过改进提供一种厨房烹饪用的智能配菜装置，通过在输送带 4 底部正下方安装有辅助装置 5，辅助装置 5 内安装有独立电机，电机驱动固定箱 5.2 内的顶升机构 5.7 运动，即可使得顶部刮扫件 5.5 的升起，刮扫件 5.5 内的刮板 5.5.4 即可接触到输送带 4 底部，配合输送带 4 的运动，对输送带 4 表面的杂质或水渍进行刮落，减少人工的操作，提高了工作的效率。

说明书附图：

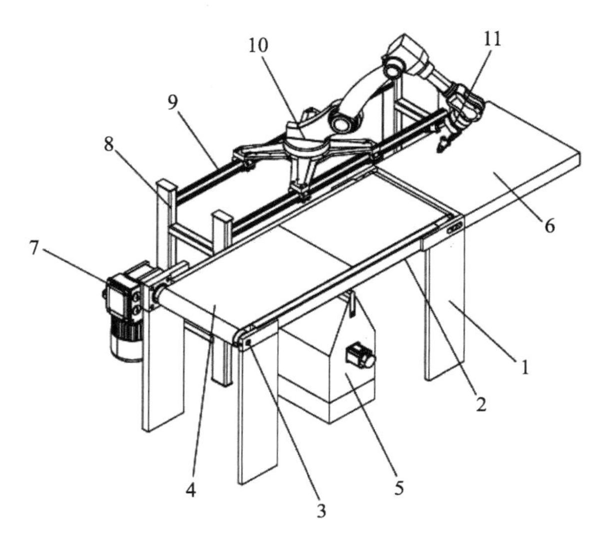

图 1　本实用新型结构示意图

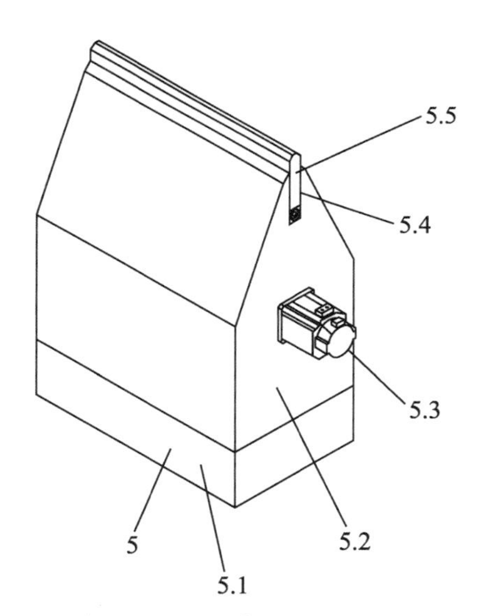

图 2　本实用新型辅助装置结构示意图

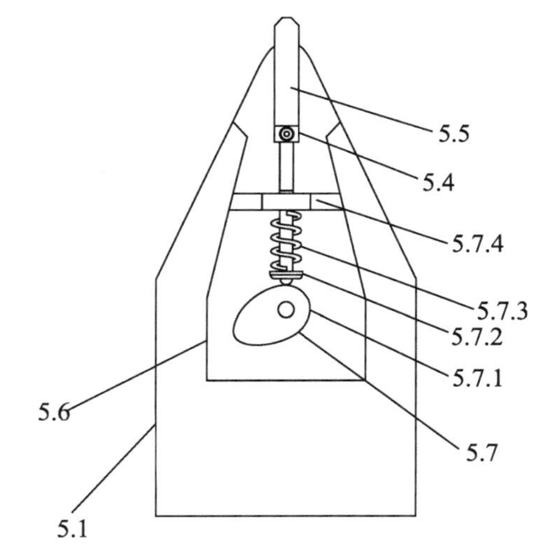

图 3　本实用新型固定箱内部结构示意图

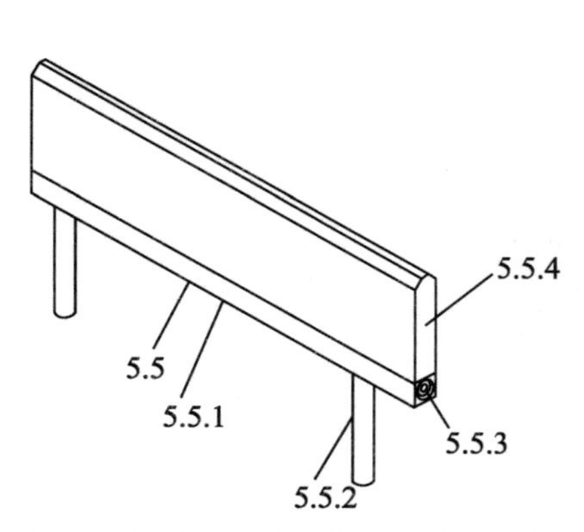

图 4　本实用新型刮扫件结构示意图

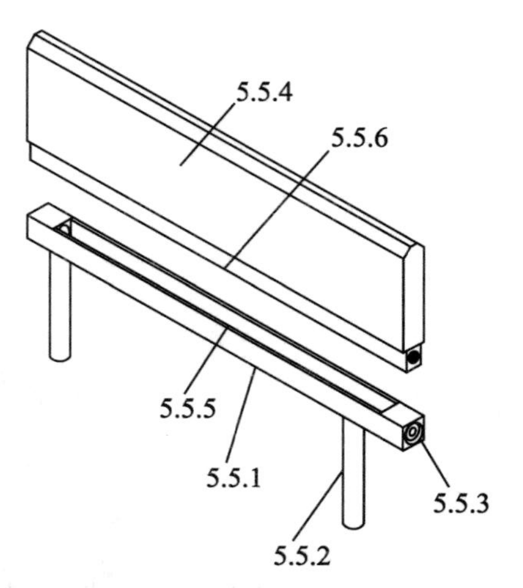

图 5　本实用新型刮扫件爆炸结构示意图

参考文献

[1] 张林. 帝王将相与中华美食 [M]. 武汉：湖北人民出版社，2004.

[2] 张林. 文化名流与中华美食 [M]. 武汉：湖北人民出版社，2004.

[3] 郭雨桥. 郭氏蒙古通 [M]. 北京：作家出版社，1999.

[4] 乌恩. 内蒙古风情 [M]. 北京：人民日报出版社，1987.

[5] 内蒙古对外文化交流协会. 草原春秋：第 1 卷，第 2 卷 [M]. 呼和浩特：内蒙古日报社，1987.

[6] 竞鸿. 北方饮食掌故 [M]. 天津：百花文艺出版社，2004.

[7] 徐世明，毅松. 内蒙古少数民族风情 [M]. 呼和浩特：内蒙古人民出版社，1993.

[8] 乔吉，马永真. 蒙古族民俗风情 [M]. 呼和浩特：内蒙古人民出版社，2003.

[9] 宝斯尔. 鄂尔多斯风情录 [M]. 北京：中国旅游出版社，1987.

[10] 编委会. 话说老包头 [M]. 呼和浩特：远方出版社，2003.

[11] 金保年. 土默川风情 [M]. 呼和浩特：内蒙古人民出版社，1995.

[12] 张辅元. 饮食话源 [M]. 北京：北京出版社，2003.

[13] 朱伟. 考吃 [M]. 北京：中国书店，1997.

[14] 王焕华. 中药趣话 [M]. 天津：百花文艺出版社，2006.

[15] 良石. 新编饮食本草 [M]. 石家庄：河北科学技术出版社，2006.

[16] 尹铎，吕华鲜. 鄂尔多斯蒙古族婚礼旅游开发研究 [J]. 重庆科技学院学报（社会科学版），2010（3）：147-149.

[17] 王网露. 蒙古族婚礼习俗 [J]. 新长征（党建版），2012（9）.

[18] 赵永. 蒙古族婚礼的形成与婚礼祝词 [J]. 内蒙古社会科学（文史哲版），1997（4）：49-53.

[19] 王滨. 武川莜面香 [J]. 黑龙江粮食，2018（9）：50-53.

[20] 石晶，张志军，王晓丽. 阴山文化研究与文献资源建设 [J]. 艺术科技，2018（4）：92+118.

[21] 李瑛. 阴山文化对当代包头的影响 [J]. 阴山学刊（社会科学版），2006，19（3）：60-64.

[22] 李青. 康师傅方便面的逆袭之道 [J]. 企业改革与管理，2017（15）：58-60.

[23] 张骏，侯兵. 基于美食旅游视角的乡村旅游者类型及特点研究 [J]. 美食研究，2018，35（2）：18+23+31.

[24] 杨德桥，田荣哲. 论文化创意产业知识产权保护策略的构建 [J]. 北京邮电大学学报（社会科学版），2013，15（3）：31-39.

[25] 曹妍雪. 论蒙古族饮食文化在草原旅游中的应用 [J]. 旅游纵览，2013（20）：163.

[26] 赵春雨，郝晓兰. 草原 · 文化 · 体验——内蒙古草原文化旅游体验式产品策划 [J]. 前沿，2013（13）：185-188.

[27] 张芸. 呼伦贝尔草原旅游的发展对当地蒙古族民俗旅游资源开发的现状分析及对策研究 [J]. 赤峰学院学报（自然科学版），2015（18）：117-120.

[28] 许越. 社会化媒体环境下饮食文化的营销传播策略研究 [D]. 广州：暨南大学，2015.

[29] 吴晓伟，郭爱平. 趣话内蒙古美食 [M]. 呼和浩特：远方出版社，2014.

[30] 李庆雷，明庆忠，马继刚. 旅游循环经济视野下餐饮业的运营与管理 [J] 生态经济，2007（10）：286-289.

[31] 王鹏. 酒店运营信息化管理研究 [D]. 青岛：中国海洋大学，2014.

[32] 南楠，袁小军. 浅析食品行业知识产权的保护与发展审查实践与研究 [J]. 中国发明与专利，2015（11）：125-128.

[33] 薛海阳，热孜燕 · 瓦卡斯，赵娜. 基于产业链延伸的视角建立牛羊肉制品加工产业模式 [J]. 农产品加工（学刊），2013（4）：62-66.

[34] 邓晓霞. 草原旅游地认知意象与游客行为意愿关系研究 [D]. 西安：陕西师范大学，2012.

[35] 芒来. 讲好马故事 开发马市场——谈马文化的现代传承与发扬 [N]. 中国旅游报，2018-04-30.

[36] 郭爱平. 草原美食的“马”元素 [N]. 光明日报，2014-06-04.

[37] 吕君，刘丽梅，王珊. 草原旅游发展的社区参与研究 [M]. 北京：经济科学出版社，2012.

[38] 刘丽梅，吕君. 内蒙古社区参与草原旅游发展的调查与分析 [J]. 内蒙古师范大学学报（哲学社会科学版），2013（4）：135-139.

[39] 庄永兴. 诈马宴与蒙古族饮食文化 [J]. 锡林郭勒职业学院学报，2011

(1):53-60.

[40] 张艳,斯仁那德米德. 多元文化背景下内蒙古餐饮文化的现状反思 [J]. 南宁职业技术学院学报,2014,19 (3):9-12.

[41] 苏云. 蒙餐接待服务标准制定研究 [D]. 上海:华东师范大学,2016.

[42] 曲红光. 游牧文化背景下的蒙餐文化特征 [J]. 内蒙古教育 (职教版),2016 (4):93-94.

[43]《书立方》编委会. 神农本草经 [M]. 重庆:重庆出版社,2010:4.

[44] 王俊钢. 国内外发酵香肠的研究现状及其展望 [J]. 肉类工业,2009 (6):49-51.

[45] 江珂. 香肠常规制作工艺 [J]. 农家顾问,2010 (10):56.

[46] 肖永霞,张建华,邵秀芝,等. 抗性淀粉对香肠品质的影响 [D]. 粮油加工,2009 (2):128-130.

[47] 吴凡. 香肠制作工艺的改进 [J]. 肉类研究,2002 (4):4-16.

[48] 刘强,侯业茂,张虎,等. 中国传统主食面条的研究概述 [J]. 现代面粉工业. 2013 (3):31-32.

[49] 陈洁,刘鹏,王春. 不同鲜蛋液对鲜切面品质影响的研究 [J]. 粮食与饲料工业,2007 (1):22-24.

[50] 毛跟年,吕婧,张轲易,等. 魔芋蛋白质提取工艺研究 [J]. 食品科技,2014 (9):246-249.

[51] 陈汝群,董文宾,修秀红. 不同增稠剂对燕麦面条品质影响 [J]. 粮食与油脂,2013 (6):21-24.

[52] 石晓,刘畅,豆康宁,等. 魔芋粉面条的工艺条件优化研究 [J]. 农业机械. 2011 (11):98-99.

[53] 王睿. 面条品质的影响因素研究进展 [J]. 重庆教育学院学报,2009,22 (6):19-22.

[54] 钱小丽. 紫薯面加工工艺研究 [J]. 安徽农业科学,2012,40 (30).

[55] 汪磊. 新型油炸食品外裹层材料的开发及应用 [D]. 华中农业大学,2010.

[56] 兰静,王乐凯,赵乃新,等. 面条实验室制作与评价新方法 [J]. 粮食加工,2007 (5):60-64.

[57] 丁瑞琴,赖谱富,张思耀,等. 花色面条品质改良剂和加工工艺的探讨 [J]. 粮油加工,2009 (1):87-89.

[58] 徐泽林,刘长虹,黄松伟,等. 和面时间对面团持气性及馒头品质的影响 [J]. 粮食与食品工业,2011 (5):23-25.

[59] 李韦谨. 面粉品质和工艺对面条感官质量的影响 [D]. 四川农业大

学，2011.

［60］Oh N. H.，Seib P. A.，Finney，K. F.，Pomeranz Y. Noodles. V Determination of optimum water absorption of flour to prepare oriental noodles. Cereal Chemistry . 1986.

［61］周来. 麻花的制作技术［J］. 农村百事通，2009（16）：23.

［62］袁青. 发面麻花的制作工艺［J］. 农村百事通，2006（10）：12.

［63］贾俊. 甜麻花的制作［J］. 农业科学试验，1987（3）：38-39.

［64］邬大江，余波，王秀忠，等. 麻花实验室制作与评价方法的研究［J］. 现代面粉工业，2012（1）：27-30.

［65］邬大江，余波，王秀忠，等. 小麦品质对麻花制品效果影响的研究［J］. 粮食与食品工业，2012（1）：16-20.

［66］徐少萍. 鸡蛋麻花制作工艺［J］. 食品科技，1996（4）：20.

［67］梁灵，叶可辉，李玲雀. 菠菜挂面护绿工艺研究［J］. 西北农林科技大学学报（自然科学），2002，S1：39-41.

［68］W. K. U. S. Walallawita，D. Bopitiya，S. Sivakanthan，N. W. I. A. Jayawardana，T. Madhujith. Comparison of Oxidative Stability of Sesame（Sesamum Indicum），Soybean（Glycine Max）and Mahua（Mee）（Madhuca Longifolia）Oils Against Photo-Oxidation and Autoxidation［J］. Procedia Food Science，2016，6：.

［69］T. Jeyarani，S. Yella Reddy. Heat-resistant cocoa butter extenders from mahua（Madhuca latifolia）and kokum（Garcinia indica）fats［J］. Journal of the American Oil Chemists´ Society，1999，7612：.

［70］Mohamed Fawzy Ramadan，G. Sharanabasappa，S. Parmjyothi，M. Seshagiri，Joerg-Thomas Moersel. Profile and levels of fatty acids and bioactive constituents in mahua butter from fruit-seeds of buttercup tree［Madhuca longifolia（Koenig）］［J］. European Food Research and Technology，2006，2225：.

［71］Gautam Kumar，Anoop Kumar. Characterisation of mahua and coconut biodiesel by Fourier transform infrared spectroscopy and comparison of spray behaviour of mahua biodiesel［J］. International Journal of Ambient Energy，2016，372：.

［72］吕宗清. 立足传统搞创新　失传麻花获新生［J］. 现代营销，2004（10）：24.

后　记

内蒙古地理位置独特，有广阔的大草原、大面积的森林、星罗棋布的江河和湖泊。丰富的草原、森林、水产品和多样的生活风俗节，孕育了内蒙古独特的饮食文化。内蒙古饮食文化的传承需要根据资源特色，通过深度挖掘饮食文化的内涵、强化饮食文化的宣传、完善与健全饮食文化的内容、推进饮食文化特色创新与品牌提升、推动产业链条延伸、完善知识产权保护、完善牧民运营管理信息化以及树立饮食文化的崭新形象等，最终使内蒙古饮食文化成为内蒙古的文化名片。同时，新时代需要高校课程思政践行全面育人的理念。高等教育肩负着培养“德、智、体、美、劳”全面发展的社会主义事业建设者和接班人的重大任务。立德树人是教育的根本任务。专业课的思政育人要素要渗透教育，实现全过程、全方位的育人教育。本书通过深入挖掘内蒙古饮食文化中的思政元素，有效结合专业知识和课程思政，实现“知识传授”与“价值引领”并重，发挥内蒙古饮食文化的“德、智、体、美、劳”育人功能，旨在立德树人；培养具家国情怀、文化自信、工匠精神、社会责任感和职业精神的高素质人才，传承中华优秀传统文化，铸牢中华民族共同体意识。

转瞬间，已是凌晨，徐徐凉风吹过，此刻我才意识到又忙碌了一整天，虽然感觉很疲惫，但令人欣慰的是，终于完成了书稿的第六次校阅。希望本书能成为广大读者了解内蒙古的一个重要媒介，使他们走进内蒙古、融入内蒙古、热爱内蒙古，并支持内蒙古各项事业的发展，使内蒙古真正成为祖国北疆一道靓丽的风景线。

看着多日的心血，望着夜空中的繁星，我心中不免感慨万千，往日的一切，此刻都清晰地在脑海中呈现。

回顾本书的写作历程，其间的确经历了许多周折。但可贵的是，我得到了许多师长、同事和朋友们的大力支持。另外，杨闯、曹甜甜、汪争取、李学义同学参与了第六章部分内容的资料收集工作，对大家的支持和帮助深表谢意。内蒙古师范大学赵荣辉教授和中国商务出版社的编辑们围绕相关问题提出了宝贵意见，在此表示诚挚的感谢。

由于个人水平有限，本书难免有疏漏，恳请各位读者不吝赐教。本人将不忘初心，始终怀揣传承草原绿色饮食文化的信念，不懈奋斗，砥砺前行，从而为传承、创新内蒙古饮食文化贡献自己的绵薄之力。

郭爱平

2022 年 3 月